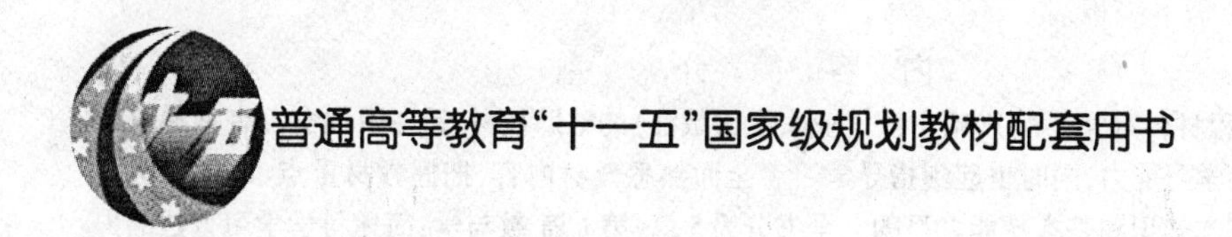

普通高等教育“十一五”国家级规划教材配套用书

机械工程材料学习指导
(习题与实验)(第3版)

编著 姜 江 张 刚 刘东明 房强汉
陈鹭滨 边 洁 徐淑琼
主审 齐宝森 许本枢

哈爾濱工業大學出版社

内 容 简 介

本书是《机械工程材料》(第3版)(哈尔滨工业大学出版社)的辅助教材,旨在引领学习者掌握科学的学习方法从而提高学习能力,同时也起到指导学习者全面熟悉教材内容、把握教材重点、牢固掌握机械工程材料课程的基本知识和基本技能之目的。全书分为5篇:第1篇 教与学,简述科学学习方法的内涵及重要性;第2篇 学习与方法指导,明确各章的学习要求、学习重点与难点解析、学习与方法指导、单元自测题以及课程总复习与综合模拟测试题等;第3篇 参考答案;第4篇 实验指导,突出综合性实验;第5篇 中外名人学习方法启迪。

本书可作为大专院校、高职院校机械类及近机械类各专业《机械工程材料》、《工程材料》、《金属材料及热处理》、《电厂金属材料》等课程教与学的辅导参考教材。

图书在版编目(CIP)数据

机械工程材料学习指导:习题与实验/姜江等编著.—3版.
—哈尔滨:哈尔滨工业大学出版社,2010.3(2016.2重印)
ISBN 978-7-5603-1933-9

Ⅰ.①机… Ⅱ.①姜… Ⅲ.①机械制造材料-高等学校-教学参考资料 Ⅳ.①TH14

中国版本图书馆CIP数据核字(2010)第013408号

策划编辑 张秀华 杨 桦
责任编辑 张秀华
封面设计 卞秉利
出版发行 哈尔滨工业大学出版社
社　　址 哈尔滨市南岗区复华四道街10号 邮编150006
传　　真 0451-86414749
网　　址 http://hitpress.hit.edu.cn
印　　刷 黑龙江省地质测绘印制中心印刷厂
开　　本 787mm×1092mm 1/16 印张11.75 字数270千字
版　　次 2010年3月第3版 2016年2月第5次印刷
书　　号 ISBN 978-7-5603-1933-9
定　　价 20.00元

序　言

材料科学与工程系列教材是由哈尔滨工业大学出版社组织国内部分高等院校的专家学者共同编写的一套大型系列教学丛书，其中第一系列和第二系列已分别被列为新闻出版总署“九五”、“十五”国家重点图书出版计划。第一系列共计10种已于1999年后陆续出版。编写本套丛书的基本指导思想是：总结已有、通向未来、面向21世纪，以优化教材链为宗旨，依照为培养材料科学人才提供一个较为广泛的知识平台的原则，并根据培养目标，确定书目和编写大纲及主干内容。为了确保图书品位体现较高水平，编审委员会全体成员对国内外同类教材进行了细致的调查研究，广泛征求各参编院校第一线任课教师的意见，认真分析教育部新的学科专业目录和全国材料工程类专业教学指导委员会第一届全体会议的基本精神，进而制定了具体的编写大纲。在此基础上，聘请国内一批知名专家对本系列教材书目和编写大纲审查认定，最后确定各册的体系结构。

经过全体编审人员的共同努力，第二系列21种和第三系列11种也都已出版发行。值得欣慰的是系列丛书几经修订再版在该领域已经有了广泛的基础，像《材料物理性能》、《材料合成与制备方法》等10余种图书被选入教育部普通高等教育“十一五”国家级规划教材。我们热切地期望这套大型系列丛书能够满足国内高等院校材料工程类专业教育改革发展的部分需要，并且在教学实践中得以不断总结、充实、完善和发展。

在大型系列丛书的编写过程中，我们注意突出了以下几方面的特色：

1. 根据科学技术发展的最新动态和我国高等学校专业学科归并的现实需求，坚持面向一级学科、加强基础、拓宽专业面、更新教材内容的基本原则。

2. 注重优化课程体系，探索教材新结构，即兼顾材料工程类学科中金属材料、无机非金属材料、高分子材料、复合材料共性与个性的结合，实现多学科知识的交叉与渗透。

3. 反映当代科学技术的新概念、新知识、新理论、新技术、新工艺，突出反映教材内容的现代化。

4. 注重协调材料科学与材料工程的关系，既加强材料科学基础的内容，又强调材料工程基础，以满足培养宽口径材料学人才的需要。

5. 坚持体现教材内容深广度适中、够用为原则，增强教材的适用性和针对性。

6. 在系列教材编写过程中，进行了国内外同类教材对比研究，吸取了国内外同类教材的精华，重点反映新教材体系结构特色，把握教材的科学性、系统性和适用性。

此外，本套系列教材还兼顾了内容丰富、叙述深入浅出、简明扼要、重点突出等特色，能充分满足少学时教学的要求。

参加本套系列丛书编审工作的单位有：清华大学、哈尔滨工业大学、东北大学、山东大学、装甲兵工程学院、北京理工大学、哈尔滨工程大学、合肥工业大学、燕山大学、北京化工大学、中国海洋大学、上海大学等50多所院校近200多名专家学者。他们为本套系列教材编审付出了大量的心血，在此，编审委员会对这些同志无私的奉献致以崇高的敬意。

同时，编审委员会特别鸣谢中国科学院院士肖纪美教授、中国工程院院士徐滨士少将、中国工程院院士杜善义和才鸿年教授、全国材料工程类专业教学指导委员会主任吴林教授，感谢他们对本套系列丛书编审工作的指导与大力支持。

限于编审者的水平，疏漏和错误之处在所难免，欢迎同行和读者批评指正。

材料科学与工程系列教材
编审委员会
2007年7月

前　言

在知识经济和信息化时代,必须树立终身学习的新理念。人才培养模式必须由单纯“学会”(以灌输知识为主)转变为“会学”(以培养能力为主)。高等教育必须“全面推进素质教育”,而综合素质教育中很重要的成分是方法论教育,即学生的学习不能仅满足于掌握书本知识,重要的是获取科学的学习方法。掌握科学的学习方法,**“以培养学生的创新精神和实践能力为重点”**,这是全面推进素质教育之所需,亦是培养社会主义现代化建设新人之所求。

学习《机械工程材料》同样要讲究技巧和方法,即有一个如何学的方法问题。这正如著名科学家爱因斯坦所说:**发展独立思考和独立创新的一般能力,应当始终放在首位,而不应当把知识放在首位。如果一个人掌握了他的学科的基础理论,并且学会了独立思考与工作,他必定会找到自己的道路。而且比起那些主要以获取细节知识为其训练内容的人来,他一定会更好适应进步和变化。**基于以上认识,我们汇集了一些科学的、行之有效的学习方法;同时结合多年来在《机械工程材料》课程教学中采用的学习方法,以启发、帮助和指导学生及时把握学习重点,充分调动学生学习的主动性与积极性,提高其创新能力。

本教材是普通高等教育“十一五”国家级规划教材《机械工程材料》(第3版)(哈尔滨工业大学出版社)的辅助教材。旨在引领学习者掌握科学的学习方法从而提高学习能力,同时也起到指导学习者全面熟悉教材内容、把握教材重点、牢固掌握机械工程材料课程的基本知识和基本技能之目的。本书也可作为大专院校、高职院校机械类及近机械类各专业《工程材料》、《金属材料及热处理》、《电厂金属材料》等课程教与学的辅导参考教材。

本教材内容分为5篇,第1篇教与学,简要阐述如何发挥教师的主导作用和学生的主体作用,掌握科学的学习方法的重要性以及科学学习方法的内涵与实施等,以使学生充分认识所学课程的性质,紧紧把握本课程的学习重点,掌握学习的主动权;第2篇《机械工程材料》学习与方法分类指导,以“学习要求”、“学习重点与难点剖析”、“学习方法指导”、“单元自测题”以及课程总复习与综合模拟测试题等引领学生在科学学习方法指引下,主动学习与复习本课程及各章内容与重点;第3篇单元自测题与综合模拟测试题解答,本篇与第2篇相结合引领学习者参考答案,调动主动学习的积极性;第4篇实验指导,突出综合性实验,以提高理论联系实际的能力和提高动手能力;第5篇中外名人学习方法启迪,通过剖析中外名人学有所成的点滴实例,揭示掌握有关科学学习方法的重要性,以给读者以启示。

本教材(第3版)编者为姜江、张刚、刘东明、房强汉、陈鹭滨、边洁、徐淑琼。本教材主审为齐宝森、许本枢教授。同时还要说明的是,在本书编写与修改过程中,先后得到彭其凤教授、孙希泰教授、李木森教授、王成果教授以及哈尔滨工业大学出版社的鼎立相助和悉心指导,谨此致以诚挚谢意!书中如有不当之处,恳请广大师生与读者批评指正。

编　者

2009年11月

目 录

第1篇 教与学

1.1 发挥教师的主导作用 …… 1
1.2 科学的学习方法是学好《机械工程材料》的金钥匙 …… 3
1.3 抓好学习的各个环节 …… 4

第2篇 《机械工程材料》学习与方法分类指导

绪 论 …… 15
第1章 机械工程材料的结构 …… 18
1.1 学习要求 …… 18
1.2 学习重点与难点解析 …… 18
1.3 学习与方法指导 …… 19
1.4 单元自测题 …… 19
第2章 材料的制备与相图 …… 21
2.1 学习要求 …… 21
2.2 学习重点与难点解析 …… 22
2.3 学习与方法指导 …… 23
2.4 单元自测题 …… 30
第3章 材料的力学行为、塑性变形与再结晶 …… 32
3.1 学习要求 …… 32
3.2 学习重点与难点解析 …… 33
3.3 学习与方法指导 …… 33
3.4 单元自测题 …… 34
第4章 机械工程材料的强韧化 …… 37
4.1 学习要求 …… 37
4.2 学习重点与难点解析 …… 37
4.3 学习与方法指导 …… 38
4.4 习题分析与例解 …… 42
4.5 单元自测题 …… 44
第5章 常用金属材料 …… 46
5.1 学习要求 …… 46
5.2 学习重点与难点解析 …… 46
5.3 学习与方法指导 …… 47
5.4 单元自测题 …… 54
第6章 聚合物、无机与复合材料 …… 58

6.1　学习要求 …… 58
6.2　学习重点与难点解析 …… 59
6.3　学习与方法指导 …… 59
6.4　单元自测题 …… 59
第7章　机械工程材料的合理选用 …… 61
7.1　学习要求 …… 61
7.2　学习重点与难点解析 …… 61
7.3　学习与方法指导 …… 62
7.4　单元自测题 …… 64
第8章　课程总复习 …… 66
8.1　深入理解与掌握课程的知识结构 …… 67
8.2　系统复习 理清头绪 …… 67
8.3　弥补课程学习中的漏洞 …… 69
8.4　灵活运用 综合分折 …… 70
8.5　综合模拟测试题 …… 70
第1套 …… 70
第2套 …… 72
第3套 …… 75
第4套 …… 78
第3篇　参考答案
3.1　单元自测题 …… 82
3.2　综合模拟测试题 …… 92
第4篇　实验指导
4.1　实验要求 …… 99
4.2　基本实验技能 …… 99
实验1　金相显微镜的结构、使用与金相试样的制备 …… 99
实验2　材料硬度的实验测定 …… 107
实验3　常用碳钢的热处理工艺操作 …… 114
4.3　基本类型实验 …… 118
实验4　铁碳合金平衡组织的观察与分析 …… 118
实验5　碳钢热处理后的显微组织观察与分析 …… 122
实验6　常用金属材料的显微组织观察与分析 …… 126
实验7　常用非金属材料的组织观察与性能分析 …… 131
实验8　电子显微分析方法的实验观察与分析 …… 135
4.4　综合开放实验 …… 143
实验9　常用碳钢的热处理工艺操作与组织、性能测定 …… 144
实验10　常用机械零件的选材、热处理工艺操作与组织观察 …… 145

第5篇　中外名人学习方法启迪
5.1　爱迪生读书—— 有目标有志向 …… 154
5.2　陶渊明指点迷津—— 学习没有捷径 …… 154
5.3　富兰克林的成才之路—— 坚定毅力和信心 …… 155
5.4　列宁的照片—— 专心致志 …… 156
5.5　孔夫子学弹琴—— 一定要精益求精 …… 156
5.6　李政道的从画地图说起——重点是培养能力 …… 157
5.7　爱因斯坦的独立思考 …… 157
5.8　伽利略的吊灯—— 善于思考与探究 …… 158
5.9　郑板桥的疑和问—— 敢于疑肯于问 …… 159
5.10　苏步青巧用零头布 …… 159
5.11　爱因斯坦补课和华罗庚的夹生饭 …… 160
5.12　鲁迅的随便翻翻—— 学习要博览群书 …… 161
5.13　华罗庚的设想阅读学习法 …… 161
5.14　居里夫人的奖章 …… 162
5.15　蒲松龄的对联 …… 162
5.16　杨振宁与钱伟长谈学习 …… 163
附录 …… 164
附录1　洛氏硬度、布氏硬度、维氏硬度与强度换算对照表 …… 164
附录2　常用钢号的临界温度表 …… 166
附录3　常用表面强化处理的性能与效果 …… 168
附录4　各国常用钢号对照表 …… 170
附录5　部分常用钢的临界淬透直径表 …… 175
附录6　常用塑料复合材料缩写代号表 …… 175
附录7　图样中热处理工艺符号含义表 …… 176
附录8　普通碳素结构钢新旧标准牌号对照表 …… 177
参考文献 …… 178

第1篇　教　与　学

教学是一门科学,是以学生为主体、教师为主导的教与学紧密配合的双向科学活动,在教学过程中必须发挥教师与学生两方面的积极性。教学又是一门艺术,它是教学方法的升华,是综合利用教学方法体系的出神入画,是解决处理教学问题,使教师对学生具有吸引力的心灵契机和巨大魅力。如果把课堂教学喻为导演一部电影或电视剧,那么教师就是导演,学生就是演员。因此,在课堂教学过程中,既要充分体现出“导演”的导向作用,又要发挥出“演员”的主动性、积极性与创造性。只有注重两者的和谐与配合,才能达到培养学生创新能力的目标。

1.1　发挥教师的主导作用

教师的主导作用可以概括为两个基本的互相联系的方面。一是调动学生学习的自觉性、积极性与创造性;二是教给学生知识的最优路线。而发挥教师主导作用的着重点应是设法使学生能够更好地由被动“学会”转变为主动“会学”。

为使学生能够主动、积极地参与课堂教学实践,首先应为学生营造一个宽松、活跃的课堂氛围,以利于学生和教师之间融洽地沟通。教师在和谐的气氛中完成知识的传授,同时学生在轻松、愉快中主动接受更多的知识。那么,如何搞活课堂气氛呢?教师的导向作用就成为课堂教学深入的关键。

古人云:“教学有法,但无定法,贵在得法。”运用启发式教学法的关键在于教师善于引导,发挥其导向作用。启发式教学方法是多种多样的,对这些方法要根据实际情况交叉组合,以达到最优的启发效果。每次上课前,教师都要设计好启发形式,如问题启发法,即教师首先提出问题来启发、引导学生分析、解决问题,在其中探求新知、培养能力;又如比喻启发法,教师运用具体、形象、学生熟知的事物作比喻,激起学生的联想,鼓动学生的思维羽翼,诱导他们在积极思考中巧妙对照、自然类推、化繁为简、化难为易,使课堂教学生动活泼、妙趣横生,从而达到培育创新能力之目的。

大学教育必须重视学生能力的培养,即应“授之以渔”,而不仅是“受之一鱼”。著名物理学家严济慈教授在与大学生对话时,语重心长地阐述了学习的最终目标,不在于“学会”,而在于“会学”。送给一堆柴禾,即使如山如丘,也不过仅供数载炊燃所用;送给一把柴刀,却能一生砍柴取之不尽,用之不竭。美国未来学家托夫勒亦明确指出:**“未来的文盲不是那些不会阅读的人,而是没有学会怎样学习的人。”**可见,由“学会”到“会学”的转变是何等的重要!

所谓“会学”,即以培养能力为主,并贯穿于教学的全过程。教师不只是单纯地传授知识,学生亦不只是被动地接受知识,教师更应“教”给学生如何“学”的方法,启发、引导学生主动地学习,培养学生获取、运用知识和开拓、创新的能力。

教师的职责主要不在于“教”,而在于指导学生“学”,不仅只满足于学生“学会”,更要引导学生“会学”。教的目的是为了以后的不要再教。对学生不只是传授知识,更重要的是要激励思维,启发其善于学习、勤于思考、勇于创造。

教师的自我创新意识,表现在紧跟科学技术飞速发展的脉搏,不仅要精通本学科、本专业知识,而且对本学科的发展动向,以及与本学科知识有关的其他若干知识等,也应具有相当的了解;同时,还要懂得有关“教育学”、“心理学”等方面的知识。这样教师在教学过程中,才能综合利用多方面知识,善于以学生喜欢接受的方式启发与培养学生的能力。教师的自我创新意识还表现在教师能放弃师道尊严的架子,淡化权威意识,以平易近人、虚怀若谷的长者风度,允许学生怀疑教材、鼓励学生向权威挑战。

教师应严以律己,不断总结自己的教学法。只有教师本身具有高度的创新能力,才能培养出具有创新能力的学生。假设教师本人不搞科学研究、不深入工厂实际、缺乏解决实际问题的创新能力,那么他只会照本宣科,是培养不出高素质创新型人才的。因此,教师的自我创新意识是培养学生创新能力的重要条件。

教学实践证明:教师的讲解再生动再富有启发性,如果不能实现教与学的双向交流,同样不会收到良好的效果。而双向交流的一种绝好方式就是采用课堂讨论方式。

教师是搞好教学不断提高教学质量的关键。没有一支教学作风好、业务水平高、教学实践丰富的教师队伍,就不可能使教学环节真正得到加强。然而长期以来,课堂教学工作在相当一部分人中并未得到真正的重视,例如,有的教师认为教学工作弹性很大,伸缩性也很大,即说你教学优秀也行,反之说你教学一团糟也未尝不可;也有的教师背一次课,再没有更新一劳永逸、一成不变地讲下去,等等。说穿了,这些人没有把教学工作摆在首位,没有自觉地提高自身的素质,可想而知,他对学生的负面影响是多么大。

教师要提高自身的素质,真正做到教会学生学习,除了要解决认识问题方法问题以外,还应主动学习一些教育学心理学方面的知识,只有这样“才能把教材的内容变成学生的真正财富”。

教师的劳动是一种创造性的劳动,教师应不断总结经验,进行教学法研究,以获得扎实的教学功底,形成自己的教学风格。教师要对所教课程进行深入研究,这是取得扎实教学功底的第一步。一堂课下来,教师应当反思,应当扪心自问:我的教学内容是否向学生传递了最新信息,信息量是否充足;我的教学方法是否进入了最佳境界,是否达到了满意的教学效果。**“易位思考原则”**是最好的反思方式。在反思的过程中产生总结经验和教学改革的设想,真正的教学研究是在实践改革设想的行动过程中。因此每节课、每个教学环节都是经过精心设计和安排的,这时的教学才可称为处于自觉状态。

总之,教学本身包括教与学两个方面,教师能否认真研究学生的学习规律,并使学生掌握科学的学习方法,是当前深化教育改革的重要课题之一。德国教育家第斯多惠说:**“不好的教师是转述真理,好的教师是教学生去发现真理。”**

1.2 科学的学习方法是学好《机械工程材料》的金钥匙

大学教育必须坚定地走改革与创新之路,选择和掌握了科学的学习方法,就是掌握了开启《机械工程材料》课程知识宝库的金钥匙。特别是终身教育日益风行的今天 ,方法的学习更显迫切和重要。

1.何谓“科学的学习方法”?

“学习方法”是指学习时采用的手段、方式或途径。那么,何谓科学的学习方法呢? 科学的学习方法即指在学习的过程中学会学习,能把教师讲授的知识和教材中的知识掌握并运用到实际中去的一种有效手段。它不仅可以帮助学生更多、更快、更灵活地掌握知识,而且能使知识广泛地得到迁移;既提高了学生的学习能力,又培养了学生的创新能力。

科学的学习方法是开启智慧大门,是学好《机械工程材料》的金钥匙,是培养创新能力、教会学生猎取新知识、打开新局面、开拓新领域的方法。**著名科学家爱因斯坦在谈及学习如何成功时有一个为人熟知的公式,即 $W = X + Y + Z$。公式中,W 代表成功,是等式的结果;等式右边有三个变量,其中 X 代表勤奋,Z 代表不浪费时间,Y 则代表方法。方法对勤奋和惜时的效果起着增加或抵消的作用。**它说明,只有科学的学习方法才能保证成功。

2.科学的学习方法是培养高素质创新型人才的关键

据统计,大学生在校期间学到的知识,只能满足工作时所需知识的 10%,其余 90%是在后来工作中通过不断地学习取得的,因此必须树立终身学习的理念。

只有运用科学的学习方法,才能努力发展自己独立继承知识、独立运用知识和独立发现问题、分析问题与解决问题等多种能力,使自己走上工作岗位后,能够跟上迅速发展的社会,担当起时代赋予的历史使命。因此,培养高素质、创新型人才是我国高等教育重要的历史使命,也是高等学校教学改革的最终目标,而掌握科学的学习方法则是完成这一重任的重要途径。

3.充分认识课程的性质,快速把握科学的学习方法

《机械工程材料》课程是建立在实验观察和工业实践基础上,是在固体物理、金相学、量子化学、结构化学以及新型结构材料等基础科学的基础上发展起来的一门多学科相互交叉而又与实践密切相关的新兴综合性学科。它与高等数学、普通物理学等基础课程有很大的不同。

在初学该课程时,总觉得内容庞杂,概念、术语多且不宜理解,需要记忆的内容多且内在的逻辑性不易掌握。学习时眉毛胡子一把抓,抓不住重点,觉得该课程真“难学”,逐渐就丧失了学好本课程的信心;还有的想法恰恰相反,一堂课,打开教材从头翻到尾,觉得与刚刚学过的《金属工艺学》(《材料成型基础》)课程大同小异,认为没有什么可深入学习的,平时放松了对该课程的学习,待到课程深入之后,悔之晚矣。诸如此类的想法和作法,均

反映出学生对本课程的性质、特点及内在规律等还没有认识清楚。这些问题往往在课程的初始阶段显得比较突出,但随着教学的进行和深入,对课程会熟悉起来,认识逐步深化,这些问题将渐渐得到解决。

问题的关键是如何使学生在开始学习本课程时就能意识到并能把握科学的学习方法呢?无疑,科学的学习方法有助于学生抓住本课程重点、掌握学习主动权,更为重要地是要靠学生在学习过程中自己不断探索、总结和提高,以便快速把握科学的学习方法。

1.3　抓好学习的各个环节

教学实践证明,运用科学的学习方法,抓好学习过程的各个环节,是培养学生创新能力的根本。学习的各个环节主要包括:预习与自学,听课,课后复习与做作业,课堂讨论,实验,系统复习,考试,科学的记忆,表达能力与创新能力的培养等。

1.抓好“自学”环节,努力提高自学能力

大学里,一再强调的自学与预习,实际上就是培养和提高学生独立探索的领悟力。所谓自学,即指学生独立自主地学习新课内容的过程。自学是学好机械工程材料的首要一环,也是培养学生独立思考和自学能力的重要环节。

(1) 自学的目的

自学的目的主要有两方面:一是从思想上有利于增强独立思维与自学能力;二是从学业上有利于提高学习成绩。因为自学是学生自己独立地接受新知识,需要自己独立地阅读和思考,这就要求要有较强的逻辑思维能力。在阅读教材时,只有经过独立思考,才能搞清思路,抓住要点,解决难点。自学时有些地方没有弄懂,听课或讨论时就会格外留心,积极地思考。有时自学时自认为已明白的内容,听课或讨论时会发现自己还没有完全理解,因而引起进一步思考。通过自学,可以发现自己知识上的漏洞,通过复习有关知识,弥补了漏洞,这样上课或讨论交流时就能扫清其中的障碍,使之能全身心地集中到新知识点上去。如果不自学就会因某些知识漏洞,而影响新知识内容的接受。经过自学,可大大提高课堂上听课效率,使学习由被动而变为主动,增强学习自信心,激发更强烈的学习积极性。

(2) 如何提高自学能力?

自学,要在掌握和运用知识、技能的过程中逐步完成。对大学生来说,应当掌握基本的理论基础知识,学会基本的技术、技能,伴随着阅读有关专业书籍、参考资料,能够自觉动脑、动手,独立地分析与解决实际问题,具有初步完成科研任务的自学能力。知识既是自学的对象,又是自学的工具,因此掌握知识是形成自学能力的基础,并在掌握知识的过程中,随知识量的增加而逐步提高的。反之,自学能力的提高又促进了主动获取知识的能力。

自学,应贯穿于整个教学过程的各个环节之中。其中包括预习,巩固新课的自学,复习学过课程的深入自学,等等。课内自学,首先要培养阅读教科书的能力和习惯;在巩固新课和复习所学过课程的过程中要善于独立思考,质疑问难;在课外自学中要学会选择书籍,要利用工具书自行解决阅读过程中的疑难问题。

自学,既是应树立的学习观念,又是大学学习要求达到的一种能力。因此,只有掌握科学的学习方法,重视自学能力的培养,养成良好的自学习惯,才能真正成为高素质、创新型人才。

2.养成良好的预习习惯

预习,即指听课前的自学,也就是在教师讲课前,学生首先独立地学习新课有关内容,使自己对新课有初步的了解。从心理学角度看,预习可为学生上课创造有利的心理准备,打好注意力定向的心理基础,以便上课时把注意力集中在主要问题上,这是听好课的前提。

(1) 预习的主要目的和意义

①有利于培养探索精神。大学阶段是走向社会的最后一个台阶,不要再让老师牵着鼻子走,要培养"敢于走前人从未走过的路"的探索精神。而预习正是在没有老师引路、定框前提下的探索性实践活动。

②有利于增强自信心。坚持不懈地预习,大学生的许多预见、判断经老师验证是正确的,就会增强学生自信心,激发更强烈的学习积极性。另外,大学生对教材先做了解后,难易点胸中有数,课堂上容易找出问题,听好课、学好课的自信心会增强。

③有利于提高分析的综合能力。刚开始的预习往往表现在对教材有关内容浏览一遍,时间一长,就会在课堂讲授的启发下,提高分析的综合能力,抓住教材的关键正确把握教材的核心内容。

④有利于提高课堂听课质量和记笔记的针对性。大学教师的授课特点是,不反复讲解,不课后督导,也不课堂消化。如不预习,听课时遇到难点一卡壳,就会影响听课,甚至连笔记也记不下来,进而影响课后的消化。

(2) 预习的3种方法

预习,一般分为课前预习、阶段预习和学期预习等3种。

①课前预习。是指教师讲课前,学生预先自学这一节的有关内容,为学习新课奠定基础。由于这类预习所用时间短、收效快,所以更为常用。大学一、二年级或学习成绩一般的大多数学生,可选择这种预习方法。

②阶段预习,则指预习一章或有关的几章内容,初步建立这部分知识的结构。阶段预习可明确该部分知识的重点和难点,增强学习的目的性,也有利于系统地掌握知识。

③学期预习。指的是在开学前或该课程开始前,集中一定时间通览全教材,进行系统自学的过程。通过学期预习,可了解该课程的知识体系,以便从全局的高度进行学习。这种方法可减缓平时学习的压力。一般高年级或学习优秀的学生可选此预习方法。

上述三种预习方法相互关联,如学期预习充分,阶段预习就可节省时间;如阶段预习充分,课前预习也可不必天天进行。大学生应根据课程特点、自身学习能力等进行选择。

3.提高听课的效率

课堂教学依然是教学的基本组织形式与中心环节。一门课程的主要内容,特别是重点和难点内容都是通过讲课形式由教师系统地介绍，所以如何提高听课的效率是大学生必须认真研究和掌握的问题。

(1)注意控制好日常生活中的生物节律，做好听课的精神准备

课堂上经常看到，教师在课堂上“津津乐道”，而有的学生确在下面“呼呼睡觉”，还听到有的学生讲“上午第一、二节课非打瞌睡不可”。这些情况，大多与学生晚上学习时间过长，或是无节制地玩等，打乱了自己的生物节律，使精神该兴奋时却进入抑制状态，该休息了又进入兴奋状态，以致于神经衰弱，长期失眠。

而学习优秀的学生，其共同点为：听课精神饱满全神贯注。这并非是他们比听课差的同学精力充沛，而是由于他们养成了良好的生活习惯，使自己的生物节律与学校的作息时间相适应。所以，学生要保证听课效果，必须严格遵守学校的作息时间，养成良好的生活习惯，把握好自身的生物节律。

(2)听课过程中要展开积极的思维活动

“学而不思则罔，思而不学则贻”，积极的思维在听课中起着核心作用。要做到上课积极思考，必须注意以下几点：

①聚精会神、专心听讲。在听课过程中不要钻“牛角尖”，如遇有某问题没有听懂，可先记下来，避免听课的连续性受到“破坏”。

②理情思路，积极思维。课堂上思路一定要追随教师的言行延伸，积极进行思维活动。要特别注意教师是怎样提出问题的，如何进行分析的以及最后得出什么结论。

③抓住课程特点，激发学习兴趣。《机械工程材料》的特点是**“三多”，即名词概念多、定性描述与经验性总结多、需记忆性内容多。**因此在听课时要注意理解概念，善于结合实验搞清材料的显微组织特征，弄懂试验数据表格的确切含义、适用条件等。

④作好笔记，便于课后复习、巩固。没有听懂的地方应作出记号，以便复习和答疑时加以解决。记笔记不只是为了便于课后复习，记笔记的过程本身就是对讲授内容的思维、理解和消化。

⑤大胆发言、质疑，注重培养独立分析、思维、表达能力。课堂上当教师提问、做课堂练习或课堂讨论中，都应大胆地回答问题，把回答问题看做是锻炼自己独立思维、分析、解决与表达能力的一个绝好机会。另一种发言是质疑，向教师请教或提出与教材、考题不同的独立见解。

(3)正确把握听课与记笔记的关系

课堂上听教师讲课，关键是听，其次才是笔记。因为笔记上的东西不一定说明已经理解了，而只有理解了的内容才能够更好地记住它。

4.课堂讨论的方法

课堂讨论亦是本课程教学工作的一个重要环节，它打破了单一主体的封闭式课堂教学结构，体现了教学主体活动的双向性，是发挥学生主体作用的一种行之有效的教学形式。通过对课程中的重点、难点、易混淆处及一些综合性章节与习题的解答、讨论、分析，不仅能进一步熟悉、掌握有关基本概念、基本理论及重点内容，而且更有助于培养独立思维、分析问题与解决问题的能力。

讨论前要认真预习课堂讨论指导，明确本次课堂讨论的目的，按讨论内容自学与复习课程有关内容，进行积极准备，并写出发言提纲；讨论时要求学生自由发言、互相启发、互相补充，鼓励不同见解者积极争辩；只有通过深入讨论，同学之间才能相互启发取长补短，使认识更加全面。讨论后要及时进行自我小结，小结既要注意结合自己在讨论中发现的不足之处，又要总结讨论的重点及主要内容是否熟练掌握。

5.课后复习与做作业(解题)的方法

课后复习，不是听课的简单重复，而是听课的深化和巩固，是听课内容的精选和连贯，运用所学知识去分析问题和解决问题。因此课后复习与做作业同样是学习过程中的一个重要环节。

(1)课后及时复习，以利于消化与巩固

课后复习，其特点在于“及时”，它是和遗忘作斗争的有效方法。复习应“三先三后”：即先回忆，后看书；先复习，后做作业；先独立思考，后请教别人。

(2)独立完成作业是培养思维与实践能力的良好形式

①做作业是检查学习效果的过程。

②做作业是促进知识消化的过程。通过做作业可使初步建立起来的新概念、新原理，不断得到巩固与加强。

③做作业是提高思维能力的过程。做作业必会引发积极思考，在分析和解决问题中使所学知识得到应用，在应用中得到“思维的锻炼”；使思维能力在解题过程中得到提高。

④做作业是积累复习资料的过程。

⑤做作业时应注意的几点。

a.作业必须由自己独立完成。做作业不单是对知识的深化理解和智力能力的提高，也是对个人学习意志和品格的考验及锻炼。所以要独立完成，反对抄袭他人作业。

b.作业时首先要审题。一要看得准，弄明白题目的要求和范围；二要分得开，能把一道题分解成各个部分，各种因素，各种已知条件及未知条件，又能找出它们之间的关系。

c.做好答题的准备。在审题的基础上开动脑筋积极思考，理请思路，做好答题的准备。

d.认真解题。思考成熟后解题，必须做到准确、规范、快速。

e.检查及修正。指作业完成后或教师批阅后，认真检查、修正在审题、做题过程中出现在思路上、步骤上的错误，从而得出正确想法和做法。

(3)《机械工程材料》课程中的作业

《机械工程材料》课程中的作业分为三类，即各章的习题；单元自测题及课程模拟试题。同学可在各章结束之际，以单元自测题为准，自我进行检测，用以检查知识掌握的程度。同时在课程结束的复习阶段，还可参照总的模拟试题进行自我模拟考试，以检查对该课程体系、主要内容掌握的熟练程度。

6.实验的方法

(1)实验课的重要性

高校的实验室是开展科学研究的重要基地,实验教学则是训练和培养学生进行科学实验和独立工作能力的重要环节。科学实验不仅是科学发展的原动力,而且也是当今新兴科学技术的生长点,所以必须十分重视实验课的学习。

(2)实验课的特点与教学目的

实验在科学技术中的重要地位,决定了它是高等理工科院校不可缺少的重要教学环节。作为一种教学形式,实验课是在教师指导下,主要由同学独立完成的一种教学活动。借助于仪器、实验用品及专门设备而人为地引起某种自然现象的变化,以便于观察,加深对知识的理解,同时培养实验技能。实验课有许多区别于理论课的特点:

①实验课形式多样,内容丰富,激发兴趣,引人入胜,可培养敏锐观察力和丰富想象力。

②实验课的教学过程对于培养学生掌握辩证唯物论的认识论有独特的作用。通过实验可知道一个事物如何产生、如何控制、如何测量和运用,从而学到处理具体实验问题的可调、可控、可测、可计算等技术的初步本领。

③深厚的理论基础和坚实的实验技能是工程师必备的两个主要本领。而实验技能的获得又是来源于科学实验,通过实验可以培养创新能力和培养“举一反三”的素质。

实验课的教学目的:一是进一步掌握和巩固所学的基本理论,通过自己动手实验,观察实验现象,可获得感性知识;又通过对实验结果的分析、验证理论,使感性认识进一步深化,上升为理性认识,从而达到深刻理解、熟练掌握的目的。二是培养高级技术人才所必须的实验研究能力。

①选择、设计实验方案的能力;

②选用测试手段的能力;

③正确使用仪器的能力;

④观察和测试的能力;

⑤数据处理的能力;

⑥分析、总结和表达的能力。

(3)实验课的类型及做好实验的基本方法

实验课的形式很多,验证和训练性实验侧重于基础训练,验证某一学科范围内的理论,培养基本的实验技能,掌握仪器仪表的使用等。综合性实验是在做过一定数量的基础实验之后,针对一门课程各章节之间或几门课程中几个有联系的理论和方法,安排的较复杂的实验。

例如《机械工程材料》课程开设的**综合开放性实验模式**,不仅对于各实验环节的有机结合、正确合理使用鉴别常用机械工程材料起到有效作用,更为主要的是能使同学由被动接受变为主动求知,自己设计实验方案,合理安排时间,直到亲自实施这一方案,创造了一个自我实践的客观环境,有益于培养同学的能力。

做好实验一般有以下主要步骤。

①实验预习。通过预习了解实验的目的、要求和基本原理,熟悉实验所采用的方法、步骤,所要使用的仪器设备以及注意事项等,并要运用已学过的理论和实验知识尽可能地分析估计可能出现的现象。

②实验操作。实验操作包括对仪器性能的检验,正确使用,实验设备的组装、接线,按要求操作、调节,观察现象并记录数据,处理实验中发生的问题,排除故障等。做好实验操作须做到以下各点。

a.注意教师的提问和讲解。实验课上教师的讲解虽然很短,却是在预习时产生的疑难或容易忽视的关键问题,是关键设备的使用方法及安全方面的问题等。

b.认真观察,积极思考。要有目的、有意识地培养自己的观察能力,注意从观察中了解问题的本质,同时要注意独立地应用所学的理论来分析和解决实验中出现的问题。

c.积极动手,正确操作。按照《实验指导》和预习报告中拟定的步骤,大胆操作,既不能畏首畏尾,也不能动作粗糙,顾此失彼或盲目尝试。

③实验报告。实验之后要分析和处理实验结果,书写实验报告。学会对数据进行科学地处理、分析和总结,这是实验课的重要组成部分,也是必须具备的一种能力。

最后,提出几种对待实验课的不良倾向,以引起注意:一种屡见不鲜的现象是,有的同学做实验时,来也匆匆、去也匆匆。他们急不可耐,不求甚解,这实际上是一种忽视实验的心理状态,不是把实验当成求知的良机,而是当成了包袱。另一种倾向是依赖,依赖什么?依赖实验时教师的讲解,操作时看一步讲义做一步实验,这样被动地完成实验,其效果可想而知。

7.系统性复习的方法

系统性复习指的是用较集中的时间,对已学过的知识进行再一次系统地感知、理解、消化的过程。系统性复习主要指单元、课程结束阶段的复习。

(1)系统性复习的作用

①纲举目张。系统性复习是在全面复习的基础上抓纲目,即要把多而复杂的知识变得少而精,完成知识由厚变薄的转变过程,用三五张纸甚至于用一张图表就把各章的重点乃至整个课程的体系、重点都能表示出来。这是系统性复习关键性一步。例如,**贯穿《机械工程材料》的纲就是“材料的化学成分-组织、结构-性能”。紧紧抓住这个纲,就能把整个课程的体系牢牢把握住。**

②补缺补漏。首先要查出缺漏,以便有针对性地进行复习。可翻阅过去作业、单元自测题和“差错笔记”,不仅是缺漏什么弥补什么、还要从根本上弄清有关概念、原理和方法。补缺漏要像补脸盆那样有一个洞就只那个洞,而要像补网那样,联系周围有关知识来修补成完整的知识网络。

③纵横对比,前后串联。纵横对比是为找出有关知识的共同点、相似点和不同点,便于逻辑记忆、类比推理,还可防止知识之间的混淆、错乱。例如,《机械工程材料》中有关凝固、结晶、再结晶与重结晶这四个概念的异同点,通过复习时的纵横对比,会澄清模糊认识,使概念更清晰、深化。前后串联是使知识系统化、完整化,便于了解事物的发展规律,也便于逐步掌握知识的完整结构;又如对于广泛使用的工业用钢,尽管在课程最后部分作

了重点介绍,但复习时应同前面所学知识相互串联而融为一体:钢的冶炼(结晶过程),钢在室温下及在高温锻造时的晶体结构特点,钢的平衡组织特征及钢在经各种不同热处理后的组织特征,以及如何根据具体工作条件来选择不同种类钢等,经过这样比较串联才能清楚了解常用 工业用钢的全貌。

④灵活运用,综合提高。复习时一定要配置思考练习题,不仅有基础练习,还要有综合分析练习、系统练习等,把解题能力逐步提高到灵活、综合、熟练的较高层次。对于在复习过程中经过自己反复思考仍未解决的问题可与同学进行讨论,或在答疑时及时向教师请教、相互讨论。

(2)系统复习的方法

①全面复读。通过全面复读,对知识点进行梳理归纳,不留死角地记一遍。对所学教材内容融会贯通,达到知识结构和知识点的内在联系。在全面复读中要注意:

a.回忆与阅读相结合。围绕复习的中心议题先回忆,明确哪些知识记住了,哪些没记住,再认真地阅读教材、笔记、作业和测验试卷等。对不懂的问题及时弄懂,没有记住的知识努力记住。

b.梳理知识点。梳理是将此阶段复习的成果用笔记(或图表)的形式固定下来,为后阶段复习提供方便。在回忆、阅读、查漏、补缺过程中,通过周密的思考,形成完整而又系统的知识,应当十分珍惜这个学习成果,并及时用复习笔记的形式记录下来,以便长期保存这些思考的成果。

c.专题复习,查清问题。首先要按照知识的体系来确定系统复习的主题。在系统复习时,应当翻翻书本的目录,按照专题把有关的章节加以归类,然后再围绕专题阅读有关章节,这样效果要好得多。一定要开动脑筋,善于抓住问题,进行深入钻研。问题仍然解决不了就应当向教师请教,和同学讨论,以使问题及时得到解决。

②抓住重点,突破难点。在全面复习搞清知识体系、网络的基础上,要善于抓住重点突破其中的难点,而不要平均使用力量。抓点带面,重点和难点问题解决了,其他的知识也就被串连起来,问题就会比较容易解决。所以,在复习中要针对这些重点难点内容,采取深入理解、反复复习、确保落实的方法。

③反复训练,提高能力。能力的基础在于掌握知识,掌握知识的目的在于应用,会应用知识去解决问题才是能力。对知识的理解过程也是对能力的培养和训练过程。能力的提高是要通过反复训练才能完成的。提高能力的训练必须是多种形式、多种层次、反复进行训练,有目的、有步骤、有选择地通过演练提高各方面的能力。

④综合回顾,强化记忆。把已储存在大脑中的知识,再用综合回顾的方法进行复习,从而强化记忆以便能准确地提取运用。经过前述方法系统复习,对学过的知识进行再次加工后,头脑中已留下了很清晰的印象。在此阶段复习中较迅速地将它们从头至尾回顾出来,使知识巩固化,达到强化记忆的目的。

总之,复习是使知识升华、更系统化的必不可少的重要环节,正如人们所喻“复习是学习的之母”。要使学习取得优异成绩,必须努力掌握科学的复习方法。

8.考试的方法

考试是检查学习成绩和教学效果的一种方法。通过考试可了解自己的学习状况,发现知识上的薄弱环节,明确今后努力方向,对学习起到较强的激励作用。

(1)充分做好考试前的准备

有的同学说:考试是体力、毅力和智力三项全能的比赛。此话有一定道理,尤其是复习时间较长的重大考试。

①体力上的准备。健康是考试成功的一个重要因素,大学生在复习考试期间更要注意生活的规律性,按时休息,不要随意开夜车。

②精神上的准备。只有保持良好的精神状态,才能具有坚韧的毅力,才会轻松自如地答完试卷。

③学习上的准备。知识的熟练掌握是考试的最根本保证。

④用品上的准备。准考证、计算器等学习用品要一应俱全,以防考试中手慌脚乱,影响考试效果。

(2)考场发挥

大学考试侧重于考查学生的知识面、分析力、判断力和综合运用知识的能力。

①面广量多,判断要求迅速。考试是要求在翻阅大量参考书的基础上进行的,一般不划定考试范围。比较严格的教师要求学生阅读指定的全部参考书才能应付其基础知识考试。

②理论联系实际,强调学以致用。大学考试的最高得分题是理论联系实际的论述题,但很少能有在论述题上得满分的。尤其是大学一二年级的学生,在论述题上一般只能得一半分。主要是因为一二年级学生仍延用中学考试"只答要点"的答题方法。而平时又忽视了联系实际理解书本知识,即便联系实际往往也举例不贴切。

③口头表达能力和动手能力突出。这主要在综合测试或综述的表达和演示方面,这种考试往往使平时死啃书本,懒惰散漫、沉默寡言的同学很少获得优异成绩。

(3)考后分析

"人类总得不断地总结经验,有所发现,有所发明,有所创造,有所前进。"注意每次考试后的总结分析,是提高自己分析问题和学会学习方法的最好时机。

①追根求源。要分析考试中自己思想上、心理上是否存在值得注意的问题。如当时思想上为什么麻痹?心理上为什么紧张?今后怎样克服这种情况?等等。

②找出关键。要分析丢分的关键环节:审题、运算、表达、概念、原理、思路等,做一个大概的分类统计,找出薄弱环节以调整进一步学习的方法。

③多问几个为什么。答案对了的为什么对?能否再简单明了以赢得更多的时间。答案错了的为什么错?当时自己是怎么考虑的,要把每一道题再问一遍,找出较好的答题方法。

④分析试卷。全面分析考卷,了解这门课程的重点、难点和疑点。

9.提高科学记忆能力

记忆是对过去接触的各种事物在自己大脑中的反映,也是掌握和运用知识的基本途径。科学的记忆方法,不仅能提高记忆效率,还能改善大脑的功能,挖掘大脑的工作潜力。以下介绍的是一些基本的记忆方法,掌握了这些方法能起到举一反三、触类旁通的作用,可使记忆达到事半功倍的效果。

(1)用思考加强记忆法

长久而反复的思考,会在大脑的特定部位造成神经细胞兴奋的固定联系,留下深刻的痕迹。思考,要付出你的心血,特别是当你百思不得其解时,虽然这种思考是很辛苦的,但它所带来的,却是领悟的欢乐,那豁然开朗时的高兴是难以形容的。在一"苦"一"乐","苦尽甜来"之后,你所学的东西能遗忘吗!

(2)尝试回忆法

"不断地尝试回忆法",确实是一种好方法,不要拿到材料就只顾没完没了地机械重复。使用这种方法会使你的记忆效果迅速改观的,不过,在每一遍尝试回忆时一定要给自己提出任务,带着任务去记才会有的放矢。

(3)及时复习巩固法

知识并非一劳永逸地保留在你的脑海中,随着时间的推移,你头脑中记着的内容只能越来越少,减少的速度是先快后慢的。我们每个人都面临一个与遗忘作斗争的任务,只有在遗忘之前,及时地复习巩固你所记的内容。**一般来说,复习可安排在:记忆后的两小时,记忆后的第二天,记忆后的第1周末,记忆后的第2周,记忆后的1个月之后等,这样的复习巩固就会达最佳记忆效果。**

(4)交替记忆法

指把不同性质的需要识记的材料,按时间分配、交替进行记忆的方法。长时间单纯识记一门学科知识的效果不好,因为具有相同性质的材料对脑神经的刺激过于单调,时间一长,大脑的相应区域负担过重,容易疲劳,将会由兴奋状态转为保护性抑制状态,表现为头晕脑胀,注意力不集中,这就不利于记忆。许多名人学者都善于遵循大脑的这一规律,交替学习各门知识,从而有效地发挥单位时间的最大作用。**居里夫人曾说:"我同时读几种书,因为专门研究一种东西会使我的头脑疲倦,若是在读书的时候觉得完全不能从书里吸收有用的东西,我就做代数和三角习题,这是稍微分心就作不出来的,这样它们就又把我引回正路去。"**由此看来,交替学习和记忆是至关重要和非常有益的。

(5)形象(图表)记忆法

这是在记忆过程中尽量运用直观形象和形象思维,以提高记忆效果的方法。俗话说:**"百闻不如一见"**。事物的直观形象给人的印象深刻,因而直观材料较那些枯燥抽象的材料容易识记。**美国学者哈拉里说:"千言万语不及一张图"**。正因为通过直观实物形象,得到的知识比较真实和具体,记忆它们就比较牢固,所以在记忆时,应尽量运用模型、图象、照片、录像、电影、电视、幻灯等直观形象的方式,以增强记忆的效果。

(6)自测记忆法

指通过自我测验来增强记忆的方法,它可帮助确切了解自己的“底数”。通过经常性自测,就能知还有哪些知识没学好没记住,哪些地方易混淆有误差,也就能马上核实校正,避免一误再误。它还可培养随机应变能力,如经常运用“自测”记忆法,对所学知识从多方面理解消化,那就能做到胸有成竹,临阵不慌,即使遇到出乎意料问题,由于平时训练有素,也会得到很好处理。

(7)争论记忆法

指通过与别人对识记材料进行争论、探讨,以强化记忆的方法。在进行争论时,双方都处于高度紧张状态,一方面全神贯注听取对方意见,同时分析其中正误;一方面积极思维,评论对方见解,阐述自己观点。这种情况下,信息输入大脑易留下较深印象。

(8)兴趣记忆法

指通过培养对所识记材料的兴趣以增进记忆的方法。兴趣与人的需要紧密相关,记忆与兴趣也是密切相关的。**歌德认为:“哪里没有兴趣,哪里就没有记忆”。**科学家们认为,人脑潜力转化为现实力是记忆与学习的关键性动力。由此可见,对所需要记忆的东西有多高的兴趣,就会表现出多强的记忆力。

(9)笔记记忆法

指通过认真做读书笔记来巩固和保持记忆的方法。“好记性不如烂笔头”,这是古今中外名人学者的治学经验。它高度概括了记忆与笔记的关系,阐明了笔记的重要性。

(10)理解记忆法

指通过对于所识记的材料深入理解而增进记忆的方法。理解是记忆的基础。理解记忆之所以比机械记忆效果好,是因为它使所识记的材料与头脑中的知识结构建立了密切的联系。心理学实验表明:知识结构与记忆有关,知识结构越复杂越系统化的人,记忆就越全面、越迅速、越牢固。记忆的效率是随着人们对知识的理解程度的提高而提高的。

我们怎样进行理解记忆呢?**如学习《机械工程材料》,首先要探求主要名词概念、术语的含义并识记之,进而抓住有关“材料科学”的主线索:“材料的化学成分→组织、结构→性能”,纲举目张就能把握《机械工程材料》的主脉搏。**其次,要把所学知识运用于实践,在运用中加深理解。因为,在实践过程中,不可避免地会碰到一些意外的问题,就需要更多方面的思考和学习,这样就会使记忆得到巩固和深化。

(11)比较记忆法

指对于相似而又不同的材料,进行对比、分析,弄清它们的异同,以进行记忆的方法。比较是人们认识客观世界的重要手段。有比较才有鉴别,不经比较,就难以辨明事物的特性、事物的本质,难以弄清事物的相互关系以及异同点。

比较的基本原则有二:①同中求异。即在识记材料共同点之外找出其不同点。比较时不要停留在材料表面现象的认识上,应着眼于它们本质属性的比较,抓住细微的特征进行记忆。②异中求同。即在识记材料不同点外努力找出其相同或相似点。尽管事物表面现象千差万别,但往往有本质上的相同或相似点,如能找到就会记得更扎实。

(12)概括记忆法

指对所识记的材料进行提炼,抓住关键记忆的方法。人的记忆潜力虽然很大,但见什么记什么,见多少记多少,不但不可能、而且也不科学。有所失才有所得,有所简化才有所强化。识记时,必须提炼出材料中的关键部分,然后进行综合概括,形成一个或一组简单的"信息符号",便于大脑接收、储存和提取。如:"三大纪律八项注意"等,寓意鲜明,易引起联想。

(13)联想记忆法

指通过事物之间的相互关系,由此事物联想到彼事物的记忆方法。依靠联想,每个人把输入大脑的信息进行梳理、编排,构成记忆的网络;依靠联想,人就能从记忆仓库中找出所需并顺利地将它提取出来。如能抓住联想的规律、学会联想的方法,不但有利于迅速记忆,而且有利于巩固记忆。美国心理学家威廉·詹姆经过长期研究曾形象地指出联想的作用,他说:**一件在脑子里的事物,与其他多种事物发生联想,就容易记忆。所联想的其他事物,犹如一个一个的钓钩一般,能把记忆着的事实钩钓出来。当记忆内容从表面向下沉落的时候,这种钓钩便能把它钩钓上来。**由此可见,掌握联想记忆法是非常重要的。

(14)歌诀记忆法

指把所识记的材料,改编成歌诀的形式来增强记忆的方法。大量实践经验证明:有节奏有韵律的材料,比没有节奏没有韵律的材料要好记得多。如《二十四节气歌》为:春雨惊春清谷天,夏满芒夏暑相连,秋处露秋寒霜降,冬雪雪冬小大寒。

10.提高表达能力的方法

表达能力是一切人才所不可缺少的能力。表达能力分口头表达能力和书面表达能力两种,其中又以书面表达能力更为重要。

(1)博览群书,注意知识的积累和收集

心理学家捷普洛夫指出:"一个空洞的头脑是不能进行思维的"。一个孤陋寡闻的人其语言必然是干瘪的。平时就要不断地完善自己的知识结构,博览群书,注意语言的学习与修养,同时要注意积累资料。要走出去,到图书馆、上 Intel 网或到有关单位去查询资料、实地考察和访问这方面的专家和有关人员。要使我们手头所占有的资料远远超过交流时所需要的资料;要给人"一杯水",你就要拥有"一桶水"。

(2)争取一切机会,积极参与各种表达能力训练实践

按照教育家布卢姆的公式,能力 = 知识 + 技能,则语言表达能力 = 运用语言的知识 + 运用语言的技能与技巧。要提高语言表达能力,学习有关知识固然重要,实践更加重要。

①在课堂上特别是小班课上,敢于向教师提出问题与回答教师的问题;

②在课堂讨论课、习题课上,积极争取发言机会,与教师、同学展开讨论;

③课后,在你对课程内容的理解发生困难或做作业有困难、或有个人问题时,主动找老师答疑、谈心;

④当你对某一问题发生兴趣时.主动请有关老师指导;

⑤加强同学间的横向交流,改变那种封闭式的独来独往的学习方式。

第2篇 《机械工程材料》学习与方法分类指导

绪　论

1.学习要求

①了解机械工程材料发展的历史与分类。

②明确学习本课程的目的与重要性。

③熟知本课程的研究对象,主要内容及重点章节。

④牢记贯穿本课程的“纲”—— 材料的化学成分(化学组成)、组织结构与性能之间的相互关系与变化规律。

⑤充分认识本课程的性质及掌握科学学习方法的重要性等。

2.学习重点与难点解析

(1)学习重点

绪论课讲授的重点是机械工程材料发展简史与分类,《机械工程材料》课程的重要性、研究对象、性质、主要内容梗概及相应重点章节说明等。在课程伊始对本课程的特点有足够的了解与认识,以便学习者能有的放矢地制定自己的学习计划、选择适合自己的科学学习方法。

(2)学习难点

对于本课程的性质缺乏正确理解,往往与其他基础课程如普通物理、材料成形技术基础(金属工艺学)等课程的性质混为一谈,因此不能掌握学习本课程的科学学习方法。

3.学习与方法指导

(1)纲举目张

学习本课程,要紧紧抓住“材料的化学成分→加工工艺→组织、结构→性能→应用”之间的相互关系及其变化规律这个“纲”。

纲举目张,《机械工程材料》课程的各个部分、各章内容都是以此“纲”为主线索而展开的。希望学生在开始学习本课程就应充分认识到此点,并在学习过程中,始终牢牢把握住这个“纲”。

(2)图表归纳记忆法的应用

①《机械工程材料》课程结构框架图及学习重点详见图0.1所示。

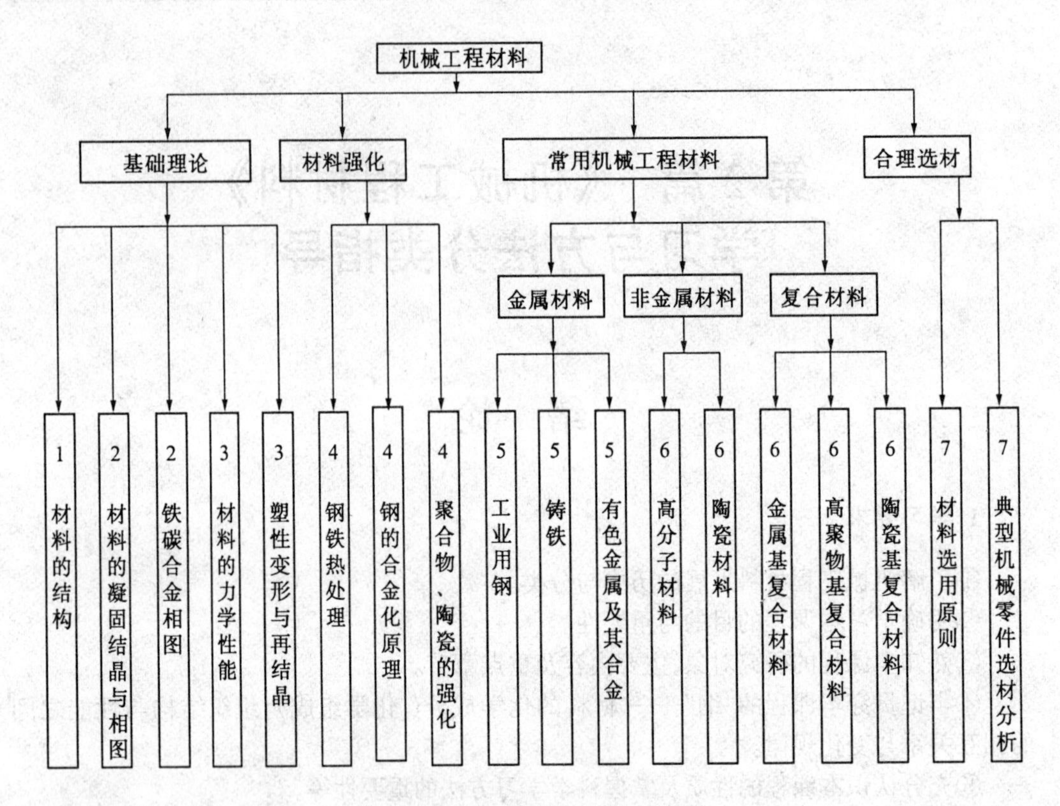

图 0.1 《机械工程材料》课程框架图

②材料发展历程简图,如图 0.2 所示。

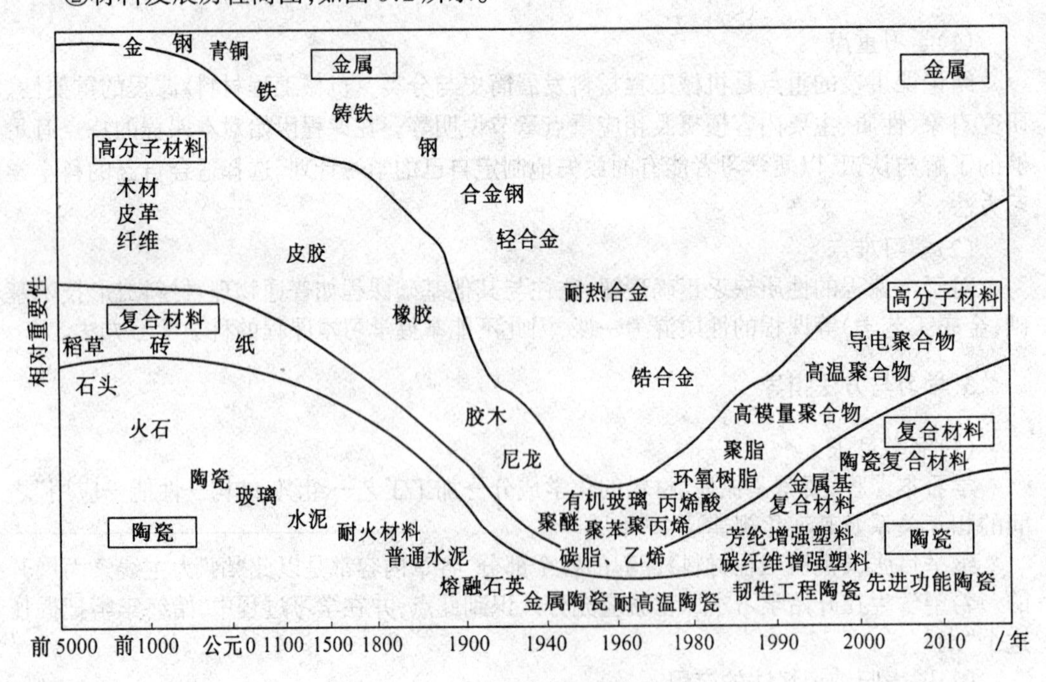

图 0.2 材料发展历程简图

③机械工程材料的分类方法，如图0.3所示。

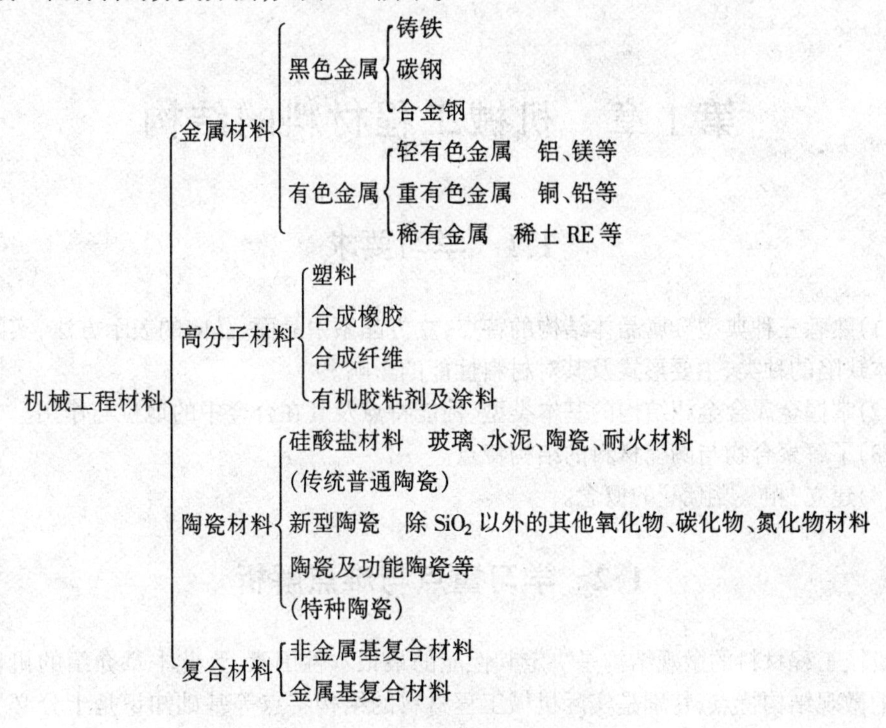

图0.3 机械工程材料的分类

第 1 章　机械工程材料的结构

1.1　学习要求

(1)熟悉三种典型金属晶体结构的特点,立方晶系中晶面、晶向的表示方法,实际金属中晶体缺陷的种类、主要形式及其对材料性能的影响。

(2)掌握金属合金相结构的基本类型、性能特点及其在合金中的地位与作用。

(3)了解聚合物与陶瓷材料的结构特点。

(4)建立“相”、“组织”的概念。

1.2　学习重点与难点解析

机械工程材料的微观结构是决定其性能的最根本性因素,为此本章介绍的机械工程材料的微观结构特点,特别是实际机械工程材料的结构特点等基础知识是十分必要与重要的。

1.学习重点

本章学习的重点是有关金属材料的晶体结构特点,它包括:

(1)熟悉纯金属三种典型晶体结构(理想与实际)的特点,立方晶胞中晶面与晶向的表示方法。

(2)掌握合金相结构的基本类型、分类、总的性能特点及其在合金中的地位与作用。

2.学习难点

本章学习的难点为立方晶胞中晶面指数、晶向指数的求法。常见错误做法表现为:

(1)晶面指数与晶向指数的求解方法步骤混淆,具体表现在:求解晶面指数时,按晶向指数的步骤去求,反之依然。

(2)画蛇添足,即在所求出的晶面指数或晶向指数表达式内加点或逗号,如(0,1,1)、[1.1.1]等。

(3)坐标原点的位置认为是一成不变的,于是就出现某些晶面或晶向无法在一个晶胞中绘出的一些做法。

(4)晶面族(或晶向族)与某一晶面(晶向)易混肴,如{111}与(111)或<111>与[111]。

1.3 学习与方法指导

1.联想记忆法的应用

本章学习中,名词、概念、基本术语虽然较多,但只要结合实际学习,经常联系金工实习、联系微观结构对性能的影响等来加深理解这些概念,是完全可以学好这部分内容的。例如,学习金属晶体结构特点要列举实例,学习实际金属晶体缺陷要联系其对性能的影响;学习合金相结构要理解其在合金中的地位与作用等。这样不仅可以加深对基本概念的理解,而且把“材料的化学成分→加工工艺→组织、结构→性能→应用”联系起来学习,更有助于把握本课程的主脉络。

2.图表归纳记忆法的应用

“表格归纳记忆法”是深入理解、归纳、记忆有关内容的一种良好方式,例如:

(1)三种典型金属晶体结构特点(参见主教材表1.1)。

(2)实际金属晶体缺陷的特征(参见主教材表1.2)。

(3)晶体材料基本相的结构特征(参见主教材表1.4)。

3.习题解答时应多方思考,不要轻易否定自己做法

例如,主教材习题5(见主教材25页)中的AGCE、EFGH、AHCF晶面的晶面指数,主教材所附参考答案为(101)、(011)、(110)(见主教材277页)。

如果你的答案为$(\bar{1}0\bar{1})$、$(0\bar{1}\bar{1})$、$(\bar{1}\bar{1}0)$,同样是正确的。因为坐标原点的选取原则为在待求晶面之外的任意一结点,不是必须选在B点。另外从数学角度考虑,在求晶面指数的化简一步时,可同乘以-1,即$(\bar{1}0\bar{1})$与(101)是等同的,其在空间应相互平行,其他类推。

1.4 自测题

1.名词解释

(1)晶体的各向异性　　(2)同素异构(晶)转变

(3)晶体与非晶体　　(4)固溶强化

2.填空题

(1)晶体与非晶体最根本的区别是________________________________。

(2)在BCC和FCC晶格中,单位晶胞内的原子数分别为________和________,其致密度分别为________和________。

(3)在一个立方晶胞中绘出$(1\bar{1}0)$晶面和$[0\bar{1}0]$晶向。

(4)指出题图 1.2 所示立方晶系中的晶面和晶向指数。

晶面:ACHF ________;ABGF ________。

晶向:AL ________;EB ________。

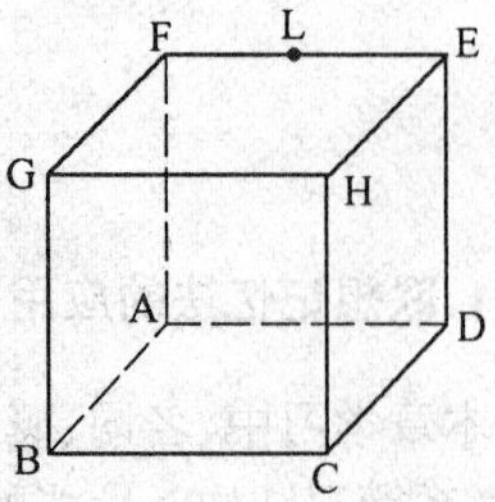

题图 1.2 立方晶胞

(5)实际金属中存在有______、______和______三类晶体缺陷。其中,点缺陷包含________、________________和________________;线缺陷的基本类型有____________和____________; 面缺陷主要指____________和____________。

(6)已知银的原子半径为 0.144 nm,则其晶格常数为________ nm。

(7)FCC 晶格中,原子密度最大的晶面是________,原子密度最大的晶向是________。

(8)BCC 晶格中,原子密度最大的晶面是________,原子密度最大的晶向是________。

(9)合金的相结构有________和________两大类,其中前者具有较高的________性能,适宜做________相;后者具有较高的________,适宜做________相。

(10)能显著提高金属材料的强度、硬度的同时,又不明显降低其塑性、韧性的强化方式称为________________。

(11)晶体中任意两个原子之间连线所指的方向称为________。

(12)表示晶格中某一原子列的位向,用________来表示,其通式为________;表示晶格中某一方位上的原子面,用________来表示,通式为________。

3.选择题

(1)工程上使用的金属材料一般都呈(　　)。

A.各向异性　　B.各向同性　　C.伪各向异性　　D.伪各向同性

(2)当晶格常数相同时,FCC 晶体比 BCC 晶体(　　)。

A.原子半径大,但致密度小　　B.原子半径小,但致密度大

C.原子半径大,但致密度也大　　D.原子半径小,但致密度也小

(3)固溶体的晶体结构(　　)。

A.与溶剂相同　　B.与溶质相同

C.与溶剂、溶质都不相同　　D.是两组元各自结构的混合

(4)间隙固溶体与间隙化合物的(　　)。

A.结构相同,性能不同　　B.结构不同,性能相同

C.结构相同,性能也相同　　D.结构和性能都不相同

(5)在 FCC 晶格中,原子密度最大的晶向是(　　)。

A.〈100〉　　B.〈110〉　　C.〈111〉　　D.{111}

(6)在 BCC 晶格中,原子密度最大的晶面是(　　)。

A.{100}　　B.{110}　　C.{111}　　D.〈110〉

(7)在立方晶系中,指数数值相同的晶面和晶向(　　)。

A.相互平行　　B.相互垂直　　C.相互重叠　　D 毫无关联

(8)金属化合物的性能特点是(　　)。

A.硬度高、强度高　　B.硬度低、塑性好

C.塑韧性好　　　　　　　　D.硬度高、脆性大

(9)亚晶界是由(　　)而构成。

A.空位堆积　　　　　　　　B.位错垂直排列成位错墙

C.晶界间相互作用　　　　　D.间隙原子堆积

(10)在聚合物材料中,大分子链之间的结合键是(　　)。

A.金属键　　B.离子键　　C.共价键　　D.分子键

4.判断题

(1)固态合金中凡成分相同、结构相同,并与其他部分有界面分开的,物理化学性能均匀的组成部分叫相。(　　)

(2)因为单晶体是各向异性的,所以实际应用的金属材料在各个方向上的性能也是不同的。(　　)

(3)固溶体的强度和硬度,比组成固溶体的溶剂金属的强度和硬度高。(　　)

(4)间隙固溶体和置换固溶体均可形成无限固溶体。(　　)

(5)在立方晶系中,$(1\ 1\ 1)$与$(1\ \bar{1}\ 1)$是互相平行的两个晶面。(　　)

(6)在立方晶系中,原子密度最大的晶面间的距离也最大。(　　)

(7)BCC晶格中,每个晶胞所包含的原子数为4。(　　)

(8)实际金属是由许多结晶位向都完全相同的小晶粒组成的。(　　)

(9) 晶体缺陷的共同之处是它们都能引起晶格畸变。(　　)

(10) 与金属材料一样,无机材料中也存在着晶体缺陷。(　　)

5.综合分析题

(1)立方晶系中,下列各晶面、晶向表示法是否正确?不正确处请予以更正。

$$(1,-1,2)、(\frac{1}{2},1,\frac{1}{3})、[-1,1\frac{1}{2},2]、[1\ \bar{2}\ 1]$$

(2) 写出体心立方晶胞中的{110}晶面,并绘出其中晶面(110)及其上的<111>晶向。

(3) 画出立方晶胞中的晶面(011)与晶向[111]。

(4*)作图表示立方晶系中的$(1\ 1\ 2)$、$(2\ 3\ 4)$、$(1\ \bar{3}\ 2)$晶面和$[1\ 3\ 2]$、$[2\ 1\ 0]$、$[1\ 2\ \bar{1}]$晶向。(说明:要求在一个晶胞中绘出某一晶面或晶向。但多个晶面可画在多个晶胞中,为的是清晰。)。

注:* 号,表示为思考题,以下类同。

第2章　材料的制备与相图

2.1　学习要求

(1)明确金属结晶的充分、必要条件,结晶的一般规律以及控制金属结晶后晶粒大小

的途径与方法。

(2)熟悉匀晶、共晶(包括共析)这两类基本形式的二元合金相图,其中包括相图分析,典型合金的平衡结晶过程分析,杠杆定律的应用,以及掌握与区分相组分和组织组分这两种填写相图的方法等。

(3)熟练地掌握铁碳合金相图,包括默画铁碳合金相图,掌握 α、Fe_3C、γ 等基本相,熟知相图中重要点、线的含义,能以冷却曲线及语言文字分析典型合金,尤其是钢的平衡结晶过程,正确利用杠杆定律计算室温下钢的相组分、组织组分的相对百分含量以及掌握铁碳合金的成分—组织—性能之间的关系等。

2.2　学习重点与难点解析

凡物质由液态转变为固态的过程均称为凝固,物质由液态转变为固态晶体的过程则称做结晶。而相图是研究晶体材料的成分、组织结构与性能之间相互关系和变化规律的有力工具。

1.学习重点

(1)明确金属结晶的充分、必要条件、结晶规律及控制结晶后晶粒大小的途径、方法。

(2)在二元合金相图的基本类型中,匀晶相图是基础,共晶相图是学习的关键,一定要加强基础,突破关键,踏踏实实掌握好二元相图的基本类型。

(3)**本章学习的重点为“铁碳合金相图”一节。**它也是本课程的第一个重点章节,因为铁碳合金相图是研究钢铁材料的成分、相和组织的变化规律以及与性能之间关系的重要理论基础与有力工具。

2.学习难点

(1) 对相(相组分)与组织(组织组分)这两组概念的关系和区别容易混淆。具体表现在:

① 填写相图(如 $Fe-Fe_3C$ 相图)时,混淆了相组分及组织组分这两种填写相图的不同形式。

② 计算相组分或组织组分的相对质量分数时,易混淆。

(2) 反映在对典型合金(如亚共析或过共析钢)结晶过程的分析上:

① 不理解为什么在两相区内,两平衡相的成分与相对百分含量随温度变化而沿各自相线变化。

② 不明白为什么在书写三相共晶或共析反应式时,必须注明温度与各相的成分点。

(3) 对初生相和次生相的异同点分辨不清。

这三大难点是影响学习、消化本章内容的关键,应引起足够重视。究其因,就是因为本章第 2 节二元合金相图的基本类型,没有学习好。建议学习本章内容时,一定踏实学好第 2 节内容。实际上,第 3 节铁碳合金相图就是二元合金相图的一个典型应用。

对于第 3 节铁碳合金相图,建议采用自学 - 课堂讨论 - 实验 - 小结的教学模式,熟记本节内容。

2.3 学习与方法指导

1.注意区分相与组织,相组分与组织组分的关系

(1) 相与组织的概念

“相”实质上是晶体结构相同状态。因此,相与组织的区别就是结构与组织的区别,结构描述的是原子尺度,而组织则指的是显微尺度。

“相”是指材料中结构相同、化学成分及性能均一的组成部分,相与相之间有界面分开。从结构上讲,相是合金中具有同一原子聚集状态,而固相即指具有一定的晶体结构和性质。

“组织”一般系指用肉眼或在显微镜下所观察到的材料内部所具有的某种形态特征或形貌图像,实质上它是一种或多种相按一定方式相互结合所构成的整体的总称。因此,“相”构成了“组织”。

(2)相与组织之间的关系

合金的组织可由单相固溶体或化合物组成,也可由一个固溶体和一个化合物或两个固溶体和两个化合物等组成。正是由于这些相的形态、尺寸、相对数量和分布的不同,才形成各式各样的组织,**即组织可由单相组成,也可由多相组成。组织是材料性能的决定性因素。在相同条件下,不同的组织对应着不同的性能。**

(3)相组分与组织组分

人们把在合金相图分析中或填写相图(组织图)时,出现的“相”称为相组分(即相组成物),出现的“显微组织”称为组织组分(即组织组成物)。实际上,相组分就表示“相”,组织组分就表示“组织”。

2.运用联想、对比记忆法进一步区分“相”与“组织”

(1)联系二元合金(如 Fe - C 合金)结晶过程分析,区分相组分与组织组分。

(2)对比不同成分的二元合金(如 Fe - C 合金)结晶过程分析,区分相组分与组织组分。

(3)依据不同成分的二元合金(如 Fe - C 合金)的成分→组织→性能变化规律,区分相组分与组织组分。

3.固溶体合金的结晶规律应熟记

匀晶反应生成固溶体,其平衡结晶特点是:

(1) 在一定过冷温度下,通过形核、长大两个过程进行结晶。

(2) 结晶是在变温下进行的。

(3) 在结晶过程中两相的成分不断发生变化,同时两相的相对质量比符合杠杆定律。但应注意,若快冷时(即不平衡结晶),则易出现枝晶偏析。

4.关注初生相[初晶]与次生相(二次相)的区别

初生相系指由液体中首先结晶出来的固相,亦称初晶。而次生相(二次相)系指由固溶体中析出的新固相。在同一相图中,初生相 α(或 β)与次生相 $\alpha_{Ⅱ}$(或 $\beta_{Ⅱ}$)是属于同一相,但却形成两种不同的组织。这是由于它们的形成条件,组成相的形态、数量、分布等均不相同所致。初生相由于结晶温度较高,结晶条件较好,并以树枝状方式长大,所以一般较粗大。而次生相(二次相)是在低温下仅靠原子扩散从固态下析出,结晶条件不好,故一般长得细小,大多分布于晶界或固溶体中。由于次生相的析出是通过原子在固溶体中的扩散来完成的,故快冷时可抑制或阻止次生相的析出,在室温下得到过饱和固溶体。**过饱和固溶体与二次相的析出在工程上具有重要意义。**

5.杠杆定律及其应用

杠杆定律表示平衡状态下两平衡相的化学成分与相对质量之间的关系。可用来定量计算两平衡相分别占总合金的质量百分数,即各相的相对质量。亦可用它来近似确定组织中各组织组分的相对质量。

运用杠杆定律时要切实注意:

(1) 只适用于平衡状态下;

(2) 只适用于两相区;

(3) 杠杆的总长度为两平衡相的成分点之间的距离,杠杆的支点一般为合金成分点,杠杆的位置由所处的温度决定;

(4) 当用杠杆定律近似计算组织组分时,**必须依据该合金的平衡结晶过程分析,找出与组织相对应的两相区,使组织组分与相应的相组分相呼应,**才能进而应用杠杆定律近似计算组织组分的相对百分含量。

6.共晶型反应产物的组织特征

共晶反应(共析反应)得到的反应产物为共晶体(共析体)组织,其组织特征是两相相间交替排列,并呈层状、点状、球状和螺旋状等。其结晶特点是,在一定过冷度下,通过形核与长大过程进行结晶;结晶是在恒温下进行;在结晶过程中反应相、生成相的成分是恒定的;在三相水平线上不能应用杠杆定律。

若冷却速度较快时,成分接近于共晶合金的亚共晶或过共晶合金会抑制初生相的结晶,形成类似共晶组织的机械混合物,称为**伪共晶组织。**

7.图表记忆法的应用

(1)两类最基本形式的二元合金相图的特征归纳于表 2.1,供参考。

(2)铁碳合金中的基本相与基本组织,如表 2.2 所示。

铁碳合金的基本相有铁素体、奥氏体和渗碳体三种,其中前两种属于固溶体,后者属于化合物。铁素体、奥氏体均具有良好的塑性和韧性,而渗碳体则硬而脆。

由基本相所形成的铁碳合金的基本组织有铁素体、奥氏体、渗碳体(一次、二次、三次渗碳体之分)、珠光体、莱氏体(有低温与高温莱氏体之分)等五种。其特点归纳于表2.2之中。

表 2.1 匀晶、共晶型相图的特征

相图类型		相图特征	反应式	说明
匀晶		L α	$L \rightarrow \alpha$	一种液相变温过程中转变为一种固相
共晶	共晶	α L β c e d	$L_e \xrightarrow{恒温} \alpha_c + \beta_d$	恒温下,一种成分的液相同时结晶出两种不同成分的新固相
	共析	α γ β c e d	$\gamma_e \xrightarrow{恒温} \alpha_c + \beta_d$	恒温下,一种成分的固相同时析出两种不同成分的新固相

表 2.2 铁碳合金中的基本组织

名称		符号	晶体结构	组织类型	定义	w_C/%	存在温度范围/℃	组织形态特征	主要力学性能
铁素体		F	BCC	间隙固溶体	C溶于 $\alpha-Fe$ 中	≤0.0218	≤912	块状,片状	塑、韧性良好
奥氏体		A	FCC	间隙固溶体	C溶于 $\gamma-Fe$ 中	≤2.11	≥727	块状,粒状	塑、韧性良好
渗碳体	一次	Cm_{I}	具有复杂晶格的金属化合物	间隙化合物	从L中首先结晶出	6.69	≤1 227	粗大片、条状	硬而脆
	二次	Cm_{II}			由A中析出		<1 148	网 状	硬而脆(耐磨性提高,但强度明显下降)
	三次	Cm_{III}			由F中析出		<727	片状(断续)	增加脆性,降低塑性
珠光体		P	两相组织	机械混合物	$F + Fe_3C$	0.77	≤727	层片状(或粒状)	良好的综合力学性能(强度较高,具有一定塑、韧性)
莱氏体	高温	L_d	两相组织	机械混合物	$A + Fe_3C$	4.3	727~1 148	点状、短杆状或鱼骨状	硬而脆
	低温	L_d'	两相组织	机械混合物	$P + Fe_3C_{II} + Fe_3C$	4.3	≤727	点状、短杆状或鱼骨状	硬而脆

(3) 钢的分类、组织组分、相组分及其计算,如主教材表 2.4 所示。

(4) 铁碳合金中的五种渗碳体的特征,见主教材表 2.1 所示。

(5) 铁碳合金的分类,如主教材表 2.3 所示。

8.口诀助记法的应用

(1)如何识记铁碳相图中特性点的碳质量分数?

“韩探亮(碳质量分数)爬山,携带四个蛋(0.0008%)。
日食其半(0.0218%),爬至点 E(2.11%)已无蛋;
到达西天(点 C),‘食点山’(4.3%)。”

(2)如何正确、快速地填写经简化了的铁碳相图?

① 以相组分形式填写相图——铁碳相图“二·四·五”

铁碳相图二四五:二是共晶和共析;
四种单相要牢记,液、奥、铁素、渗碳体;
五个二相区易记,两“单”相会在一起。

② 以组织组分形式填写相图——铁碳组织图“四·七”

铁碳组织图四七,不同之处在晶析;
共晶下面分四区,共析下面区分七。

9.利用铁碳合金相图分析钢的平衡结晶过程

(1)当用语言文字描述时

① 首先画出所分析成分合金的合金垂线。
② 通过单相区时属于简单冷却。
③ 通过两相区时:
a.两平衡相相对含量随温度下降而变化;
b.两平衡相成分分别沿各自相线变化。
④ 与三相水平线相交时,应写明反应式,同时标注成分、温度条件。

(2)当用冷却曲线描述时

① 应注明冷却曲线的温度、时间坐标;
② 单相区简单冷却,其曲线较陡;
③ 两相区即匀晶转变或二次析出转变时,其曲线较缓;
④ 三相区为一水平线,注意其上应写明反应式;
⑤ 一定注明室温组织。

10.铁碳合金相图中杠杆定律的应用实例

在铁碳合金相图中的两相合金中,如何利用杠杠定律求组织或相组分的相对质量分数,是最容易混淆的,也是教学中的一个难点。现剖析两个实例予以说明。

实例 1 利用杠杆定律计算铁碳合金中的 Fe_3C_{II} 和 Fe_3C_{III} 最大质量分数(见主教材第 2 章 58 页习题 9(3))。

分析 打开铁碳相图,可知 Fe_3C_{II} 是由 ES 线(由奥氏体中析出 Fe_3C_{II} 的固溶线)析出,而在 E 点,奥氏体的溶碳量可达 2.11%。因此,只有 E 点成分的合金,其析出 Fe_3C_{II} 量才有可能达最大值。同理,PQ 线是铁素体的固溶线即由铁素体中析出 Fe_3C_{III} 的固溶线,而P点即为铁素体中溶碳量最大的成分点0.0218%,因此只有P点成分的合金,其析出$Fe_3C_{Ⅲ}$量才有可能达最大值。

解答 以E点为合金成分点,在$A+Fe_3C$两相区中,以SK线为杠杆的总长度(假设,SK线提升微小距离就进入$A+Fe_3C$两相区)。

S E K

w_A $w_{Fe_3C_{Ⅱ}}$

因此

$$w_{Fe_3C_{Ⅲ}(max)}=\frac{2.11-0.77}{6.69-0.77}\times 100\%=22.63\%$$

同理,以P点为合金成分点,在$F+Fe_3C$两相区,以铁碳合金相图的底边为杠杆的总长度,

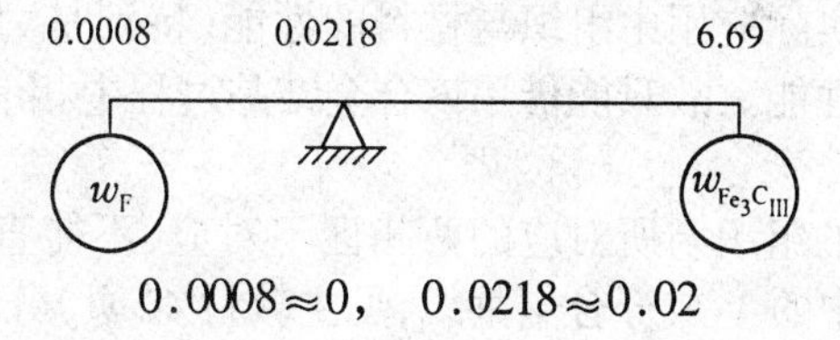

可简化

$$0.0008\approx 0,\quad 0.0218\approx 0.02$$

所以

$$w_{Fe_3C_{Ⅲ}(max)}=\frac{0.0218-0.0008}{6.69-0.0008}\times 100\%=0.31\%$$

$$w_{Fe_3C_{Ⅲ}(max)}=\frac{0.02-0}{6.69-0}\times 100\%=0.30\%$$

常见错误

①不知从何处入手解决问题。

②在计算$Fe_3C_{Ⅱ}$最大质量分数时,杠杆的总长度选取在SE,把支点位置定格在某过共析钢如T12($w_C=1.2\%$)钢的成分点上。

原因剖析

①要学会分析问题,对照铁碳合金相图,联想到$Fe_3C_{Ⅱ}$或$Fe_3C_{Ⅲ}$组织的存在温度区间,还要同相应两相区密切配合,从而达到解决问题之目的。关键是对有关铁碳相图方面的知识要十分熟悉。

②之所以会选择SE为杠杆的总长度,是把SEE'S区域即$A+Fe_3C_{Ⅱ}$组织区域误认为是两相区;而之所以把合金成分点定格在T12钢上,是因为T12钢为一般应用较多的过共析钢。

联想与归纳

① 之所以产生上述不正确的做法,主要是由于对铁碳合金相图部分内容还是不熟悉,认为金属工艺课程或金工实习已接触到此部分内容,误认为同其相仿而忽视了该部分内容的深化理解。

首先,纠正思想认识上的偏见,要充分认识金属工艺课程的重点是以介绍工艺知识为主,它代替不了材料学方面的内容。其次,通过深化铁碳相图的学习,特别要结合课堂讨论、主教材习题、实验及单元自测题等多种形式检测自己对知识掌握的熟练程度。发现有

欠缺时,应及时进行深入学习或与同学、老师交流达到正确理解、深入掌握为止。

② 对于以相组分和以组织组分形式填写铁碳合金相图,还存在模糊认识,不能加以正确区分或从概念上看似理解了,但从实质上并未真正理解等。

实例 2*　利用杠杆定律计算亚共晶白口铸铁($w_C=3.5\%$)室温时相组分与组织组分的相对质量分数(注此例的分析重在说明杠杆定律的运用,该实例并不是学习的重点)。

分析　亚共晶白口铸铁($w_C=3.5\%$)室温时相组分的相对质量分数的计算比较简单,因其室温下对应的是 $F+Fe_3C$ 两相区,而此时的相组分就是 F 和 Fe_3C 两相,故可直接应用杠杆定律进行计算。

但对于其室温时的组织组分的相对质量分数的计算就复杂得多,室温下的组织组分为 $P+Fe_3C_{II}+Ld'$,而对应的两相区为 $F+Fe_3C$。此时如何应用杠杆定律呢?很显然,直接应用杠杆定律将无法计算其室温下组织组分的相对质量分数,那么不计算行不行?答案是肯定不行。因为在实际应用中组织与材料的性能(特别是力学性能)直接对应,即何种组织就决定材料何种性能。故只能借用该合金结晶过程中相应两相区来应用杠杆定律近似计算。

由于室温下该合金的组织与所对应的两相区不对应,不能直接应用两相区。由该合金结晶过程(如图 2.18 中的 V 成分合金垂线,见主教材 42 页)分析可知,在共晶反应发生之前,合金处于 L+A 两相区。一旦发生共晶反应,L 相将全部通过共晶反应转变为共晶组织即 Ld,直至室温的 Ld′,其化学成分及相对质量分数总体无变化;而 A 则在共晶反应后的继续冷却过程中又不断析出 Fe_3C_{II},至 S 点还未发生共析反应之前,A 析出 Fe_3C_{II} 达最大量,此时 A 正处于 $A+Fe_3C$ 两相区,可应用杠杆定律计算出 A 和 Fe_3C_{II} 的相对质量分数。析出 Fe_3C_{II} 后的 A_S 具备了发生共析反应的条件(即 A 具有 S 点成分,而且温度为 727℃),故随后的共析反应,A_S 全部转变为 P。

解答

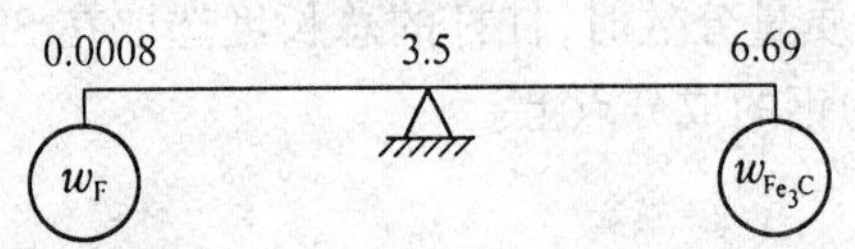

(1)室温时相组分的相对质量分数

亚共晶白口铸铁($w_C=3.5\%$)室温时相组分的相对质量分数为

$$w_F=\frac{6.69-3.5}{6.69-0.0008}\times 100\%=47.68\%$$

$$w_{Fe_3C}=\frac{3.5-0.0008}{6.69-0.0008}\times 100\%=52.32\%$$

(2)室温时组织组分的相对质量分数

亚共晶白口铸铁($w_C=3.5\%$)室温时组织组分的相对质量分数的计算:

①在 JBCEJ(即经简化的铁碳相图中的 ACEA)两相区的两平衡相为 A+L,在到达 ECF 共晶线尚未发生共晶反应时,可应用杠杆定律计算出此时两平衡相的相对质量分数

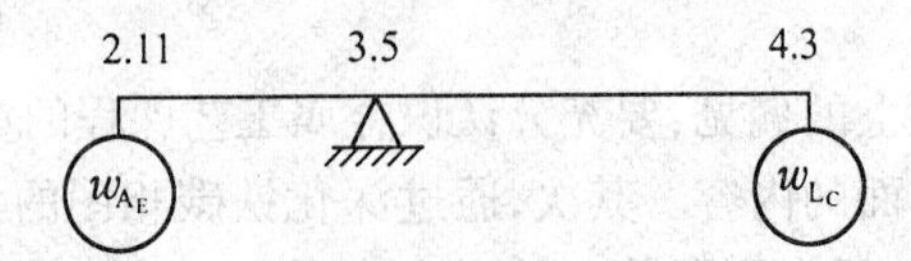

$$w_{A_E}=\frac{4.3-3.5}{4.3-2.11}\times 100\%=36.53\%$$

$$w_{L_C}=\frac{3.5-2.11}{4.3-2.11}\times 100\%=63.47\%$$

②在 ECFKSE 两相区的平衡相为 A + Fe_3C,在到达 PSK 共析水平线尚未发生共析反应时,E 点成分的 A 在缓冷至 S 点时,析出 $w_{Fe_3C_{II}}$ 量最多,因此可应用杠杆定律计算出此时两平衡相的相对质量分数

0.77 2.11 6.69

w_{A_S} w_{Fe_3C}

$$w_{A_S}=\frac{6.69-2.11}{6.69-0.77}\times 100\%=77.36\%$$

$$w_{Fe_3C}=\frac{2.11-0.77}{6.69-0.77}\times 100\%=22.64\%$$

计算出的 w_{Fe_3C}即为自 A_E 中析出的 $w_{Fe_3C_{II}}$;而 w_{A_S}是自 A_E 中析出 Fe_3C_{II}后的 A_S,该成分的 A 经过共析反应而全部转变为 P,即 $w_{A_S}=w_P$。但应注意,w_{A_E}的质量分数不是 100%,而是 36.55%。

③因此,室温下亚共晶白口铸铁($w_C=3.5\%$)室温时组织组分的相对质量分数分别为

$$w_P=w_{A_S}=77.36\%\times w_{A_E}=77.36\%\times 36.53\%=28.26\%;$$

$$w_{Fe_3C_{II}}=22.64\%\times 36.53\%=8.27\%$$

$$w_{L_C}=w_{Ld}=63.47\%$$

常见错误 主要是在计算亚共晶白口铸铁($w_C=3.5\%$)室温时组织组分的相对质量分数时出错。

(1) $w_{L_C}=\dfrac{3.5-2.11}{4.3-2.11}\times 100\%=63.47\%$

$$w_{A_S}=w_P=\frac{6.69-3.5}{6.69-2.11}\times 100\%=69.65\%$$

$$w_{Fe_3C_{II}}=\frac{3.5-2.11}{6.69-2.11}\times 100\%=30.34\%$$

(2) $w_{A_E}=\dfrac{4.3-3.5}{4.3-2.11}\times 100\%=36.53\%$

$$w_{L_C}=\frac{3.5-2.11}{4.3-2.11}\times 100\%=63.47\%$$

$$w_P=\frac{4.3-3.5}{4.3-2.11}\times 36.53\%\times 100\%=69.65\%$$

$$w_{Fe_3C_{II}}=\frac{3.5-2.11}{4.3-2.11}\times 36.53\%\times 100\%=30.34\%$$

原因剖析

①产生这一错误的关键是没有将该合金室温时的三种组织看作是一个整体,即 $w_{Fe_3C_{II}}+w_P+w_{L_C}\neq 100\%$;对合金的结晶过程分析,以及杠杆定律的应用,还没有真正理解。

②产生第2种错误的最直接原因是在第2步中将组织区域误认为两相区,因此杠杆的长度及支点的位置都选得不对了。应将两步联系在一起,统筹考虑;另外,要切记杠杆定律仅适用于两相区,不要将组织区域误以为是两相区。

联想与归纳　为了便于分析与深入理解杠杆定律的内涵,以下特以示意图形式将解题思路说明如下。

$w_C=3.5\%$合金

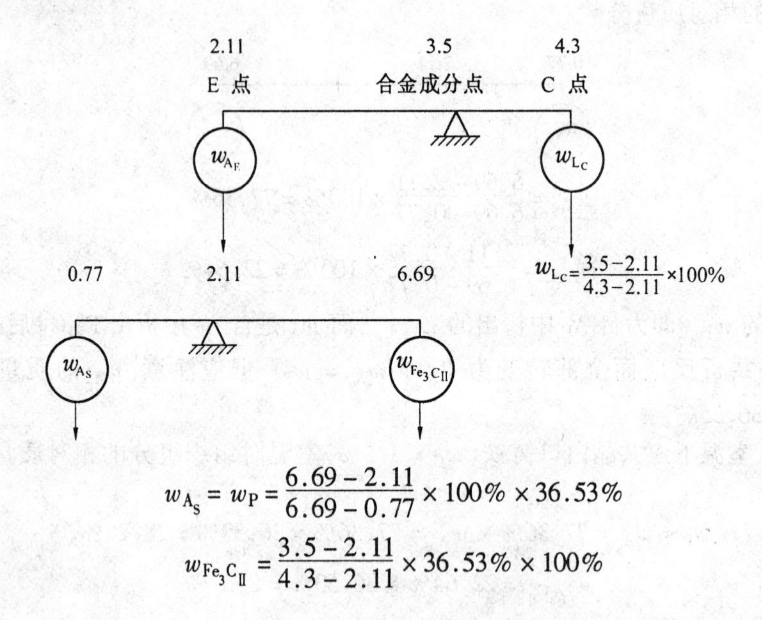

$$w_{A_S}=w_P=\frac{6.69-2.11}{6.69-0.77}\times100\%\times36.53\%$$

$$w_{Fe_3C_{II}}=\frac{3.5-2.11}{4.3-2.11}\times36.53\%\times100\%$$

2.4　单元自测题

1. 名词解释

(1)过冷度　　　　　　　　　(2)细晶强化

(3)γ-Fe、γ相与奥氏体

2. 填空题

(1)为了使金属结晶过程得以进行,必须造成一定的________,它是理论结晶温度与____________的差值。

(2)金属的结晶过程是____________________的过程。控制结晶后晶粒大小的方法原则上是____________、____________________和________________________。

(3)在恒温下一定质量分数(成分)的液体同时结晶出现两种不同而又有固定成分的新固相,这一过程称之为________反应,它所形成的产物叫____________组织。

(4)二元合金相图中,三相共存表现特征为____________线,我们学过的有____________、____________等都是三相平衡线。

(5)碳在α-Fe中的间隙固溶体称为____________,它具有____________晶体结构,在______℃时碳的最大溶解度为____________%。

(6)在室温下,45钢的相组分是____________,组织组分是____________。

(7)珠光体本质上是________和________组成的共析机械混合物;而高温莱氏体则是____________和____________组成的共晶机械混合物。

(8)在题图2.1所示经简化了的铁碳合金相图中:

① 标出各点的符号;

② 填上各区域的相组分(写在方括号内);

③ 填上各区域的组织组分(写在圆括号内)。

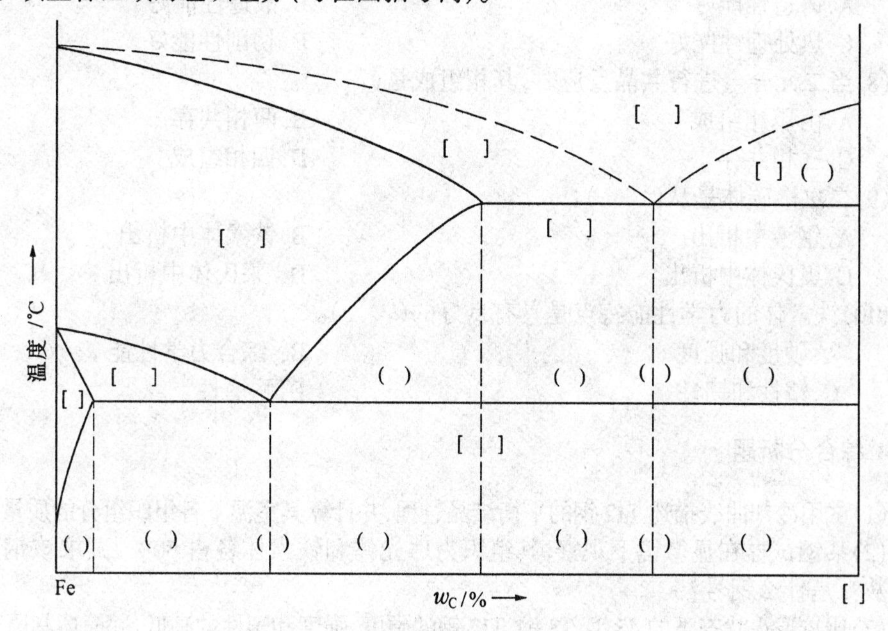

题图2.1 经简化的铁碳合金相图

(9)在缓慢冷却条件下,$w_C = 0.77\%$的钢比$w_C = 1.2\%$的钢硬度________,强度________。

(10)在缓慢冷却条件下,$w_C = 0.77\%$的钢比$w_C = 0.45\%$的钢塑性________,强度________。

3.选择题

(1)奥氏体是( )。

A.碳在$\alpha - Fe$中的间隙固溶体　　B.碳在$\gamma - Fe$中的间隙固溶体

C.碳在$\alpha - Fe$中的有限固溶体

(2)珠光体是( )。

A.二相机械混合物　　B.单相固溶体　　C.金属化合物

(3)在二元合金中,铸造性能最好的合金是具有( )。

A.共析成分合金　　B.固溶体成分合金　　C.共晶成分合金

(4)能进行锻造的铁碳合金有( )。

A.亚共析钢　　B.共析钢　　C.亚共晶白口铸铁

(5)在固溶体合金结晶过程中,产生枝晶偏析的原因是由于( )。

A.液、固相线间距很小,冷却缓慢

B.液、固相线间距大,冷却缓慢

C.液、固相线间距很大,冷却速度也大

(6)二元共析反应式应为(　　)。

A. $\gamma \rightarrow \alpha + \beta$　　B. $\gamma \xrightarrow{\text{恒温}} \alpha + \beta$　　C. $\gamma_c \xrightarrow{\text{恒温}} \alpha_a + \beta_b$

(7)具有匀晶相图的单相固溶体合金(　　)。

A.铸造性能好　　B.锻造性能好

C.热处理性能好　　D.切削性能好

(8)当二元合金进行共晶反应时,其相组成是(　　)。

A.由单相组成　　B.两相共存

C.三相共存　　D.四相组成

(9)二次渗碳体是从(　　)。

A.钢液中析出　　B.铁素体中析出

C.奥氏体中析出　　D. 莱氏体中析出

(10)铁素体的力学性能特点是具有良好的(　　)。

A.硬度和强度　　B. 综合力学性能

C.塑性和韧性　　D.耐磨性

4.综合分析题

(1)试用冷却曲线描述 T12 钢的平衡结晶过程,并计算其室温下各组织组分的质量分数。

(2)某钢试样在显微镜下观察,其组织为珠光体和铁素体各占 50%,试求该钢的碳质量分数?是什么钢号?

(3)比较退火状态下的 45 钢,T8 钢,T12 钢的硬度、强度和塑性的高低,并简述其原因。

(4)默画出经简化的 $Fe-Fe_3C$ 相图,注明重要点的符号及其成分、温度,并分别以相组分、组织组分的形式标注相图中各区域。

(5)一退火碳钢的硬度为 150HBW,

① 求该钢的碳质量分数;

② 计算该钢组织中各组织组分的相对质量分数;

③ 画出其组织示意图,并于图中标出各组织组分的名称(已知珠光体的硬度为 200HBW,铁素体的硬度为 80HBW)。

第3章　材料的力学行为、塑性变形与再结晶

3.1　学习要求

(1)熟悉金属塑性变形(以滑移为主)的特点及其微观机制。

(2)了解塑性变形对金属组织与性能的影响,重点掌握加工硬化的定义、机理及在生产中的实际意义。

(3)掌握有关再结晶的概念,明确再结晶温度及再结晶退火温度的确定。

(4)比较并总结强化金属材料的四种基本方式,即细晶强化、固溶强化、弥散强化与加工硬化。

3.2 学习重点与难点解析

1.学习重点

材料在外力作用下会发生变形,这种变形通常包括弹性变形与塑性变形两种.塑性变形是金属材料的一种重要加工成形方法,而且更为重要的是塑性变形还可改变材料内部组织与结构并影响其宏观性能。

因此,本章讨论的重点是金属塑性变形(主要是滑移变形)的特点,塑性变形对金属组织、性能的影响(特别是加工硬化)以及回复与再结晶的有关概念。

2.学习难点

(1) 对于塑性变形(滑移变形)的微观机制——位错的运动认识模糊,抽象。

(2) 对于加工硬化产生的原因(即加工硬化的位错理论)认识不全面。

3.3 学习与方法指导

本章涉及到有关基础理论知识较多,既有较深的塑变理论,又与生产实际紧密相连,具有很强的理论性与实践性。学习时一定注意遵循一定的规律分析与理解教材内容,紧密联系金工实习效果,则学习效果更佳。学习本章内容时应注意:

(1) 按照材料的"化学成分→加工工艺→组织结构→性能→应用"这一主线去分析和理解冷、热塑性加工(塑性变形)过程中的各种现象,以便深入理解这些现象的本质及加深记忆。表3.1中归纳列出了冷、热塑性加工对于金属组织和性能的不同影响。

(2) 紧密围绕本章的学习要求与重点,结合有关密切联系生产实际的应用型习题,或直接与生产实践相联系来分析几种典型实例或压力加工零件的变形过程,进一步加深对加工硬化、再结晶温度,冷、热塑性加工等基本概念的理解,防止"闭门造车"式的空想、主观臆断及死记硬背等。

(3) 为了有效地培养和提高独立分析与解决实际问题的能力,要求独立完成教师布置的作业与习题,提倡同宿舍、同小组之间相互切磋、相互讨论,积极参与与生产实习密切联系的某些压力加工零件的加工,以求理解得更深刻。

(4)在学习本章的过程中,应注意联系第1章"材料的结构"的有关知识来认识、理解、深化本章的学习内容。

表 3.1 塑性变形对金属组织和性能的影响

变形类型	工艺方法	组织变化	性能变化
冷塑性变形	冷轧、拉拔、冷挤压、冲压、冷锻	晶粒沿变形方向伸长，形成纤维组织	趋于各向异性
		晶粒碎化，形成亚结构；位错密度增加	强度增高，塑性下降，造成加工硬化；密度降低
	冷拉、冷轧	晶粒位向趋于一致，形成形变织构	趋于各向异性
热塑性变形	自由锻、模锻、热轧、热挤压	焊合铸造组织中存在的气孔、缩孔、缩松等缺陷	力学性能提高，密度提高
		击碎铸造柱状晶粒、粗大枝晶及碳化物、偏析减小，晶粒细化	
		夹杂物沿变形方向拉长，形成流线纤维组织；缓慢冷却可形成带状组织	趋于各向异性，沿流线方向力学性能提高

3.4 单元自测题

1.名词解释

(1) σ_s　(2) a_K　(3) 再结晶　(4) 加工硬化　(5) 热加工

2.填空题

(1)材料常用的塑性指标有________和________两种。其中用____________表示塑性更接近材料的真实变形。

(2)在外力作用下，材料抵抗________和________的能力称为________。屈服强度与________的比值，在工程上叫做________。

(3)表征材料抵抗冲击载荷能力的性能指标是____________，其单位是____________。

(4)检验淬火钢成品件的硬度一般用________硬度，而布氏硬度适用于测定________的硬度。

(5)σ_s 表示________，σ_s = ________。其数值越大，材料抵抗________________的能力越大。

(6)金属在塑性变形中，随着变形量的增加，由于________和______________增加，而使金属的______和______显著提高，______和______明显下降，这种现象称为________。

(7)单晶体塑性变形的基本形式有______、______两种，它们都是在____________应力作用下发生，常沿晶体中原子密度________________和________________发生。

(8)应力分为________和________两大类，单晶体金属的晶格受到________作用时，仅发生弹性变形，随后直接过渡到________，只有受到________________时才发生塑性变形。

(9)金属的强度与其位错密度之间的关系是在________状态时强度最低,而________或________位错密度都能提高强度。

(10)冷变形金属在加热时组织与性能的变化,随加热温度不同,大致分为________、________和____________三个阶段。

(11)某金属的熔点为1 772℃,它的最低再结晶温度为________℃。

(12)在金属学中,冷、热加工的界限是以____________来划分的,因此铜(T_m = 1 083℃)在室温下变形加工称为________加工;而锡(T_m = 232℃)在室温下的变形加工称为________加工。

(13)填表

	BCC	FCC	HCP
滑移面晶面指数或说明			
滑移方向晶向指数或说明			
滑移面个数			
每个滑移面上滑移方向的个数			
滑移系数目			

(14)强化金属材料的基本方法有________、________、________、________。

(15)变形金属经再结晶后的晶粒度主要取决于________________和____________。

3.选择题

(1)冲击韧度的单位是(　　)。

A.kg/mm^2　　B.MPa　　C.J/cm^2　　D.J

(2)在图纸上出现如下几种硬度技术条件的标注,其中(　　)是对的。

A.HB500　　B.HV800　　C.HRC12~15　　D.229HBW

(3)布氏硬度值的表示符号是(　　)。

A.HRC　　B.HV　　C.HR　　D.HBW

(4)在设计拖拉机缸盖螺钉时应选用的强度指标是(　　)。

A.σ_b　　B.σ_s　　C.σ_p　　D.σ_e

(5)能使单晶体产生塑性变形的应力为(　　)。

A.正应力　　B.切应力　　C.原子活动力　　D.复合应力

(6)冷变形时,随着变形量的增加,金属中的位错密度(　　)。

A.增加　　B.降低　　C.无变化　　D.先增加后降低

(7)冷变形的金属,随着变形量的增加(　　)。

A.强度增加,塑性增加　　B.强度增加,塑性降低

C.强度降低,塑性降低　　D.强度降低,塑性增加

(8)冷变形后的金属,在加热过程中将发生再结晶,这种转变是(　　)。

A.晶格类型的变化　　B.只有晶粒形状大小的变化,而无晶格的变化

C.晶格类型、晶粒形状均无变化　　D.既有晶格类型变化,又有晶粒形状的改变

(9)具有 FCC 的晶体在受力时的滑移方向为(　　)。

A.〈1 1 1〉　　B.〈1 1 0〉　　C.〈1 0 0〉　　D.〈2 3 1〉

(10)变形金属经再结晶后(　　)。

A.形成等细晶,强度增大　　B.形成柱状晶,塑性下降

C.形成柱状晶,强度升高　　D.形成等轴晶,塑性升高

(11)BCC 金属与 FCC 金属在塑性上的差别,主要是由于两者的(　　)。

A.滑移系数目不同　　B.滑移方向数不同

C.滑移面数不同　　D.滑移面和滑移方向的指数不同

(12)有人不慎将打在铸造黄铜件上的数码挫掉,欲辨认原来打上的数码,其方法是(　)。

A.将打数码处表面抛光,直接辨认　　B.将打数码处加热,发生再结晶后再辨认

C.将打数码处表面抛光,侵蚀后辨认　D.无法辨认

(13)多晶体金属的晶粒越细,则其(　　)。

A.强度越高,塑性越好　　B.强度越高,塑性越差

C.强度越低,塑性越好　　D.强度越低,塑性越差

(14)铁丝在室温下反复弯折,会越变越硬,直到断裂;而铅丝在室温下反复弯折,则始终处于软态,其原因是(　　)。

A.Pb 不发生加工硬化,不发生再结晶,Fe 发生加工硬化,不发生再结晶

B.Fe 不发生加工硬化,不发生再结晶,Pb 发生加工硬化,不发生再结晶

C.Pb 发生加工硬化,发生再结晶,Fe 发生加工硬化,不发生再结晶

D.Fe 发生加工硬化,发生再结晶,Pb 发生加工硬化,不发生再结晶

4.判断题

(1)屈服极限是表征材料抵抗断裂能力的力学性能指标。　(　　)

(2)静载荷是指大小不可变的载荷(　　),反之则一定不是静载荷(　　)。

(3)所有的金属材料均有明显的屈服现象。　(　　)

(4)HRC 测量方便,能直接从刻度盘上读数(　　),生产中常用于测量退火钢、铸铁及有色金属(　　)。

(5)金属的预变形度越大,其开始再结晶的温度越高。　(　　)

(6)金属铸件可通过再结晶退火来细化晶粒。　(　　)

(7)热加工是指在室温以上的塑性变形加工。　(　　)

(8)再结晶过程是有晶格类型变化的结晶过程。　(　　)

(9)只有切应力才能产生滑移和孪生,并导致塑性变形。　(　　)

(10)再结晶退火能使金属的硬度降低,塑、韧性提高,所以常用来提高一般金属的塑性便于加工。　(　　)

5.综合分析题

(1)已知铜的熔点为1 083℃,求其再结晶退火温度。

(2)热加工对金属的组织和性能有何影响?钢材在热变形加工(锻造)时,为什么不出现硬化现象?

(3)在制造齿轮时,有时采用喷丸法(即将金属喷射到零件表面上)使齿面得以强化,试分析强化原因。

第4章 机械工程材料的强韧化

4.1 学习要求

(1)熟悉工程材料常见的强化方式,了解其机理。
(2)明确工程材料强韧化的基本途径。
(3)牢固掌握钢铁热处理的基本原理,并熟悉常见热处理的工艺特点及适用范围等。
(4)充分认识合金元素在钢中的作用(即钢的合金化原理)。
(5)了解聚合物与陶瓷材料的强韧化特征。

4.2 学习重点与难点解析

本章主要在归纳、概括机械工程材料强韧化的基础上,重点讨论了钢铁材料强韧化的两条主要途径:一是对钢铁材料实施热处理,二是通过调整钢的化学成分,加入合金元素(亦即钢的合金化原理),以改善钢的性能。

1.学习重点

钢铁材料热处理(包括4.2热处理原理,4.3热处理工艺)系本章学习重点,而合金元素在钢中作用亦是下一章重点讨论的问题。因此,本章学习应充分把握与重视钢铁材料热处理原理与工艺部分,同时它亦是本课程学习的第二个重点,是学好本课程的关键所在。

钢铁材料热处理是通过加热、保温和冷却方式借以改变合金的组织与性能的一种工艺方法。其基本内容包括热处理原理及热处理工艺两大方面。钢铁材料热处理原理(4.2)是基础与理论指导,而热处理工艺(4.3)则是具体应用。

2.学习的误区与教学难点

(1)对共析碳钢过冷奥氏体等温(连续)冷却转变曲线的物理意义即TTT或C曲线

(CCT 曲线)缺乏深刻的理解。具体表现在:

①对"C"、"CCT"曲线中各条特性线的含义,各个区域相应组织类别仅仅停留在字面的记忆上,缺乏深入理解其实质。

②不会应用"C"、"CCT"曲线分析不同热处理条件下的组织转变产物。

(2)对钢的淬透性的有关概念模糊,缺乏进一步的理解。

因此,需要在学习中一定结合习题、单元测试题、课堂讨论等,加深理解其实质。

4.3 学习与方法指导

1.掌握共析碳钢过冷奥氏体冷却转变曲线(即 TTT、CCT 曲线)

(1)牢记共析碳钢的"C"、"CCT"曲线的物理意义(即"C"、"CCT"曲线中各条特性线的含义,各个区域相应组织类别等)。

(2)会应用"C"、"CCT"曲线分析不同冷速(不同热处理条件)下的组织特征,如图 4.1 示。

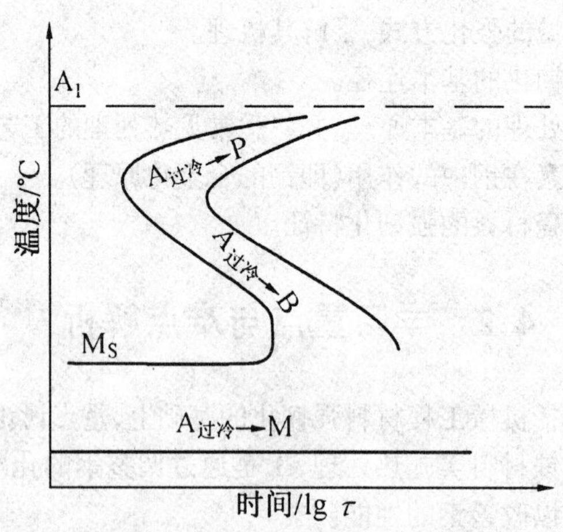

图 4.1　共析碳钢于不同冷却条件下的组织

2.熟悉过冷奥氏体转变产物的形成条件、组织形态与性能特点

过冷奥氏体转变产物的形成、组织形态与性能特征已归纳于主教材 96 页的表 4.2 中,供学习总结时参考。这是掌握不同条件下形成组织的关键。

3.图表记忆法的应用

(1)淬火钢回火时的转变特征以及回火种类、回火组织形态与性能特点等归纳于主教材表 4.3(103 页)、4.7(111 页)中,以供比较、使用。

(2)热处理工艺种类繁多,特别是其加热温度范围及适用条件等易混淆,现归纳于表 4.1 中,通过比较、对照,找出其异同点,特别注意该工艺运用于何类钢等。

表 4.1　常用热处理工艺小结

名称		目的	工艺曲线	组织	性能变化	应用范围
退火	去应力退火（低温退火）	消除铸、锻、焊、冷压件及机加工件中的残余应力，提高尺寸稳定性，防止变形开裂	℃ A_1 500~650℃ 缓冷至200℃ 空冷 τ	组织不发生变化	与退火处理前的性能基本相同	铸、锻、焊、冷压件及机加工件等
	再结晶退火	消除加工硬化及内应力，提高塑性	℃ A_1 T_Z T_R 空冷 τ	变形晶粒变为细小的等轴晶粒	强度、硬度降低，塑性提高	冷塑性变形加工的各种制品
	完全退火	消除铸、锻、焊件组织缺陷，细化晶粒，均匀组织；降低硬度，提高塑性，便于切削加工；消除内应力	℃ Ac_3+20~50℃ Ac_3 Ac_1 τ	F+P	强度、硬度低（与正火相比）	亚共析钢的铸、锻、焊接件等
	等温退火	准确控制转变的过冷度，保证工件内外组织和性能均匀，大大缩短工艺周期，提高生产率	℃ Ac_3+20~30℃ Ac_3 Ac_1+20~30℃ Ac_1 Ar_1−10~20℃ τ	同完全退火或球化退火	同完全退火或球化退火	同完全退火或球化退火
	球化退火	降低硬度，改善切削加工性；为淬火作好组织准备	℃ Ac_{cm} Ac_1+20~30℃ Ac_1 A_1−10~20℃ τ	$P_{球状}$ 即球化体	硬度低于$P_{片}$，切削加工性良好	共析、过共析碳钢及合金钢的锻、轧件等
	扩散退火（均匀化退火）	改善或消除枝晶偏析，使成分均匀化	℃ T_m−100~200℃ 缓冷 Ac_3 Ac_1 空冷 τ	粗大组织（组织严重过热）	铸件晶粒粗大，组织严重过热，力学性能差，必须再进行完全退火或正火	合金钢铸锭及大型铸钢件或铸件
正火（常化）		细化晶粒，清除缺陷，使组织正常化；用于低碳钢，提高强度，改善切削加工性度；用于中碳钢，代替调质，为高频淬火作组织准备；对高碳钢，消除网状 *K*，便于球化退火	℃ Ac_3（Ac_{cm}）+30~50℃ Ac_3（Ac_{cm}） Ac_1 M_S 空冷 τ	P类组织： 亚：F+S 过：S+Fe_3C_{II} 共：S	比退火的强度、硬度高些	低、中碳钢的预先热处理；性能要求不高零件的最终热处理；消除过共析钢中的网状碳化物

续表 4.1

名称		目的	工艺曲线	组织	性能变化	应用范围
淬火	单液淬火	提高硬度和耐磨性,配以回火使零件得到所需性能(获得M组织)	℃ Ac_3 (Ac_1) M_S τ	M(低中碳钢) M + Ar(中高碳钢) M + Ar + $K_{粒}$(高碳钢)	获得马氏体,以提高钢的高硬度、高强度、高耐磨性	用于简单形状的碳钢和合金钢零件
	双液淬火	同上 亦减小内应力变形	℃ Ac_3 (Ac_1) M_S τ			主要用于高碳工具钢制的易变形开裂工具(即形状复杂的碳钢件)
	分级淬火	减少淬火应力,防止变形开裂,得到高硬度M	℃ Ac_3 (Ac_1) M_S τ			主要用于尺寸较小,形状复杂的碳钢件及合金钢的工件(小尺寸零件)
	等温淬火	为获得$B_下$,提高强度、硬度、韧性和耐磨性,同时减少内应力、变形,防止开裂	℃ Ac_3 (Ac_1) M_S τ	$B_下$	较高硬度、强韧性和耐磨性,即综合机械性能好	用于形状复杂,尺寸小,要求较高硬度和强度、韧性的零件(中高碳钢)
回火	低温回火	降低淬火应力,提高韧性,保持高硬度、强度和耐磨性,疲劳抗力大	℃ Ac_1 100~250℃ 空冷 τ	$M_回$ 或 $M_回$ + Ar + $Fe_3C_{Ⅱ粒}$	高硬度、强度、耐磨性及疲劳抗力大	多用于刃具、量具、冷作模具、滚动轴承、精密零件、渗碳件、表面淬火件等
	中温回火	保证σ_e和σ_s及一定韧性,σ_s/σ_b高,弹性好,消除内应力	℃ Ac_1 350~500℃ 空冷 τ	$T_回$	较高的弹性,屈服强度和适当的韧性	各类弹性零件、热锻模等
	高温回火	得到回火索氏体组织,获得良好的综合力学性能	℃ Ac_1 500~650℃ τ	$S_回$	综合力学性能良好。还可为表面淬火,氮化等作好组织准备	多用于各类重要结构件如轴类、连杆、齿轮、螺栓、连结件等或精密零件的预先处理
感应加热表面淬火		表层强化,使强硬而耐磨,高的疲劳强度;心部仍可保留高的综合力学性能	用不同频率的感应电流,使工件快速加热到淬火温度,随即进行冷却淬火(油或水),然后低温回火(<200℃)	表层:隐晶回火马氏体; 心部:$S_回$ 或 F + P	表面强而耐磨、高的疲劳强度,心部有足够的塑、韧性或好的综合力学性能	最适宜于中碳(0.3%~0.6%)的优质碳钢及合金钢制作,如齿轮、轴类零件

续表 4.1

<table>
<tr><th colspan="3">名 称</th><th>目 的</th><th>工艺曲线</th><th>组 织</th><th>性能变化</th><th>应用范围</th></tr>
<tr><td rowspan="3">化学热处理</td><td rowspan="2">渗碳</td><td>渗碳</td><td>增加钢件表层的碳质量分数</td><td rowspan="2">℃ Ac$_3$ Ac$_1$ 渗碳 淬火 低回 τ</td><td>由表及里：Fe_3C_{II} + P→P→P + F→F + P(心部原始组织)</td><td rowspan="2">渗 C 后配以淬、回火，其表层高硬度强度、耐磨性及高的疲劳强度，心部强而韧</td><td rowspan="2">w_C = 0. 10% ~ 0.25%的碳素钢及合金钢制件，如汽车、拖拉机中变速箱齿轮等</td></tr>
<tr><td>渗碳后淬火 + 低温回火</td><td>得到表层高硬度、高耐磨性及高表面疲劳强度，心部强而韧</td><td>表层：M$_{回}$ + Ar + Fe_3C(0.5 ~ 2 mm)
心部；F + P(或 M$_{回}$ + F)</td></tr>
<tr><td colspan="2">氮化</td><td>通过提高表层氮浓度，使钢具有极高表面硬度、耐磨性、抗咬合性、疲劳强度、耐蚀性、低的缺口敏感性</td><td>℃ Ac$_1$ 500 ~ 600℃ 油冷 炉冷 τ</td><td>由表及里：氮化物层→扩散层→基体</td><td>极高的表面硬度、耐磨性及抗咬合性、疲劳强度、耐蚀性，低的缺口敏感性</td><td>要求高耐磨性而变形量小的精密件，主要用于含 V、Ti、Al、Mo、W 等元素的合金钢。</td></tr>
</table>

4.概括记忆法的应用

钢铁热处理原理可以概括为“两大过程”，“五大转变”。

“两大过程”，即指钢在加热时的奥氏体形成过程与过冷奥氏体在冷却时的转变过程。

“五大转变”，意指奥氏体的形成、珠光体转变、马氏体转变、贝氏体转变与淬火钢的回火转变。

钢铁热处理工艺亦可概括为“五把火”：退火、正火、淬火、回火与表面强化热处理。

5.歌诀记忆法的应用

学好本章重点内容（钢铁热处理原理与工艺）的关键在于是否熟练地掌握了钢的“C”、“CCT”曲线，为此应会默画、熟悉曲线图中各条线的含义及各个区域相应组织。以下列出两个助记歌诀作为“引子”，以期抛砖引玉，希望能独立动脑，编出更多、更好的记忆歌诀。

“C 曲线歌”

共析碳钢 C 曲线，貌似双 C 字并行。
“C”上平直线 A_1，奥氏存在稳定区；
“C”下水平 M_S 线，马氏转变开始域；
左“C”字示起始线，线左过冷奥氏区；
右“C”字示终止线，线右转变产物区；
两 C 之间过渡区，过奥、产物并行存。

"钢的热处理"歌诀助记

零件加工工艺中,钢热处理最关键;
五大转变五把"火",过程转变把"火"点。
加热过程铁碳图,冷却过程两"C"线;
奥、珠、贝、马及回火,五大转变融贯通。
退、正、淬、回及表面,还有 VK 及淬透;
结合两"C"辨组织,灵活运用重实践。

4.4 习题分析与例解

1.有一直径 10 mm 的 20 钢制工件,经渗碳处理后空冷,随后进行正常的淬火回火处理,试分析工件在渗碳空冷后及淬火回火后,由表面到心部的组织(见主教材第 4 章 132 页习题 18)。

分析 首先明确经渗碳处理后空冷,指的是经渗碳处理后将工件放入冷却坑中缓慢冷却,而非经渗碳处理后将工件直接放到空气中冷却;随后进行正常的淬火回火处理,指的是渗碳工件的一次淬火工艺,即将工件重新加热至 $Ac_1 \sim Ac_3$ 之间、经保温后水淬,再进行低温回火。

解答

(1)工件在渗碳空冷后,其表层的 $w_C = 0.85\% \sim 1.05\%$,并从表层到心部其碳质量分数逐渐减少,至心部为原来 20 钢的碳质量分数。表面组织为 $P + Fe_3C_{II}$、心部组织为 $F + P$。

(2)工件在渗碳空冷 + 淬火、回火后,实施的是一次淬火法,对于表层性能要求较高的零件,淬火温度应选在 $Ac_1 + (30 \sim 50)$℃,表面将获得的组织为 $M_{回}$ + 少量 $A_R + Fe_3C_{II}$、心部组织为少量 F + 低碳 $M_{回}$。

常见错误剖析 经渗碳后空冷,误认为是经渗碳后在炉外空气中冷却,因此所获得的表面组织为 $S + Fe_3C_{II}$,心部组织为 $F + S$。

因渗碳后暴露在空气中冷却,将使工件严重脱碳,经淬火后表面的性能将严重降低,这是绝对不允许的。

不同做法分析 工件在渗碳后空冷及淬火、回火后,表面组织为较粗大 $M_{回}$ + 较多数量 A_R,心部组织为低碳 $M_{回}$。渗碳后淬火温度选择在 Ac_3 以上(20 ~ 30)℃,心部获得全部低碳马氏体,它适用于对工件心部力学性能要求较高的场合。

联想与归纳

此题告诉我们,学习时应密切联系金工实习学到的实际知识和常识,来分析问题与解决问题。

很显然,渗碳操作是在高温 930℃左右、保温 5 ~ 8 h,出炉后将工件直接放入无保护气氛的空气中冷却是行不通的。实际上,工件渗碳后迅速放入具有保护气氛的冷却坑中继续冷却,这样才能保证工件表面不被氧化。

渗碳后空冷的淬火温度的选取,应兼顾工件表面与心部两个方面:对工件心部性能要求较高的零件，淬火加热温度应略高于心部的 Ac_3，使其晶粒细化，并得到低碳马氏体组织；对表层性能要求较高但受力不大的零件，淬火加热温度应选择在 Ac_1 以上 30～50℃，使工件表层晶粒细化，而心部组织改善不大。

因此，如发现问题，不能简单地认定对或者错，应分析具体条件，最后作出相应的判定。

2.用同一种钢制造尺寸不同的两个零件，试问：

(1)它们的淬透性是否相同，为什么？

(2)采用相同的淬火工艺，两个零件的淬透层深度是否相同，为什么？

分析 本题的目的在于检测对“淬透性”这一概念掌握的熟练程度。

回想淬透性的概念，所谓淬透性系指钢在淬火时获得淬透层深度（马氏体）的能力，它是钢材本身固有的属性。根据已知条件，现在同一种钢即材料的化学成分确定了，其固有的属性应该相同，因此它们的淬透性应是相同的。

采用相同的淬火工艺，用同一种钢制造尺寸不同的两个零件，它们的淬透层深度是否相同呢？这需要思考“淬透性大小的确定方法”，即淬透性的大小通常以规定条件（尺寸和形状相同的钢试样，在规定的同一淬火冷却条件下淬火）下所获得的淬透层深度来表示。它说明淬透性与工件尺寸、冷却介质等无关，只用于不同材料之间的比较。换之言，同一种钢其淬透性是一定的。

另外，还要理解淬透性与具体淬火条件下的淬透层深度的区别。淬透性虽然可用规定条件下所获得的淬透层深度来表示，但这两个概念是不同的。淬透层深度除与淬透性有关外，还与工件尺寸形状、冷却介质等因素有关。它说明，同种钢材尽管淬透性相同、淬火工艺条件相同，但其具有不同的尺寸，它必须会影响到所获得的淬透层深度。

解答

(1)用同一种钢制造尺寸不同的两个零件，其淬透性相同。因为淬透性是钢材本身固有的属性，指钢在淬火时获得马氏体（淬透层深度）的一种能力。同一种钢，其固有属性相同，因此其淬透性相同。

(2)采用相同的淬火工艺，两个零件的淬透层深度是不同的。因为尽管两个零件的淬透性相同，采用相同的淬火工艺，但它们的尺寸不同，所以势必影响其淬透层深度。

常见错误剖析及更正

(1)认为其淬透性是不同的，因为其获得的淬透层深度是不同的。

(2)采用相同的淬火工艺，两个零件的淬透层深度是不同的，因其淬透性不同。更正请详见**分析**。关键是真正搞清“淬透性”这一基本概念。

联想与归纳

产生上述错误认识归根结底还是对“淬透性”的概念没有真正理解，所以在学习该部分内容时，一定要深入认识淬透性的真正含义。

淬透性对机械设计与加工尤为重要，是最为重要的热处理工艺性能指标之一，对于后续课程的学习，特别是机械设计都具有重要意义。要多结合习题、单元测试题等加深理解。不但要注意淬透性与淬透层深度的区别，也要注意区分淬透性与淬硬性这两个不同的概念。

4.5　单元自测题

1.名词解释

(1)淬透性　　(2)(上)临界冷却速度　　(3)本质晶粒度　　(4)马氏体(M)

2.填空题

(1)碳钢马氏体组织形态主要有________、________两种,其中________强韧性较好。

(2)钢热处理确定其加热温度的依据是________________,而确定过冷奥氏体冷却转变产物的依据是________________________________曲线。

(3)按温度划分,淬火钢的回火可分为________、________和________三类,低温回火后组织为________,性能是保持____________,适用于____________________。

(4)在正常加热条件下,亚共析钢的"C"曲线随着碳质量分数增加向________;过共析钢的"C"曲线随碳质量分数的增加向________。合金元素除钴以外都使"C"曲线________移动,但必须使合金元素____________后方有这样作用。

(5)共析钢加热时奥氏体形成是由________、________、________及________等四个基本过程所组成。

(6)钢的淬硬性主要决定于____________;钢的淬透性主要决定于____________。

(7)球化退火的主要目的是①______________,②______________。它主要适用于______________钢。

(8)当钢中发生奥氏体向马氏体转变时,原奥氏体中碳质量分数越高,则 M_S 点越______,转变后的残余奥氏体量就越______。

(9)淬火钢一般不在 250 ~ 400℃回火,是为了避免出现____________;而某些合金钢在 450 ~ 650℃回火时,较快冷却,目的是防止产生____________。

(10)淬火钢在回火时的组织转变过程是由__________,__________,________及________等四个阶段组成。

3.选择题

(1)钢在淬火后所获得的马氏体组织的粗细主要取决于(　　)。

A.奥氏体的本质晶粒度　　B.奥氏体的实际晶粒度

C.奥氏体的起始晶粒度　　D.加热前的原始组织

(2)影响钢的淬透性的决定性因素是(　　)。

A.钢的临界冷却速度　　B.工件尺寸的大小

C.淬火介质冷却能力　　D.钢的碳质量分数

(3)调质处理后可获得综合力学性能好的组织是(　　)。

A.回火马氏体　　B.回火托氏体

C.回火索氏体　　D.索氏体

(4)过共析钢的正常淬火加热温度是(　　)。

A. Ac_{cm} + (30 ~ 50℃)　　B. Ac_3 + (30 ~ 50℃)

C. Ac_1 + (30 ~ 50℃)　　D. Ac_1 − (30 ~ 50℃)

(5)共析钢加热为奥氏体后,冷却时所形成组织主要决定于(　　)。

A.奥氏体的加热温度　　B.奥氏体在加热时的均匀化程度

C.奥氏体冷却时的转变温度　　D.奥氏体晶粒的大小

(6)影响淬火后残余奥氏体量的主要因素是(　　)

A.钢材本身碳质量分数　　B.奥氏体碳质量分数

C.加热时保温时间的长短　　D.加热速度

(7)过共析钢正火的目的是(　　)。

A.调整硬度,改善切削加工性　　B.细化晶粒,为淬火作组织准备

C.消除网状二次渗碳体　　D.防止淬火变形与开裂

(8)直径为 10 mm 的 45 钢棒,加热至 850℃投入水中,其显微组织应为(　　)。

A. M;　　B. M + F　　C. M + Ar　　D. M + P

(9)制造手工锯条应采用(　　)。

A. 45 钢淬火 + 低温回火　　B. 65Mn 淬火 + 中温回火

C. T12 钢淬火 + 低温回火　　D. 9SiCr 淬火 + 低温回火

(10)钢的渗碳温度范围是(　　)。

A. 600 ~ 650℃　　B. 800 ~ 850℃

C. 900 ~ 950℃　　D. 1 000 ~ 1 050℃

4. 判断题

(1)亚共析钢加热至 Ac_1 和 Ac_3 之间将获得奥氏体 + 铁素体二相组织,在此区间,奥氏体的碳质量分数总是大于钢的碳质量分数。(　　)

(2)所谓本质细晶粒钢,就是说它在任何加热条件下晶粒均不粗化。(　　)

(3)马氏体是碳在 α − Fe 中的固溶体。(　　)

(4)40Cr 钢的淬透性与淬硬性都比 T10 钢要高。(　　)

(5)不论碳质量分数高低,马氏体的硬度都很高,脆性都很大。(　　)

(6)因为过冷奥氏体的连续冷却曲线位于等温冷却转变曲线的右下方,所以连续冷却转变曲线的临界冷速比等温转变曲线的大。(　　)

(7)为调整硬度,便于机械加工,低碳钢、中碳钢和低碳合金钢在锻造后一般应采用正火处理。(　　)

(8)化学热处理既改变工件表面的化学成分,又改变其表面组织。(　　)

(9)渗碳后,由于工件表面碳质量分数提高,所以不需要淬火即可获得高硬度与耐磨性。(　　)

(10)T10 和 T12 钢如其淬火温度一样,那么它们淬火后残余奥氏体量也是一样的。(　　)

5.问答题

(1)画出共析碳钢过冷奥氏体连续冷却转变曲线,并注明其中各条线含义及各区域的组织。

(2)在所绘出的连续冷却转变曲线上,示意地绘出共析钢退火、正火、单液淬火、双液淬火、分级淬火与等温淬火的冷却曲线,并标出所得组织。

6.综合分析题

(1)有一个45钢制的变速箱齿轮,其加工工序为:下料→锻造→正火→粗机加工→调质→精机加工→高频表面淬火+低温回火→磨加工→成品。试说明其中各热处理工序的目的及使用状态下的组织。

(2)用15钢制作一要求耐磨的小轴(直径20 mm),其工艺路线为:下料→锻造→正火→机加工→渗碳→淬火+低温回火→磨加工。说明其中热处理工序的目的及使用状态下的组织。

第5章　常用金属材料

5.1　学习要求

(1)熟悉常用金属材料(包括工业用钢、铸铁与有色金属合金)的分类和编号方法,要做到从其牌号即可判断其种类、大致化学成分,主要加工工艺特点及相应组织,主要用途与主要性能特点等。

(2)熟练地掌握常用工业用钢(重点是合金钢)的类别(按用途分类)、典型牌号、碳与合金元素的含量及主要作用、主要性能特点、常用热处理工艺选择、使用态组织以及典型用途等。

(3)深入理解铸铁的石墨化过程与影响因素,铝合金的强化途径与方法,以及滑动轴承合金的性能特点与组织要求等。

5.2　学习重点与难点解析

金属材料包括工业用钢、铸铁与有色金属合金等,而工业用钢又可分为碳钢与合金钢,它们都是机械工程上应用广泛的金属材料,特别是工业用钢的应用最为广泛。

1.学习重点

因此,工业用钢一节作为本章乃至常用机械工程材料部分的学习重点,同时它亦是本课程教学的第三个重点。随着现代工程技术的发展,工业用钢特别是合金钢在金属材料中的地位与作用日益突出,因而成为本章、本课程的学习重点。

在工业用钢中,按用途分类是钢的最主要的分类方法,它可分为结构钢、工具钢和特殊性能钢三大类,其中以用途最为广泛的结构钢为重点,其次为工具钢、特殊性能钢。钢的种类、数量繁多,不可能也没有必要逐个都记住,因此学习的重点要求在每类钢(按用途分类)中能熟练地掌握二三个用途最为广泛的典型钢号。应做到:

(1)从典型牌号即能推断出其类别,并会分析其中碳与合金元素的含量及其所起的主要作用。

(2)同时应明确该钢的主要性能特点,熟悉常用的热处理工艺特点、使用状态下的组织以及典型用途等。

(3)在铸铁与有色金属合金中,由于铸铁件价格便宜、工艺性能好而在各类机械中约占机器总质量的45%~90%,有色金属合金因其具有一系列不同于钢铁材料的特殊性能(物理、化学及机械等方面),亦成为现代工业中不可缺少的重要工程材料。此部分的学习重点为三个原理(铸铁的石墨化过程、铝合金的时效强化以及滑动轴承合金的组织要求),三类合金(铸铁,铝合金与滑动轴承合金)的性能、组织、分类、牌号表示方法与应用等。

总之,通过本章的学习,使之能做到初步正确选材,这对材料使用者是极为重要的,这也是本章中工业用钢一节之所以被列为本课程第三个重点的主要原因。

2.学习难点

(1)合金元素在各类钢(按主要用途分类)中的作用,不能区分。

(2)典型钢号不容易分辨其类别(主要按用途分类),合金化原理,主要性能特点,最终热处理工艺特点,使用态组织及用途举例。

本章的学习难点不是难以理解,而是如何在理解基础上更好地识记。许多学习者都采用填表法(空白表格默记法)等进行复习、加强记忆。因此对所附表5.1、表5.2及表5.3不是照表死记硬背,而是根据表中要求的项目列出空表,然后在阅读复习教学内容基础上默记地填写具体内容。其实所列表格也是众多学习者经深入学习、沉积而成。其中有些内容还有待进一步提练。如师生能相互交流不断完善,也是编者的期待。

5.3 学习与方法指导

金属材料系机械工程中用途最为广泛,最为重要的一类机械工程材料。因此,教材中涉及金属材料部分的内容庞大、种类繁多,形似流水账,学习起来往往感到内容太多,叙述枯燥,又不便记忆。那么,如何学习好本章内容呢?正确地选择常用金属材料是机械类、近机械类各专业课程设计、毕业设计乃至实际工作中进行机械设计不可缺少的重要一环,为此建议学生学习本章内容时,注意“理清思路,善于归纳;把握重点,以点带面”。

1.理清思路,善于归纳

如在“工业用钢”一节中,应理清思路,按照“典型钢号→主要用途→性能要求→化学成分特点(碳及合金元素的百分含量与主要作用)→热处理工艺特点及相应组织”这一主线索,运用归纳、小结的方法去梳理、概括各部分内容,将分散的内容集中,以达条理、系统、精练又便于记忆的目的。事实证明,只要经过自我系统地梳理、归纳、小结各部分内容,不仅将学习内容条理化,而且更加深了记忆效果,会有较好的学习成绩。这里,列举了表5.1结构钢一览表、表5.2工具钢一览表、表5.3特殊性能钢一览表作为示例,供学习者归纳、复习时参考。但一定注意要自我独立动脑思考、动手制作或填写此类表格。

2.把握重点,以点带面

在学习本章内容时,一定注意要把握重点、以“点”带“面”。因为本章内容实属繁多,即使教材经过了简化但内容仍然较多,不可能什么都记。怎么办呢?只要把握住重点,以点带面,才能学好本章内容。

(1)学习就是为了实用(把握重点)

很显然,本章“常用金属材料”中,应以教材5.1节“工业用钢”为主;而工业用钢中,对于一般机械类专业而言,应以结构钢为重点(对于化工机械类专业还要兼顾不锈耐酸钢,而对于动力机械类专业就必须兼顾耐热钢了)。

在教材5.6节“铸铁与有色金属合金”中,应以铸铁概论、铝合金与滑动轴承合金为主。

(2)如何以“点”带“面”呢?

在“工业用钢”一节中,“点”指的就是典型钢号,即熟记每类(按用途分类)钢中的二三个典型钢号,以此为重点,依据主线索的要求而展开,这样既掌握了此类钢的基本特征,又有效地带动了这类钢的学习,便于记忆。

在“铸铁”部分中,铸铁的组织特征尤其是其中石墨的形态、大小、数量与分布特征这一“点”,就成为认识铸铁的性能、用途与热处理特点的关键。

而在“铝合金”中,只有掌握铝合金的时效强化原理这一“重点”,才能深入理解铝合金的组织与性能特点。

至于“滑动轴承合金”部分,滑动轴承合金的“组织特点”,是认识滑动轴承合金性能与应用的核心点。

表 5.1 结构钢一览表

类别		牌号	主要性能要求	w_C/%	合金元素的主要作用	最终热处理或使用态		典型用途举例
						工艺名称	相应组织	
工程构件用钢	普通碳素钢	Q195 Q235	一定的强度,较好的压力加工性、焊接性	<0.4		热轧态	F+P(S)	薄板、钢筋、螺栓、螺钉、销钉等
工程构件用钢	普通低合金钢	16Mn 15MnVN	较高的强度,良好的焊接性、耐蚀性、成形性,低的 T_k 温度	<0.2	Mn:固溶强化,细化晶粒,降低 T_r 温度(韧脆转变温度); V、Ti、Al、N:细化晶粒,沉淀强化	热轧态或正火态	F+P(S)	桥梁、船舶、压力容器、车辆、建筑结构、起重机械等
机器零件用钢	渗碳钢	20 20Cr 20CrMnTi	表面硬度高,耐磨性和接触疲劳抗力高;心部具有足够的强度,较高的韧性	0.10~0.25	Cr、Mn、Ni、Si、B:提高淬透性,强化铁素体; Ti、V、Mo、W:细化晶粒,进一步提高淬透性	渗碳+淬火+低温回火	表面:回火M+K+Ar 心部:回火M+F(F+P)	用于制作表硬内韧的重要零件,如汽车、拖拉机、汽轮机的变速齿轮
机器零件用钢	调质钢	45 40Cr 40CrNiMo	良好的综合力学性能;有的则要求表面耐磨,心部要求综合力学性能好	0.25~0.60	Cr、Ni、Mn、Si、B:提高淬透性,强化铁素体; Mo、W:防止第二类回火脆性;W、Mo、V、Ti 细化晶粒,进一步提高淬透性	淬火+高温回火(调质) 调质+局部表淬+低回	回火S 表:回火M 心:回火S	用于制作要求综合力学性能较高的重要零件,如机床主轴、连杆、齿轮
机器零件用钢	弹簧钢	65Mn 60Si2Mn 50CrVA	高的弹性极限及屈强化,较高的疲劳强度,足够的塑、韧性	0.45~0.7 (0.6~0.9)	Si、Mn、Cr:提高淬透性,回火稳定性,强化F,提高屈强比; Cr、V、W:细化晶粒,提高回火稳定性,进一步提高淬透性	淬火+中温回火	回火托氏体(回火T)	用于制作要求弹性的各类弹性零件,如螺旋弹簧、板簧等
机器零件用钢	滚动轴承钢	GCr15 GCr15SiMn	高硬度、高耐磨性及高的接触疲劳强度,并且有足够的塑、韧性,淬透性以及一定的耐蚀性	0.95~1.1	Cr:提高淬透性,获得K,提高耐磨性和接触疲劳强度; Si、Mn:进一步提高淬透性	淬火+低温回火	回火M+K+Ar	制造滚动轴承、丝杠、冷轧辊、量具、冷作模具等

表 5.2　工具钢一览表

类别		牌号	性能要求	$w_C/\%$	合金元素主要作用	最终热处理		用途典型
						名称	组织	
刃具钢	碳工钢	T7～T12(A)	高强度,高耐磨性,高的红硬性,一定的韧性和塑性	0.65～1.35		淬火+低温回火	回火 M+K+Ar	热硬性差(＜200℃),用于制造手工工具,如锉刀,木工工具等
	低合金刃具钢	9SiCr CrWMn		0.75～1.5	W、V、Cr:提高耐磨性、回火稳定性,细化晶粒; Si、Mn、Cr:提高淬透性,强化铁素体,提高回火稳定性			热硬性达 250～300℃,用于制造形状复杂、变形小的刃具,如丝锥、板牙等
	高速钢	W18Cr4V (W6Mo5Cr4V2)		0.7～0.8 (0.8～0.9)	Cr:提高淬透性; W、Mo:提高热硬性; V:提高耐磨性	1 200～1 300℃淬火+560℃三次回火		热硬性达 600℃,用于制造高速切削刀具,如车刀、铣刀、钻头等
模具钢	热作模具钢	5CrMnMo 5CrNiMo	高的热磨损抗力、热强性、热疲劳抗力、淬透性及热稳定性	0.3～0.6	W、Mo、V:产生二次硬化,提高热硬性和热强性; Cr、Mn、Ni、Si:提高淬透性; Cr、W、Si:提高热疲劳抗力	淬火+中(高)温回火	回火T(回火S)	热锻模
		3Cr2W8V				淬火+高温回火	回火 M+K+Ar	压铸模
	冷作模具钢	Cr12 Cr12MoV	高硬度、耐磨性、疲劳强度,淬透性好,热处理变形小,足够的韧性	0.8～2.3	Cr:提高淬透性和耐磨性; Mo、V:细化晶粒,提高强度和耐磨性	淬火+低温回火	回火 M+K+Ar	用以制造截面大、负载重的冷冲模、冷挤压模、滚丝模等

表 5.3 特殊性能钢一览表

类别		牌号	主要性能要求	w_C/%	合金元素的主要作用	最终热处理或使用态		典型用途举例
						工艺名称	相应组织	
不锈钢	马氏体不锈钢	1Cr13～2Cr13	具有一定力学性能和一定的耐蚀性	0.1～0.4	Cr:提高耐蚀性(提高电极电位,形成钝化膜)	淬火＋高温回火	回火索氏体	用于腐蚀条件下工作的机械零件,如汽轮机叶片,锅炉管附件,医疗器械,热油泵轴等
		3Cr13～4Cr13				淬火＋低温回火	回火马氏体	
	奥氏体不锈钢	1Cr18Ni9Ti	高的化学稳定性及耐蚀性	≤0.1	Cr:提高耐蚀性(提高电极电位,形成钝化膜); Ni:提高耐蚀性(提高电极电位,形成单相奥氏体); Ti:防止晶间腐蚀	固溶处理	单一奥氏体	用于强腐蚀介质中工作的零件,如贮槽、管道、容器、抗磁仪表等
耐热钢	珠光体	15CrMo	高温下工作,要求具有高的抗氧化性、热强性	＜0.2	Cr、Si、Al:提高抗氧化性; Cr:提高组织稳定性,固溶强化; Mo:提高高温强度、固溶强化; V、Nb、Ti:形成强碳化物而起到弥散强化,提高高温强度; B、Re:提高晶界强度; Ni(Mn):提高淬透性,使之形成单一奥氏体,提高高温性能	正火＋高于工作温度 50℃的回火	铁素体＋珠光体	主要用于锅炉零件,化工压力容器,热交换器,汽阀等耐热构件(工作温度＜600℃)
	马氏体耐热钢	1Cr11MoV 4Cr9Si2		≤0.5		调质处理	回火索氏体	用于制造汽轮机叶片和汽阀等(工作温度＜600℃)
	奥氏体耐热钢	1Cr18Ni9Ti 4Cr14Ni14W2Mo		≤0.4		固溶处理＋时效处理	奥氏体＋弥散碳化物	汽轮机的过热器管、主蒸汽管,航空、船舶、载重汽车的发动机,排气阀门等(工作温度≤650℃)
耐磨钢		ZGMn13	高耐磨性及高的冲击韧度	1.0～1.3	Mn:保证得到单一的奥氏体组织	水韧处理	单一奥氏体	适用于强烈冲击和磨损条件下工作的球磨机衬板,破碎机颚板,拖拉机、坦克的履带,铁路道叉

3.攻克“难点”,切实掌握好“工业用钢”这一重点内容

“工业用钢”系本章乃至“机械工程材料”课程的一个学习重点,而其中合金钢又是重中之重。欲学好这部分内容,首先必须攻克“合金钢”中“碳及合金元素的作用”这个难点。

虽然,在教材4.6节已经介绍了单一合金元素在钢中的作用(即钢的合金化原理),但在各类合金钢中所加入的合金元素往往不止一种,而同一种合金元素在不同种类的合金钢中所起的作用亦是不同的,这就为学习和掌握“工业用钢”带来很大的障碍,那么如何攻克“合金元素的作用”这一难点呢?

学习的实践表明,结合工业用钢的类别(按主要用途分类)来识记,是最好的方法。以下,仅做一简要概括、说明。

(1)结构钢中碳及合金元素的作用

① 碳的主要作用是保证钢的硬度、强度与韧性。例如,普通低碳钢中的低碳就是为了保证钢的良好韧性、优秀的加工工艺性能(焊接与压力加工工艺性),调质钢中的中碳是为了保证经热处理后该钢具有良好的综合力学性能,渗碳钢中的低碳是为保证工件心部具有良好的韧性(而表面层的高硬度则由渗碳 + 相应的热处理工艺来保证),弹簧钢中的中、高碳是为保证钢的高强度(弹性极限、疲劳强度)。[特例:滚动轴承钢中的高碳则是为了保证该钢的高硬度、高耐磨性,这又与工具钢相同。]

② 合金元素的主要作用可概括为:

主加元素(Cr、Mn、Ni、Si)——提高淬透性、强化铁素体。

辅加元素(W、Mo、V、Ti)——细化晶粒、进一步提高淬透性。

例如,在调质钢中主加元素的作用就是提高淬透性、强化铁素体(微量的合金元素B也具有此作用),这样可确保工件在较大截面上均可获得马氏体组织,从而使回火后该钢具有良好的综合力学性能,而辅加元素的作用则起到在淬火加热时可阻止奥氏体晶粒长大(即细化晶粒),进一步提高钢的淬透性,同时W、Mo又具有防止第二类回火脆性的作用;弹簧钢中主加元素的作用除具有提高淬透性、强化铁素体外,还可提高钢的弹性极限、屈服强度的作用。[特例:滚动轴承钢中Cr的主要作用是增加钢的淬透性,同时又起着细化晶粒、提高耐磨性的作用,而对大型轴承而言,还须在该钢中加入Si、Mn等以使淬透性进一步提高;低合金结构钢中主加元素为Mn、Cr,因为该钢一般不经过淬火处理,故其作用应主要为固溶强化、细化晶粒、降低韧 - 脆转折温度的作用,而辅加V、Ti、Nb、Al等元素也起着细化晶粒,沉淀强化的作用。]

(2)工具钢中碳及合金元素的作用

① 高碳,其主要作用是保证高硬度与高耐磨性。

特例:热作模具钢中含有中碳($w_C = 0.3\% \sim 0.6\%$),主要是为了保证较高的韧性及热疲劳抗力。

② 合金元素其主要作用可概括为:

主加元素(Cr、W、Mo、V)——使钢具有高硬度和高耐磨性。

辅加元素(Cr、Mn、Si、Ni)——减少工具在热处理时的变形,增加钢的淬透性和回火稳定性。

例如,低合金刃具钢、冷作模具钢中合金元素的作用基本如此;高速钢中合金元素主要作用应分别牢记:W(Mo)是提高红硬性,Cr 是提高淬透性,V 是提高耐磨性。

特例:热作模具钢中合金元素作用除与调质钢相似外,同时还具有:Cr、W、Si 提高钢的高温强度和热疲劳抗力,W、Mo、V 等产生二次硬化,使之在较高温度下保持相当高的硬度。

(3)特殊性能钢中碳及合金元素的作用

① 碳。降低钢的碳质量分数,有利于保证钢的耐蚀性与耐热性。一般不锈钢、耐热钢中碳质量分数大多小于等于 0.2%。因为随碳质量分数的增加,一方面可使钢的强度、硬度增加;另一方面,第二相碳化物的数量亦随之增加,它易产生晶间腐蚀(不锈钢中)或易使碳化物聚集长大、发生石墨化等(耐热钢中),故应使碳质量分数与合金元素相匹配。

特例:耐磨钢 ZGMn13 中碳质量分数为 1.1% ~ 1.3%。

② 合金元素。其主要作用可概括为:

(a) 在不锈钢中,Cr、Ni(Mn、N 代替部分 Ni)提高耐蚀性(通过提高基体电极电位,形成单相组织等);Mo、Cu 提高钢在非氧化性介质中的耐蚀性;Ti、Nb 能形成稳定碳化物,防止晶间腐蚀。

(b) 在耐热钢中,Cr、Si、Al 提高钢的抗氧化性;Cr 提高钢的组织稳定性、固溶强化效果;Mo 提高高温强度、固溶强化效果;V、Nb、Ti 等能形成强碳化物而起到弥散强化、提高高温强度作用;B、Re 等元素可提高晶界强度作用,而 Ni(Mn)可以扩大奥氏体相区,使之形成单相奥氏体,从而提高钢的高温性能等。

4. 如何识别钢种类别

(1)根据碳质量分数表示法作初步分析

结构钢中的碳质量分数用两位数字表示万分之几;

工具钢中的碳质量分数用一位数字表示千分之几;

特殊性能钢中的碳质量分数亦用一位数字来表示千分之几。

(2)依据所含的合金元素进一步细分

低合金结构钢、渗碳钢、珠光体耐热钢的碳质量分数都是万分之几,要区分它们只有通过合金化特点进一步判断。低合金结构钢中,合金元素的总含量一般均小于 3%,主要含 Mn、V、Ti 或 N 等;渗碳钢中合金元素的作用:主加元素 Cr、Mn、Ni、Si 用以提高淬透性、强化铁素体,辅加元素 W、Mo、V、Ti 用以细化晶粒、进一步提高淬透性;而珠光体耐热钢则主要含 Cr、W、V 等合金元素,用以提高耐热性、高温强度等。

由于用途与性能要求不同,在结构钢中主加元素所起的主要作用而在工具钢中就变为辅加元素起辅助作用了,而特殊性能钢中合金元素总含量大多大于 10%,即为高合金钢。

根据这些特点,我们就能识别一般钢种类型。

5. 铸铁的分类与组织特征

铸铁的分类与组织特征见表 5.30(主教材 193 页)。

5.4 单元自测题

1.名词解释

(1)固溶处理与水韧处理　　(2)回火稳定性与二次硬化
(3)合金元素与杂质元素　　(4)蠕变极限与屈服强度
(5)石墨化　　(6)可锻化退火
(7)时效强化

2.填空题

(1)按钢中合金元素含量多少,可将合金钢分为________,________和________三类(分别写出合金元素含量范围)。

(2)钢的质量是按________和________含量高低进行分类的。

(3)强烈阻止奥氏体晶粒长大的合金元素有________,而促进奥氏体晶粒长大的元素有________等(每空例举至少两种)。

(4)除________处,其他的合金元素溶入A中均使C曲线向______移动,即使钢的临界冷却速度________,淬透性________。

(5)从合金化的角度出发,提高钢的耐蚀性的主要途径有________,________和________。

(6) 1Cr18Ni9Ti 钢中 Ti 的作用是____________,而 20CrMnTi 钢中 Ti 的作用是____________。

(7)W18Cr4V钢是________钢,w_C = ________%;W的主要作用是________,Cr的主要作用是________________,V的主要作用是________________,最终热处理工艺是________________;其相应组织为________________。

(8) 20CrMnTi 钢是________钢,Cr、Mn的主要作用是________,Ti的主要作用是________________,其最终热处理工艺是____________________。

(9)调质钢具有____________碳质量分数,其中加入Cr、Mn等元素是为了提高__________________,加入Mo、W是为了________________________。

(10)高速钢需要进行反复锻造的目的是____________;W18Cr4V 钢采用 1260 ~ 1280℃,高温淬火的目的是________;淬火后在560℃回火出现硬度升高的原因是____________;经三次回火后的组织是________________________。

(11)σ_{1000}^{600}表示________性能指标,600表示__________,1000表示________。

(12)灰铸铁中碳主要以________形式存在,可用来制造____________________。

(13)在铸铁中,依石墨形态的不同,将铸铁分为________、________、________、________等四大类。

(14)影响石墨化的主要因素是________________和________________。

(15)铸铁的石墨化过程可分为________个阶段,分别称为________________、

____________、____________。

(16)球墨铸铁的强度、塑性和韧性均较普通灰铸铁为高,这是因为________________________。

(17)白口铸铁中碳主要以__________的形式存在,而在灰铸铁中碳主要以__________形式存在。

(18)ZL110是__________合金,其组成元素为__________。

(19)滑动轴承合金的组织要求是________________或者________________。

(20)滑动轴承合金ZChSnSb11-6中,Sb溶于Sn中的α固溶体是作为__________,而以化合物SnSb为基的β固溶体和Cu_3Sn化合物则作为__________。

3.是非题

(1)钢中Me含量越高,其淬透性越好。 (　　)

(2)要提高奥氏体不锈钢的强度,只能采用冷塑性变形予以强化。 (　　)

(3)调质钢的合金化主要是考虑提高其红硬性。 (　　)

(4)高速钢反复锻造是为了打碎鱼骨状共晶莱氏体,使其均匀分布于基体中。(　　)

(5)4Cr13钢的耐蚀性不如1Cr13钢。 (　　)

(6)20CrMnTi与1Cr18Ni9Ti中的Ti都是起细化晶粒作用。 (　　)

(7)所有Me均使M_s、M_f点下降。 (　　)

(8)T8比T12和40钢具有更好的淬透性与淬硬性。 (　　)

(9)钢中Me含量越高,则淬火后钢的硬度值越高。 (　　)

(10)在含有Cr、Mn、Ni等合金元素的合金结构钢中,只有当Me溶入A中,才有可能提高钢的淬透性。 (　　)

(11)可锻铸铁可在高温下进行锻造加工。 (　　)

(12)热处理可以改变铸铁中的石墨形态。 (　　)

(13)铸铁可以通过再结晶退火使晶粒细化,从而提高其力学性能。 (　　)

(14)球墨铸铁可通过调质处理和等温淬火工艺提高其力学性能。 (　　)

(15)灰铸铁的减震性能比钢好。 (　　)

(16)铸铁石墨化的第三个阶段最容易进行。 (　　)

(17)若铝合金的晶粒粗大,可以重新加热予以细化。 (　　)

(18)20高锡铝是在软基体上分布硬质点的滑动轴承合金。 (　　)

(19)所有铝合金均可通过热处理予以强化。 (　　)

(20)灰铸铁的σ_b、σ_S、σ_e、δ、ψ均比钢低得多,这是由于石墨存在,不仅割裂了基体的连续性,而且在尖角处造成应力集中的结果。 (　　)

4.选择题

(1)现需要制造一直径25 mm的连杆,要求整个截面上具有良好的综合力学性能,应采用(　　)。

A.40Cr 钢经调质处理　　B.45 钢经正火处理

C.60Si2Mn 钢经淬火 + 中温回火处理　　D.20Cr 经渗碳 + 淬火 + 低回处理

(2)调质钢中碳的质量分数大致为(　　)。

A.0.1%~0.25%　　B.0.25%~0.50%

C.0.6%~0.9%　　D.0.7%~1.5%

(3)汽轮机叶片所用材料应选用(　　)。

A.40Cr　　B.65Mn　　C.1Cr13　　D.W18Cr4V

(4)20CrMnTi 钢中加入 Cr 的主要目的是(　　)。

A.提高淬透性　　B.细化晶粒

C.防止第二类回火脆性　　D.二次硬化

(5)热轧弹簧钢的最终热处理工艺一般是(　　)。

A.淬火 + 低温回火　　B.淬火 + 中温回火

C.去应力退火　　D.淬火 + 高温回火

(6)现需要制造一把锉刀,应选用(　　)

A.T12 钢淬火 + 低温回火　　B.Cr12MoV 钢经淬火 + 低温回火

C.45 钢经调质处理　　D.9SiCr 钢经淬火 + 中温回火

(7)高速钢的红硬性(热硬性)主要取决于(　　)。

A.M 中 Me 的多少　　B.淬火后 Ar 的多少

C.回火温度的高低　　D.回火的次数

(8)为了提高零件的疲劳强度,希望零件表面存在一定残余压应力,应选用(　　)。

A.正火　　B.调质

C.表面热处理(表面淬火,化学热处理)　　D.淬火 + 低温回火

(9)合金渗碳钢常用热处理工艺是(　　)。

A.渗碳 + 淬火 + 低温回火　　B.淬火 + 中温回火

C.渗碳 + 淬火 + 高温回火　　D.淬火 + 低温回火

(10)现有下列钢号:①Q235　②W18Cr4V　③5CrNiMo　④60Si2Mn　⑤ZGMn13　⑥16Mn　⑦1Cr13　⑧20CrMnTi　⑨9SiCr　⑩1Cr18Ni9Ti　⑪T12　⑫40Cr　⑬GCr15　⑭Cr12MoV

请按用途选择钢号:

A.制造机床齿轮应选用(　　)　　B.制造汽车板簧应选用(　　)

C.制造滚动轴承应选用(　　)　　D.制造高速车刀应选用(　　)

E.制造桥梁应选用(　　)　　F.制造大尺寸冷作模具应选用(　　)

G.制造耐酸容器应选用(　　)　　H.制造锉刀应选用(　　)

(11)坦克履带受到严重摩擦磨损及承受强烈冲击作用,应选用(　　)。

A.20Cr 钢渗碳 + 淬火、低温回火　　B.ZGMn13 钢经水韧处理

C.W18Cr4V 钢淬火 + 三次回火　　D.GCr15 钢经淬火、低温回火

(12)钢的淬透性主要取决于(　　)。

A.碳的质量分数　　B.冷却介质

C.冷却方法　　D.合金元素

(13)钢的淬硬性主要取决于(　　)。

A.碳的质量分数　　B.冷却介质

C.冷却方法　　D.合金元素

(14)欲制作一耐酸容器,选用材料及相应热处理工艺应为(　　)。

A.W18Cr4V 固溶处理　　B.1Cr18Ni9Ti 稳定化处理

C.1Cr18Ni9Ti 固溶处理　　D.1Cr17 固溶处理

(15)普通铸铁力学性能的好坏,主要取决于(　　)。

A.基体组织类型　　B.热处理的情况

C.石墨形状的大小与分布　　D.石墨化程度

(16)决定铸铁性能的主要元素是(　　)。

A.碳和硅　　B.铬和镍

C.钛和锰　　D.硫和磷

(17)现有下列铸铁,请按用途选材:① HT250　② KTH350 - 10　③QT600 - 2

A.机床床身(　　)　　B.柴油机曲轴(　　)

C.汽车前后轮壳(　　)

(18)在下列铸铁中可采用调质、等温淬火等热处理工艺方法获得良好综合力学性能的是(　　)。

A.灰铸铁　　B.球墨铸铁

C.可锻铸铁　　D.蠕墨铸铁

(19)灰铁床身薄壁处出现白口组织,造成切削加工困难,解决的办法是(　　)。

A.改用球铁　　B.正火

C.软化退火　　D.等温淬火

(20)ZChSnSb11 - 6 合金是(　　)。

A.铸铝合金　　B.铸钢

C.滚动轴承合金　　D.滑动轴承合金

(21)LY12 的(　　)。

A.耐蚀性好　　B.铸造性能好

C.时效强化效果好　　D.压力加工性好

(22)对于可热处理强化的铝合金,其热处理方法为(　　)。

A.淬火 + 低温回火　　B.完全退火

C.水韧处理　　D.固溶 + 时效

(23)提高灰铸铁耐磨性应选用(　　)。

A.整体淬火　　B.渗碳 + 淬火 + 低温回火

C.表面淬火　　D.等温淬火

(24)制造机床床身、机器底座应选用(　　)。

A.白口铸铁　　B.麻口铸铁

C.灰铸铁　　D.球墨铸铁

5.综合分析题

(1)指出下表中所列钢号的类别(按用途分),指定合金元素的主要作用,最终热处理工艺名称、特点及使用状态的组织是什么? 并从给出的零件构件:承受冲击较大的齿轮、活塞销、丝锥、扁圆弹簧、轴承内外套圈、耐酸容器、铣刀、硅钢片冲模、汽轮机叶片、连杆螺栓、汽车车身、大型热锻模等中,任选一个答案填入下表中,说明这种钢的用途。

钢号	类别	合金元素主要作用	最终热处理或使用状态		用途举例
			工艺名称	相应组织	
16Mn		Mn:			
65Mn		Mn:			
20Cr		Cr:			
40Cr		Cr:			
9SiCr		Cr:			
GCr15		Cr:			
1Cr13		Cr:			
5CrNiMo		Ni:			
Cr12MoV		Mo:			
W18Cr4V		V:			
1Cr18Ni9Ti		Ti:			

(2) 为什么说得到 M 及随后回火处理是钢中最经济而有效的强韧化方法?

(3) 指出下列金属材料牌号、数字的含义,以及列举一用途:

① HT200　② KTH350-10　③ QT600-2

④ ZChSnSb11-6　⑤ ZL110　⑥ 20 高锡铝

第6章　聚合物、无机与复合材料

6.1　学习要求

(1)了解聚合物的有关特性,认识几种常用工程塑料的性能特点与应用。

(2)概括了解工程陶瓷材料的使用性能特点,熟悉常用的工程结构陶瓷材料的基本性能和应用。

(3)建立对复合材料的性能、分类及应用的一般概念。

6.2 学习重点与难点解析

现代化生产与科学技术的突飞猛进、日新月异,对材料提出了更高、更迫切的要求,传统的金属材料已远远不能满足,因而促进了聚合物、陶瓷与复合材料的日益广泛应用与发展。本章简要介绍了有关非金属材料与复合材料的初步知识,以便为深入学习非金属材料与复合材料知识奠定基础。

1.学习重点

本章学习的重点是常用工程塑料与工程结构陶瓷材料的特性与应用。

2.学习难点

对于工程塑料和结构陶瓷在实际工业生产中的应用缺乏了解。

6.3 学习与方法指导

本章内容简要,与前述有关章节联系密切,如果前述内容掌握得不好,学习时往往会感到枯燥无味,不易学懂和不便记忆,因此学习时应注意:

(1)联系"第1章机械工程材料的结构"中聚合物、陶瓷材料的结构特点,以材料的"化学成分(化学组成)→结构、组织→性能→应用"这一主线索为纲,指导本章学习。

(2)搞清有关基本概念,如聚合物的物理力学状态、陶瓷材料的组织特征以及复合材料的分类与复合增强机制等,将有助于理解、深入认识其性能特点。

(3)尽可能联系加工工艺现场生产和生活实际,以加深理解与增强记忆。有条件的地方应适当组织参观、调研等,以增加感性认识,将十分有助于学习与记忆本章内容。

6.4 单元自测题

1.名词解释

(1)金属陶瓷　　(2)硬质合金

(3)单体与链节　　(4)玻璃态、高弹态与粘流态

2.填空题

(1)聚合物材料是________,其合成方法主要有______和______两种;按应用,其可分为______、______、______、______。

(2)线型无定形高聚物的三种力学状态是______、______和________,它们

相应是________、________和___________的使用状态。

(3)陶瓷的生产过程包括________、________和__________三大步骤。

(4)玻璃钢是____________和______________组成的复合材料。

(5)YT30是______________,其成分由________、________和________组成,可用于制作___________。

(6)复合材料按基体材料分类可分为________、________和________复合材料等。

(7)复合材料的性能特点为比________、________高,抗________好,减振性能好,耐________性能好,减摩耐磨和自________性能好,破损安全性好等。

(8)复合材料是由________或________物理和化学性质不同物质组合起来而得到的一种________材料。

(9)C/C复合材料是指用________纤维或________纤维或是它们的织物作为碳基体骨架,埋入________基质中增强基质所制成的复合材料。

(10)硬质合金是将某些难熔的________粉末和金属粘结剂(如________等)混合,加压成型,再经烧结而制成的金属陶瓷。

3.选择题

(1)聚合物的弹性与(　　)有关,塑性与(　　)有关。

A. T_m　　B. T_g　　C. T_f　　D. T_b　　E. T_d

(2)从力学性能比较,聚合物的(　　)比金属材料的好。

A.刚度;　　B.强度　　C.冲击韧度　　D.比强度

(3)橡胶是优良的减震材料和磨阻材料,因为它具有突出的(　　)。

A.高弹性　　B.粘弹性　　C.塑性　　D.减摩性

(4)合成纤维的使用状态为(　　)。

A.晶态　　B.玻璃态　　C.高弹态　　D.粘流态

(5)Al_2O_3陶瓷可用作(　　),SiC陶瓷可用作(　　)。

A.气缸　　B.叶片　　C.火花塞　　D.高温模具

(6)汽车仪表盘用(　　)制造,楼房窗户通常用(　　),电视机屏用(　　)制造。

A.玻璃钢　　B.有机玻璃　　C.无机玻璃

(7)用来合成高聚物的低分子化合物称为(　　)。

A.链节　　B.单体　　C.链段　　D.单键

(8)塑料制品的玻璃化温度(　　)越好,橡胶制品的玻璃化温度(　　)越好。

A.越高　　B.越低　　C.0℃　　D.<℃

(9)下列属于热固性塑料的有(　　)。

A.PA　　B.PP　　C.环氧树脂　　D.PVC

(10)下列塑料中,相对密度最小的是(　　)。

A.PE B.PP C.PVC D.POM

4.判断题

(1)凡是在室温下处于玻璃态的高聚物就称为塑料。 ( )

(2)聚合物由单体组成,聚合物的成分就是单体的成分。 ( )

(3)陶瓷材料的抗拉强度较低,而抗压强度较高。 ( )

(4)陶瓷材料可以制作刀具材料,也可以制作保温材料。 ( )

(5)聚合物的力学性能主要取决于其聚合度、结晶度和分子间力等。 ( )

(6)玻璃钢是玻璃和钢丝组成的复合材料。 ( )

(7)纤维增强复合材料中,纤维直径越小,纤维增强的效果就越大。 ( )

(8)复合材料为了获得高的强度,其纤维的弹性模量必须很高。 ( )

(9)PTFE的摩擦系数很小,在无润滑或少润滑的工作条件下是极好的耐磨、减摩材料。 ( )

(10)凡在室温下处于玻璃态的聚合物材料就称为塑料。 ( )

5.综合分析题

(1)总结提高工程材料的强度和耐热性的方法。

(2)简评作为工程材料的聚合物材料的优缺点(与金属材料比较)。

第7章 机械工程材料的合理选用

7.1 学习要求

(1)掌握材料合理选用的基本原则和方法。

(2)明确机械零件失效的基本形式,了解有关失效分析的一般步骤与方法。

(3)熟悉齿轮和轴这两类典型零件的选材分析(包括工作条件,常见失效形式,其性能要求等),初步做到能正确、合理地选用材料,安排其大致加工工艺路线,制定其相应的热处理工艺,判断其所得组织等。

7.2 学习重点与难点解析

1.学习重点

众所周知,机械零件的正确选材与合理用材是广大工程技术人员的基本任务之一,也是本课程教学的主要目的.因此本章被列为本课程的“第四个重点”。

本章学习重点有二:

(1)熟悉机械零件合理选用的三项基本原则(应结合零件常见失效形式,合理安排零件加工工艺路线)。

(2)明确轴、齿轮这两大类典型零件的选材分析。

2.学习难点

对于两类典型机械零件的选材,热处理技术要求的确定和加工工艺路线的合理安排等,不能根据性能要求并结合失效分析来正确区分。

7.3　学习与方法指导

本章内容综合性极强,实际上是前述各章内容的综合运用。因此,必须熟练地掌握各类工程材料(当然重点是金属材料,尤其是钢)的特点,才能做到对一般机械零件进行合理选材。为此,学习本章内容应注意以下几方面。

1.完善并牢记贯穿本课程的“纲”

本章讨论的重点之一是虚线框内所示的内容——通过对机械零件工作条件的分析,结合实际零件常见的失效形式,确定机械零件最关键的性能要求,作为正确选材、确定零件的成分等的依据。

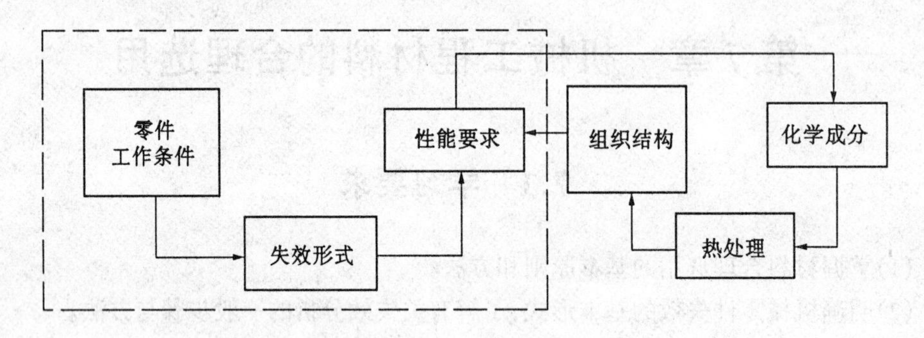

图 7.1　贯穿“机械工程材料”课程的纲

因此,应足够重视零件失效及有关失效分析在材料选用中的重要地位,以养成在分析机械零件实际工作条件时结合零件常见失效形式,找出最主要的失效形式,从而为正确地确定零件最关键的性能要求奠定正确的思路。

表 7.1 所示为某些典型机械零件的工作条件,常见失效形式及所要求的力学性能,供分析工作条件时参考。

表 7.1　几种零件(工具)工作条件、失效形式及要求的力学性能

零件(工具)	工作条件			常见失效形式	要求的主要力学性能
	应力种类	载荷性质	其他		
普通紧固螺栓	拉、切应力	静	—	过量变形、断裂	屈服强度及抗剪强度、塑性
传动轴	弯、扭应力	循环、冲击	轴颈处摩擦,振动	疲劳破坏,过量变形,轴颈处磨损,咬蚀	综合力学性能
传动齿轮	压、弯应力	循环、冲击	强烈摩擦,振动	磨损、麻点剥落、齿折断	表面硬度及弯曲疲劳强度、接触疲劳抗力,心部屈服强度、韧性
弹簧	扭应力(螺旋簧)、弯应力(板簧)	循环、冲击	振动	弹性丧失,疲劳断裂	弹性极限、屈强比、疲劳强度
泵柱塞副	压应力	循环、冲击	摩擦,油的腐蚀	磨损	硬度、抗压强度
冷作模具	复杂应力	循环、冲击	强烈摩擦	磨损、脆断	硬度,足够的强度、韧性
压铸模	复杂应力	循环、冲击	高温度、摩擦,金属液腐蚀	热疲劳、脆断、磨损	高温强度、热疲劳抗力、韧性与红硬性
滚动轴承	压应力	循环、冲击	强烈摩擦	疲劳断裂、磨损、麻点剥落	接触疲劳抗力、硬度、耐蚀性
曲轴	弯、扭应力	循环、冲击	轴颈摩擦	脆断、疲劳断裂、咬蚀、磨损	疲劳强度、硬度、冲击疲劳抗力、综合力学性能
连杆	拉、压应力	循环、冲击		脆断	抗压疲劳强度、冲击疲劳抗力

2. 学会典型零部件的选材

应结合铁碳合金相图、钢的热处理、常用金属材料(工业用钢、铸铁与有色金属合金)、常用非金属材料与复合材料等基本知识,重点地、深入地剖析齿轮、轴等典型零件的选材。通过分析,找出其一般规律,又要看到其特殊点。现将有关图表汇集如下,供学习时参考。

表 7.1(参见主教材 256 页)所示是美国的一个关于齿轮失效形式及原因的统计资料。由表中统计结果可看出,疲劳断裂占失效齿轮总数的 1/3 以上,居首位;其次是表面损伤。总的来讲,断裂是齿轮失效的主要形式。

结合主教材 259 ~ 261 页表 7.2、7.3 给出的机床齿轮、汽车拖拉机齿轮的用材及热处理情况,通过分析、对比可以看出:机床类齿轮由于工作条件较好(无强烈冲击,工作平稳),大多可选调质钢(45、40Cr 等)制造,经调质(或正火)处理加高频淬火、低温回火,这是一般规律。特例:当高速且承受冲击载荷较大时(如立式车床上的重要齿轮)宜选 20CrMnTi(20Cr)等渗碳钢制造,经渗碳加淬火加低温回火处理。

而对于汽车、拖拉机的变速齿轮，由于承载较重，受冲击频繁，其耐磨性、疲劳强度、心部强度以及冲击韧度等，均要求比机床齿轮高，故一般均采用渗碳钢制造，经渗碳加淬火加低温回火处理，表层碳质量分数大大提高，保证淬火后高硬度、高耐磨性和高的接触疲劳抗力，由于合金元素提高淬透性，所以经淬、回火后可使工件心部获得较高的强度和足够的冲击韧度。但其中对于如汽车、拖拉机的油泵齿轮等承载轻、受冲击小的场合，亦可选调质钢经调质处理使用(这是特例)。

主教材 264～265 页表 7.4、7.5 给出轴类零件(机床主轴、曲轴等)的工作条件、用材及热处理情况。从中可以看出，为了兼顾轴类零件的强度和韧性，同时考虑其疲劳抗力，一般选用调质钢制造，采用调质加局部表面淬火、低温回火处理。特例：

① 当承受重载、高速，且承受冲击载荷较大时，可选用渗碳钢(如 20 CrMnTi 等)经渗碳加淬火加低温回火处理。

② 近年来国内外使用球墨铸铁代钢做汽车、拖拉机与农用柴油机曲轴的越来越多，第二代解放牌汽车 J130 汽车、东风及东风 4 型内燃机车的曲轴均使用球墨铸铁(或合金球墨铸铁)制造。虽然球墨铸铁的塑、韧性远低于锻钢，但在一般发动机中，由于对塑韧性要求并不太高，而且球墨铸铁的缺口敏感性小，实际球墨铸铁的疲劳强度并不明显低于锻钢，而且可通过表面强化(如滚压、喷丸等)处理大大提高其疲劳强度，其效果优于锻钢，因而在性能上完全可以代替调质碳钢。

7.4 单元自测题

1. 名词解释

(1)失效　　　(2)使用性能、工艺性能与经济性原则

2. 填空题

(1)机械零件选材的三项基本原则是________，________与________。

(2)零件失效形式的三种基本类型是________、________、__________。

(3)对于承载不大、要求传递精度较高的机床齿轮，通常选用________钢经________热处理制造。

(4)对要求表面硬、耐磨性好、心部强韧性好的重载齿轮，则通常选用________钢经________热处理制造。

(5)对于在无润滑条件下工作的低速无冲击齿轮可用________材料制造。

(6)木工刀具应选________材料，进行________热处理。

(7)连杆螺栓工作条件繁重，要求较高的强度和较好的塑韧性，应选用________钢。

(8)对承载不大、要求传递精度较高的机床齿轮，通常选用________钢经________热处理制造。

(9)对要求表面高硬度、耐磨性好而心部强韧性好的重载齿轮，通常选用________钢经________热处理制造。

(10)性能要求较高的金属零件的加工工艺路线是:________→________→________→________→________→________。

3.选择题

(1)大功率内燃机曲轴选用________,中吨位汽车曲轴选用________;C620 车床主轴选用________,精密镗床主轴应选用________。

A.45 钢　B.球墨铸铁　C.38CrMoAlA　D.42CrMoA

(2)高精度磨床主轴用 38CrMoAlA 制造,试在其加工工艺路线上,填入适宜的热处理工艺名称。

锻造→(　　)→粗机加工→(　　)→精机加工→(　　)→粗磨加工→(　　)→精密加工

A.调质　B.氮化　C.消除应力　D.退火

(3)机床床身应选用(　　)材料。

A.Q235　B.T10A　C.HT150　D.T8

(4)汽车板簧应选用(　　)材料。

A.45 钢　B.60Si2Mn　C.2Cr13　D.16Mn

(5)发动机汽阀应选用(　　)材料。

A.40Cr　B.1Cr18Ni9Ti　C.4Cr9Si2　D.Cr12MoV

(6)受冲击载荷作用的齿轮应选用(　　)材料。

A.KT250 - 04　B.GCr9　C.Cr12MoV　D.20CrMnTi

(7)高精度磨床主轴选用 38CrMoAl 制造,试在其加工工艺路线上,填入热处理工序名称。

锻造→(　　)→粗机械加工→(　　)→精机械加工→(　　)→粗磨加工→(　　)→精磨加工。

A.调质处理　B.氮化处理　C.消除应力处理　D. 退火处理

(8)C618 机床变速箱齿轮工作转速较高,性能要求:齿的表面硬度 50 ~ 56HRC,齿心部硬度 22 ~ 25 HRC,整体强度 $\sigma_b =$ 760 ~ 780 MPa,整体韧性 $\alpha_K = 40 \sim 60$ J/cm^2 应选用(　　)钢并进行(　　)处理。

A.45 钢　B.20CrMnTi　C.调质 + 表面淬火 + 低温回火

D.渗碳 + 淬火 + 低温回火

(9)东风型内燃机车曲轴选用(　　);C620 车床主轴选用(　　);精密镗床主轴选用(　　)。

A.45 钢　B. 球墨铸铁　C.38CrMoAl 钢　D.合金铸钢

(10)现有下列钢号:①Cr12MoV　②W18Cr4V　③5CrNiMo　④60Si2Mn　⑤ZGMn13　⑥Q345　⑦1Cr13　⑧20CrMnTi　⑨40Cr　⑩1Cr18Ni9Ti。

请按用途选择钢号:

A.制造机床齿轮应选用(　　)材料　B.制造汽车板簧应选用(　　)材料

C.制造桥梁应选用(　　)材料　D.制造耐酸容器应选用(　　)材料

E.制造高速车刀应选用(　　)材料

F.制造大尺寸冷作模具应选用(　　)材料

4.判断题

(1)载重汽车变速箱齿轮选用20CrMnTi钢制造,其加工工艺路线是:下料→锻造→渗碳预冷淬火→低温回火→机加工→正火→喷丸→磨齿。(　　)

(2)C618机床变速箱齿轮选用45钢制造,其加工工艺路线是:下料→正火→粗机加工→调质→精机加工→高频表面淬火→低温回火→精磨。(　　)

(3)零件失效的原因可以从设计不合理、选材错误、加工不当和安装使用不良四个方面去找。(　　)

(4)武汉长江大桥用A3钢建造,虽然16Mn钢比A3钢贵,但南京长江大桥采用16Mn钢是符合经济性原则的。(　　)

(5)只要零件尺寸和处理条件相同,手册中给出的数据是可以采用的。(　　)

(6)某工厂某年发生汽轮机叶片飞出的严重事故。该汽轮机由多段转子组成。检查发现,飞出叶片转子的槽发生了明显的变形,而未飞出叶片的转子的槽没有变形。因此可断定,失效转子的钢材用错了。(　　)

(7)汽车板簧选用60Si2Mn制造,成形后需经调质处理以使其具有高弹性极限。(　　)

(8)汽车发动机活塞销要求有较高的疲劳强度和冲击韧性且表面耐磨,一般应选用20Cr材料,并进行渗碳+淬火+低温回火处理。(　　)

(9)高精度磨床用38CrMoAl制造,经调质处理后,其最终热处理为渗碳+淬火+低温回火。(　　)

(10)零件的使用性能取决于零件的选材和最终热处理。(　　)

5.综合分析题

(1)C618机床变速箱齿轮工作转速较高,性能要求:齿的表面硬度50~56HRC,齿心部硬度22~25HRC,整体强度$\sigma_b = 760 \sim 800$ MPa,整体韧性$a_K = 40 \sim 60$ J/cm^2,应选下列哪种钢并进行何种热处理?

35, 45, 20CrMnTi, 38CrMoAlA, OCr18Ni9Ti, T12, W18Cr4V

(2)从上述材料中,选择制造手工丝锥的合适钢种,并制订工艺流程。

第8章　课程总复习

《机械工程材料》是高等院校机械类或近机械类各专业必修的一门重要的技术基础课程,其主要任务是阐述各种常用工程材料的化学成分、加工工艺、组织结构、使用性能及实际应用等方面的基础理论和基本知识,为工程结构,机械零件的设计、制造和正确使用提供有关合理选材、用材的必要理论指导和实际帮助。因此,它是学习机械零件及设计等课程和机械类相关各专业课程所必不可少的先修课程之一。

为了更好地进行系统复习,藉此总结概括该课程的整个体系,理顺本课程各章节之间的内在联系,使所学知识更加条理化、系统化,便于积极消化、记忆、掌握该课程的主要知识,更加明确本课程的重点内容。

8.1 深入理解与掌握课程的知识结构

打开学习指导教材,重新回顾图0.1所示的"机械工程材料"课程内容提要框图。很显然,本课程内容可归纳为四大部分:

第一部分为基本理论基础,主要集中在第1至第3章中,主要说明机械工程材料的化学成分、组织结构与性能之间的相互关系与变化规律。

第二部分为机械工程材料的强韧化(在第4章中描述),说明强化机械工程材料的主要途径有两个:一是通过优化成分设计来发展高性能水平的新材料,二是通过变更材料的加工工艺来充分发挥现有材料的性能潜力。而本章则主要讨论了后一途径——变更加工工艺,主要指钢的热处理。

第三部分为常用机械工程材料介绍,包括第5章常用金属材料、第6章聚合物、陶瓷与复合材料等。

第四部分为机械工程材料的合理选用,主要介绍了机械工程材料合理选用的基本原则,有关失效分析的基本概念,以及齿轮、轴两大类型零件的选材分析。

"机械工程材料"课程全部内容可简化为理论基础、加工工艺、常用机械工程材料和合理选材四大部分。理论基础的核心是调整成分和结构;加工工艺强化的关键是控制组织;常用材料介绍的最重要依据是力学性能的确定;合理选材是最重要的应用。所以,贯穿本课程的纲是"成分—组织(结构)—性能—应用"。因此,在进行系统复习和总结时,不论对整个课程各个部分,还是各个章节,都可以用这一纲来引导,"纲举目张"。

由于机械工程中机械零件的用材主要以金属材料特别是钢铁为主,所以金属材料特别是钢,其基本原理、热处理与应用当属本课程的重点。具体来说,该课程的四大部分各有一个重点,即第一部分的第2章中的铁碳合金相图一节为重点;第二部分的第4章中的钢的热处理原理与工艺为重点;第三部分中的第5章的工业用钢一节为重点;第四部分中,第7章机械工程材料的合理选用为重点。

在复习中,只要掌握该课程的这一总体结构,理顺各章关系,注意各章节之间的内在联系,紧紧抓住各重点,掌握基本概念和基本内容,是完全能够达到本课程的基本要求与目的的。

8.2 系统复习 理清头绪

《机械工程材料》这门课程即将结束了,如何进行系统复习呢?如何在感觉内容繁多,千头万绪中理出头绪来呢?常听到有同学讲,老师给指指题,我们好记。这种埋头死记硬背的复习方法是不科学的，即使片面记住了内容也容易张冠李戴，因为没有系统地复习，没有使该课程的内容作为一个体系网络存储于记忆中，当然会感觉头绪万千，难于记忆。因此，进行系统复习时，应该梳理头绪，从头开始，按照该课程的体系，渐次推进，不能跳跃式地急于求进，也不能光看重点章节，那样往往会“欲速则不达”。

从头开始梳理头绪，循序渐进，并非要求”眉毛胡子一把抓”，而是应通过系统、全面地复习，提纲挈领，把多而杂的知识，理清头绪，变得少而精，完成知识由“厚”到“薄”的转化过程。如何做到这一点呢？应注意以下几点。

1.重要的问题是加深理解

“机械工程材料”是一门叙述性很强的课程，特别强调对问题的理解。

(1)要切实搞清一些重要的名词、术语、图表的含义

例如，相、组织、马氏体、回火马氏体、索氏体、回火索氏体等的含义究竟是什么？铁碳合金相图中的碳质量分数对钢力学性能的影响图说明了什么？等等。

(2)弄明白一些基本概念

例如，结晶、重结晶及再结晶的概念与区别，奥氏体、过冷奥氏体与残余奥氏体等概念应明确并区分开来等。

(3)要能深刻领悟一些重要的规律

例如，钢的组织转变规律，加热转变的依据就在铁碳相图中，冷却转变的依据则在钢的过冷奥氏体的两个冷却转变曲线(即 TTT 与 CCT 曲线)中。深刻领悟并掌握了这些规律，就能把握住本章的精髓。

(4)能学会运用理论观点解释生产实际中的现象

例如，加工硬化在生产实际中的应用实例，具体某种工业用钢经热处理后的组织，等等，都要求会灵活运用所学到的理论观点，具体分析生产中的实际问题。

(5)透彻理解

所谓透彻理解，实际上就是要搞清这些概念、规律、公式、图表等的内涵、适用条件等。例如，杠杆规律的应用一定要在两相区内，再结晶温度经验公式仅适用于纯金属而且温度是绝对温度等。

总之，只有把每章的基本术语、概念、规律和观点都深刻透彻理解了，这章的内容自然就基本掌握了。

2.应强化记忆一些主要内容

记忆是掌握的基础，在该课程内容中，要求记忆的内容有：

(1)一些重要概念的定义

例如，相、组织、加工硬化、淬透性、淬硬性等的定义。

(2)钢的基本组织特征

例如，铁素体、珠光体、渗碳体的五种形态、针状马氏体、板条马氏体、下贝氏体等形貌图像。

(3)一些基本图形数据

例如,铁碳合金相图及其上特性点、线的碳质量分数与温度,共析碳钢的TTT与CCT曲线以及其上的各条线含义、各区域的组织,常用钢45、T10、W18Cr4V等的淬火、回火温度等。

(4)一些重要公式与计算

例如,杠杆定律的应用与平衡状态下钢的相组分、组织组分相对质量分数的计算,确定再结晶温度、再结晶退火温度的经验公式及计算等。

3.独立思考,善于总结归纳

对于每章内容的复习,不是将本章内容看过一遍、二遍甚至三遍就了事,而且在复习后要善于总结、归纳本章内容,把本章内容概括地用自己的话加以总结,只有这样才能将本章知识变为自己的知识。

例如"工业用钢"一节,各类钢号五花八门,普遍反映内容太多,难于记忆。但通过采用表格形式自己归纳总结,既概括总结了本章的内容,又达到强化记忆的效果,这样就把貌似杂乱的内容系统条理化了。

8.3 弥补课程学习中的漏洞

对学习过程中的一些基本概念、规律等内容理解不深刻或是遗忘部分,应通过系统学习加深理解,强化记忆。

1.借助参考书,加深理解

当对于一些概念、重要原理缺乏深入理解时,可有选择地看几本参考书(如清华大学郑明新主编的《工程材料》,大连理工大学王焕庭等主编的《机械工程材料》等),以弄清概念,强化对原理的理解与掌握。

2.多做练习,及时弥补

尽量多做练习或思考题,在做题过程中发现知识的漏洞以便于及时弥补。

3.重温作业,有错必纠

复习作业本,特别是弄清作业本上做错的地方,对教师的批改加深理解。

4.注重交流,取长补短

加强与同学之间的讨论、交流,吸取他人之长,特别是同宿舍同学接触机会较多,可充分利用饭前或休息时间针对疑难之处互相提问,取长补短,既弥补了漏洞,又加深了记忆。

5.及时请教,消除隐患

当遇有把握不准的地方,要及时向教师请教,教学相长,多问几个为什么?或有不清楚的内容,请老师及时予以辅导。

8.4 灵活运用 综合分析

要善于把各章的内容有机地联系起来,培养学生综合分析问题的能力。例如,对一低碳钢制零件,要能够利用铁碳相图的知识分析它在平衡状态下的组织和性能(包括杠杆定律的应用),晶面、晶向指数确定方法,再考虑合金元素影响,确定热变形加工的滑移面、滑移方向及再结晶退火温度范围,利用热处理原理与工艺推断其应进行的热处理和所得的组织和性能,并判定它可以应用的范围等。

同时还要注重综合思考题、模拟题的练习,通过做题以达加深理解、灵活运用各章内容的目的。

总之,要掌握科学的复习方法,进行科学的思维,积极主动地做好系统复习。

8.5 综合模拟测试题

第1套

一、填空题

1.绝大多数金属的晶体结构都属于(　　)、(　　)和(　　)三种典型的晶体结构。

2.液态金属结晶时,过冷度的大小与其冷却速度有关,冷却速度越大,金属的实际结晶温度越(　　),此时,过冷度越(　　)。

3.(　　)和(　　)是金属塑性变形的两种基本方式。

4.形变强化是一种非常重要的强化手段,特别是对那些不能用(　　)方法来进行强化的材料。通过金属的(　　)可使其(　　)、(　　)显著提高。

5.球化退火是使钢中(　　)球状化的退火工艺,主要用于(　　)和(　　)钢,其目的在于(　　),改善(　　)性能,并可为后面的(　　)工序作准备。

6.共析碳钢奥氏体化过程包括(　　)、(　　)、(　　)和(　　)。

7.高速钢需要反复进行锻造的目的是(　　)。

8.铝合金中最主要的强化方法是(　　)。

9.灰铸铁中石墨的形态为(　　),可锻铸铁中石墨的形态为(　　),而球墨铸铁中石墨的形态则为(　　)。

10.材料选用的原则是(　　)。

二、是非题(请在正确的题后标出"√",在错误的题后标出"×")

1.金属晶体各向异性的产生,与不同晶面和晶向上原子排列的方式和密度不同,致使原子的结合力大小不同等因素密切相关。(　　)

2.合金的基本相包括固溶体、金属化合物和这两者的机械混合物三大类。(　　)

3.在铸造生产中,为使铸件的晶粒细化,我们可通过降低金属型的预热温度,提高金

属的浇注温度等措施来实现。 ( )

4.淬火加高温回火处理称为调质处理。处理后获得回火索氏体组织,具有综合机械性能好的特点。 ( )

5.固溶时效处理是铝合金的主要强化手段之一。 ( )

6.65Mn是低合金结构钢。 ( )

7.马氏体是碳在 $\alpha-Fe$ 中的过饱和固溶体,由奥氏体直接转变而来,因此,马氏体与转变前的奥氏体的碳质量分数相同。 ( )

8.钢中合金元素含量越多,则淬火后钢的硬度越高。 ( )

9.某钢材加热条件相同时,小件比大件的淬透性好。 ( )

10.铸铁中的可锻铸铁是可以进行锻造的。 ( )

三、画图和计算题

1.在综测题图1.1中分别画出纯铁$(0\ 1\ 1)$、$(1\ \bar{1}\ 1)$晶面及$[1\ \bar{1}\ 1]$、$[0\ 1\ 1]$晶向。并指出当纯铁在室温下进行拉伸加工时应该沿着上述的哪个晶面、晶向产生变形(即滑移)?

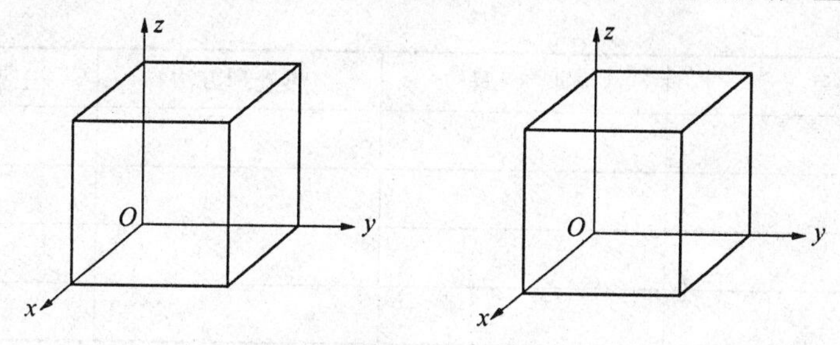

综测题图1.1

2.按照下面给出的条件,示意画出二元合金的相图,并填出各区域的相组分或者组织组分(只填一种即可)。根据相图画出合金的硬度与成分的关系曲线。

已知,A、B组元在液态时无限溶解,在固态时能形成共晶,共晶成分为含B量35%;A组元在B组元中有限固溶,溶解度在共晶温度时为15%,在室温时为10%;B组元在A组元中不能溶解。B组元比A组元的硬度高。

3.现有A、B两种铁碳合金。A的显微组织为珠光体的量占75%,铁素体的量占25%;B的显微组织为珠光体的量占92%,二次渗碳体的量占8%。请计算并回答:

(1) 这两种铁碳合金按显微组织的不同分属于哪一类钢?

(2) 这两种铁碳合金的碳质量分数各为多少?

(3) 画出这两种材料在室温下平衡状态时的显微组织示意图,并标出各组织组成物的名称。

4.在拉拔铜材的过程中,需要进行中间退火时,其退火温度约为多少(即确定其再结晶退火的温度,铜的熔点为1 083℃)?

四、问答题

1.某汽车齿轮选用 20CrMnTi 材料制作,其工艺路线如下:

下料→锻造→正火①→切削加工→渗碳②、淬火③、低温回火④→喷丸→磨削加工。

请分别说明上述①、②、③和④四项热处理工艺的目的及工艺。

2.简答零件选材的原则。

3.已知下列四种钢的成分,请按序号填出表格。

序号 \ 成分	w_C/%	w_{Cr}/%	w_{Mn}/%
1	0.42	1.00	—
2	1.05	1.50	—
3	0.20	1.00	—
4	0.16	—	1.40

序号	钢号	热处理方法	主要用途举例
1			
2			
3			
4			

第2套

一、是非题(请在正确的题后标出"√",在错误的题后标出"×")

1.金属面心立方晶格的致密度比体心立方晶格的致密度高。 ( )

2.实际金属在不同的方向上性能是不一样的。 ( )

3.金属的理想晶体的强度比实际晶体的强度高得多。 ( )

4.金属结晶时,冷却速度越大,则晶粒越细。 ( )

5.金属的加工硬化是指金属冷变形后强度和塑性提高的现象。 ( )

6.在室温下,金属的晶粒越细,则强度越高和塑性越低。 ( )

7.金属中的固溶体一般说塑性比较好,而金属化合物的硬度比较高。 ( )

8.白口铸铁在高温时可以进行锻造加工。 ( )

9.不论碳质量分数高低,马氏体的硬度都很高和脆性都很大。 ( )

10.合金元素能提高 α 固溶体的再结晶温度,使钢的回火稳定性增大。 ( )

二、画图和计算题

1.在综测题图 2.1 中,用影线和箭头表示出(110)、(111)和[100]、[110]、[111]。

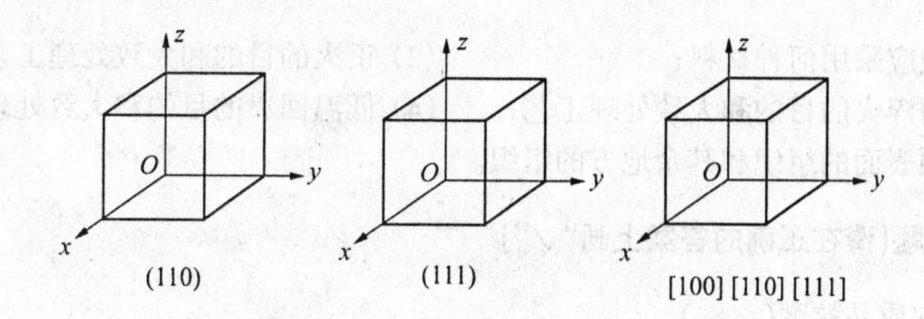

综测题图 2.1

2.工业纯铝在生活用具上应用很广。试根据纯铝的熔点(660℃)与再结晶温度的实验关系,确定工业纯铝的再结晶退火温度(一般再结晶退火温度在最低再结晶温度以上100~200℃)。

3.根据显微分析,某铁碳合金的组织中,珠光体的量约占56%,铁素体的量约占44%。请估算此合金的碳质量分数和大致的硬度(已知珠光体的硬度为200HBW,铁素体的硬度为80HBW)。

三、问答题

1.在铁碳相图中存在着三种重要的固相,请说明它们的本质和晶体结构(如 δ 相是碳在 δ-Fe 中的固溶体,具有体心立方结构)。

α 相是________________________________;

γ 相是________________________________;

Fe_3C 相是______________________________。

2.在铁碳相图中有四条重要线,请说明这些线上所发生的转变并指出生成物(如 HJB 水平线,冷却时发生包晶转变,$L_B + \delta_H \xrightarrow{1495℃} \gamma_J$ 形成 J 点成分的 γ 相)。

ECF 水平线,____________________________;

PSK 水平线,____________________________;

ES 线,________________________________;

GS 线,________________________________。

3.在综测题图 2.2 中画出三种钢的显微组织示意图,并标出其中的组织组分:

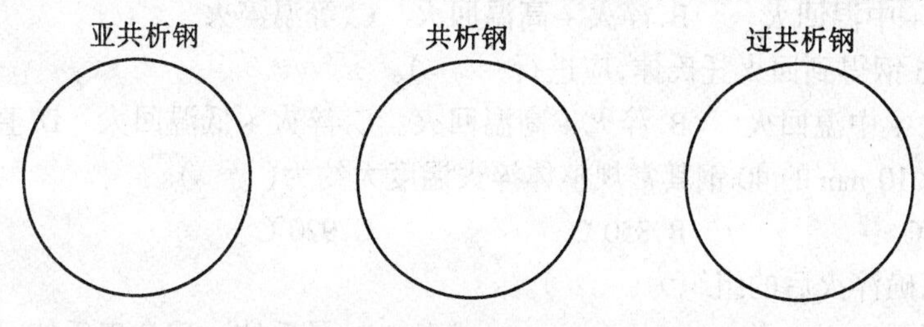

综测题图 2.2

4.车床主轴要求轴颈部位的硬度为 56~58HRC,其余地方为 20~24HRC,其加工路线如下:锻造→正火→机加工→轴颈表面淬火→低温回火→磨加工。

请说明：

(1) 主轴应采用何种材料；
(2) 正火的目的和大致处理工艺；
(3) 表面淬火的目的和大致处理工艺；
(4) 低温回火的目的和大致处理工艺；
(5) 轴颈表面的组织和其余地方的组织。

四、选择题(请在正确的答案上画"√")

1. 钢的本质晶粒度(　　)。
   A. 是指钢加热过程中刚完成奥氏体转变时的奥氏体的晶粒度
   B. 是指钢在各种具体热加工后的奥氏体的晶粒度
   C. 是指钢在规定的加热条件下奥氏体的晶粒度；它反映奥氏体晶粒长大的倾向性
2. 共析碳钢加热为奥氏体后，冷却时所形成的组织主要决定于(　　)。
   A. 奥氏体加热时的温度
   B. 奥氏体在加热时的均匀化程度
   C. 奥氏体冷却时的转变温度
3. 马氏体是(　　)。
   A. 碳在 $\alpha-Fe$ 中的固溶体　B. 碳在 $\alpha-Fe$ 中的过饱和固溶体
   C. 碳在 $\gamma-Fe$ 中的固溶体　D. 碳在 $\gamma-Fe$ 中的过饱和固溶体
4. 马氏体的硬度决定于(　　)。
   A. 冷却速度　B. 转变温度　C. 碳的质量分数
5. 回火马氏体与马氏体相比，其综合力学性能(　　)。
   A. 好些　B. 差不多　C. 差些
6. 回火索氏体与索氏体相比，其综合力学性能(　　)。
   A. 好些　B. 差不多　C. 差些
7. 为使低碳钢便于机械加工，常预先进行(　　)。
   A. 淬火　B. 正火　C. 球化退火　D. 回火
8. 为使高碳钢便于机械加工，可预先进行(　　)。
   A. 淬火　B. 正火　C. 球化退火　D. 回火
9. 为使 45 钢得到回火索氏体，应进行(　　)。
   A. 淬火 + 中温回火　B. 淬火 + 高温回火　C. 等温淬火
10. 为使 65 钢得到回火托氏体，应进行(　　)。
    A. 淬火 + 中温回火　B. 淬火 + 高温回火　C. 淬火 + 低温回火　D. 直接油冷
11. 直径为 10 mm 的 40 钢其常规整体淬火温度大约为(　　)。
    A. 750℃　B. 850℃　C. 920℃
12. 上述正确淬火后的组织为(　　)。
    A. 马氏体　B. 马氏体 + 残余奥氏体
    C. 马氏体 + 渗碳体　D. 铁素体 + 马氏体
13. 直径为 10 mm 的 T10 钢其常规整体淬火温度大约为(　　)。
    A. 760℃　B. 850℃　C. 920℃

14.上述正确淬火后的组织为(　　)。

A.马氏体　　B.马氏体+残余奥氏体

C.马氏体+渗碳体　　D.马氏体+渗碳体+残余奥氏体

15.钢的淬透性主要取决于(　　)。

A.碳质量分数　　B.合金元素含量　　C.冷却速度

16.钢的淬硬性主要取决于(　　)。

A.碳质量分数　　B.合金元素含量　　C.冷却速度

17.T12钢与18CrNiW钢相比(　　)。

A.淬透性低而淬硬性高些　　B.淬透性高而淬硬性低些

C.淬透性高,淬硬性也高　　D.淬透性低,淬硬性也低些

18.用低碳钢制造在工作中受较大冲击截荷和表面磨损较大的零件,应该(　　)。

A.采用表面淬火处理　　B.采用渗碳处理　　C.采用氮化处理

五、填空题

1.W18Cr4V钢的碳的质量分数是________;W的主要作用是________;Cr的主要作用是____________:V的主要作用是________________。

2.指出下列牌号的钢是哪类型钢(填空)并举出应用实例:

(1) 16Mn是________钢,可制造________________。

(2) 20CrMnTi是________钢,可制造________________。

(3) 40Cr是________钢,可制造________________。

(4) 60Si2Mn ________是钢,可制造________________。

(5) GCr15是钢,可制造________________。

3.铸铁的应用(填写存在形式后,再用选择题后给出的合适实例填空,只填一种):

(1) 白口铸铁中碳主要以________的形式存在,这种铸铁可以制造________。(曲轴,底座,犁铧)

(2) 灰铸铁中碳主要以________的形式存在,这种铸铁可以制造________。(机床床身,曲轴,管接头)

(3) 可锻铸铁可以制造________________。(机床身身,管接头,暖气片)

(4) 球墨铸铁可以制造________________。(曲轴,机床床身,暖气片)

4.机械零件的主要失效方式有________、________、________。

5.玻璃钢是________和________复合而成的材料。

第3套

一、是非题

1.普通铸铁的力学性能,主要取决于基体组织类型。(　　)

2.为使45钢工件具备良好的综合力学性能,通常应在粗机械加工后进行调质处理。(　　)

3.低碳钢或高碳钢件为便于进行切削加工,可预先进行球化退火。 ( )

4.淬透性主要取决于冷却速度。 ( )

5.奥氏体是碳溶于 γ - Fe 中所形成的置换固溶体,具有面心立方晶格。 ( )

6.再结晶过程是一种没有晶格类型变化的特殊结晶过程。 ( )

7.调质和正火两种热处理工艺所获得的组织分别为回火索氏体和索氏体,它们的区别在于碳化物的形态差异。 ( )

8.铝合金人工时效比自然时效所获硬度高、且效率也高,因此多数情况下采用人工时效。 ( )

9.玻璃钢是玻璃和钢丝组成的复合材料。 ( )

10.载重汽车变速箱齿轮选用 20CrMnTi 钢制造,其加工工艺路线是:下料—锻造→渗碳预冷淬火→低温回火→机加工→正火→喷丸→磨齿。 ( )

二、选择题

1.材料的刚度与( )有关。

A.弹性模量　B.屈服强度　C.抗拉强度　D.伸长率

2.金属结晶时,冷却速度越快,其实际结晶温度将( )。

A.越高　B.越低

C.越接近理论结晶温度　D.不受冷却速度影响

3.金属经冷塑性变形后( )。

A.强度、硬度升高,塑性、韧性不变　B.强度、硬度升高,塑性、韧性下降

C.强度、硬度下降,塑性、韧性不变　D.强度、硬度、塑性、韧性均升高

4.共析钢正常的淬火温度为( )℃。

A.850　B.727　C.760　D.1280

5.T10 钢碳的质量分数为( )。

A.0.01%　B.0.1%　C.1.0%　D.10%

6.过冷度是金属结晶的驱动力,它的大小主要取决于( )。

A.化学成分　B.加热温度　C.晶体结构　D.冷却速度

7.弹簧由于在交变应力下工作,除应有高的强度和弹性外,还应具有高的( )。

A.塑性　B.韧性　C.硬度　D.疲劳强度

8.某紫铜管由坯料冷拉而成,此管在随后进行的冷弯过程中常常开裂,其原因是( )不足。

A.$R_m(\sigma_b)$　B.$R_{eL}(\sigma_s)$　C.$A(\delta)$　D.$R_{-1}(\sigma_{-1})$

9.机床床身应选用( )材料。

A.Q235　B.T10A　C.HT200　D.T8

10.普通机床变速箱中的齿轮最适宜选用( )。

A.40Cr 锻件　B.45 钢锻件　C.Q235 焊接件　D.HT150 铸件

三、填空题

1.铁素体的晶格结构为________,奥氏体的晶格结构为________。

2.碳素钢的主要缺点是________,因而常用来制造尺寸小、精度不高、________的工件。

3.常用铸铁的性能主要取决于石墨的________。生产中应用得最广泛的一类铸铁是________。

4.0Crl8Ni9Ti钢中Cr的主要作用是________;40Cr钢中Cr的主要作用是________。

5.铝合金的共同特点是________,因而常用来制造要求质量小的零件或结构。

6.铸铁的冷却速度不但与________有关,而且也与________有关。

7.淬火后的铝合金,强度硬度随时间延长而增加的现象称为________。

8.金属的结晶过程是金属原子从不规则排列转变到________的过程,结晶过程只有在________条件下才能有效进行。

9.多晶体金属塑性变形时,每个晶粒的塑变只有受到一定大小的________应力作用才会发生,塑性变形的主要方式是________,实质是________的移动,每个晶粒的塑变必然会受到周围________和具有不同________的晶粒的阻碍。

10.钢在加热过程中产生的过热缺陷可以通过________热处理来消除。

四、简答题

1.不锈钢的固溶处理与稳定化处理的目的各是什么?

2.简述16Mn钢的性能特点及其应用实例一项。

3.影响铸铁石墨化的主要因素有哪些?

4.简评作为工程材料的高分子材料的优缺点(与金属材料比较)。

五、综合题

1.利用杠杆定律计算T10钢在室温平衡条件下的相组分和组织组分的相对质量分数。

2.现有A、B两种铁碳合金,A的平衡组织中珠光体占58.5%、铁素体占41.5%;B的平衡组织中珠光体占92.7%、二次渗碳体占73%,请问:

(1)这两种合金按平衡组织的不同各属于$Fe-Fe_3C$相图上的哪一类钢?

(2)画出这两种合金室温平衡组织的示意图并标出各组织组分的名称。

(3)这两种合金的碳质量分数各为多少?如果是优质碳素钢,钢号分别是什么?

(4)如果分别用这两种钢制造机械零件或工具.应分别采用何种最终热处理工艺?写出工艺参数(加热温度)。

3.直径为10 mm的45钢试样加热到850℃奥氏体化后在不同热处理条件下得到硬度如下表所示,请简要说明以下问题。

热处理条件		硬　度		热处理工艺名称	显微组织
冷却方式	回火温度	HRC	HBW		
炉冷	—	—	148		
空冷	—	13	196		
油冷	—	38	349		
水冷	—	55	538		
水冷	200℃	53	515		
水冷	400℃	40	369		
水冷	600℃	24	243		

(1)不同热处理条件下所用热处理工艺的名称和得到的显微组织(填入表中,显微组织名称可用符号表示)。

(2)冷却速度对钢的硬度的影响及其原因。

(3)回火温度对钢的硬度的影响及其原因。

4.插齿刀是加工齿轮的刀具,形状复杂,要求具有足够的硬度(63 ~ 64HRC)和热硬性,选用 W18Cr4V 制造,要求如下。

(1)编制简明生产工艺路线。

(2)说明各热加工工序的主要作用。

(3)说明最终热处理工艺参数(加热温度)及处理后的组织。

5.料库中原材料或毛坯件的材料钢号为:Q255、Q345、45、40CrNi、65Mn、QT600 - 02、5CrNiMo、Cr12MoV、W18Cr4V、1Cr18Ni9Ti、20CrMnTi、ZGMn13、60Si2Mn、T12。试填下表。

零　件	性 能 要 求	选　材	最终热处理	使用态组织
机床传动齿轮	齿部表面较高硬度和耐磨性			
汽车动力齿轮	齿部表面高硬度和疲劳强度,心部高强韧性			
耐酸容器	耐酸性腐蚀介质侵蚀			
汽车板弹簧	高的屈服强度和疲劳强度			
手工锉刀	高的硬度和耐磨性			
盘形铣刀	高硬度高耐磨性良好热硬性			

第4套

一、是非题

1.一般说来,金属中的固溶体塑性比较好,金属间化合物的硬度比较高。　(　　)

2.不论碳质量分数的高低,马氏体的硬度都很高、脆性都很大。　(　　)

3.金属多晶体是由许多结晶方向相同的单晶体组成的。　(　　)

4.凡是由液体凝固为固体的过程都是结晶过程。　(　　)

5. $\gamma \rightarrow \alpha + \beta$ 共析转变时温度不变，且三相的成分也是确定的。 ( )

6. 1Crl8Ni9Ti 钢可通过冷变形强化和固溶处理来提高强度。 ( )

7. 用 Q345 钢制造的自行车车架，比用 Q235A 钢制造的轻。 ( )

8. 合金元素在钢中以固溶体、碳化物、金属间化合物、杂质等多种方式存在。 ( )

9. 铸铁不能进行热处理。 ( )

10. 复合材料具有比其他材料高得多的比强度和比模量。 ( )

二、选择题

1. 固溶体的晶格与( )相同。

   A. 溶液　　B. 溶剂　　C. 溶质　　D. 溶质或溶剂

2. 钢经调质处理后的室温组织是( )。

   A. 回火马氏体　　B. 回火贝氏体　　C. 回火托氏体　　D. 回火索氏体

3. 钢合适的渗碳温度是( )℃。

   A. 650　　B. 800　　C. 930　　D. 1 100

4. 高速钢的热(红)硬性取决于( )。

   A. 马氏体的多少　　B. 残余奥氏体的量

   C. 钢的碳质量分数　　D. 淬火加热时溶入奥氏体中的合金元素的量

5. 能减小淬火变形开裂的措施是( )。

   A. 加大淬火冷却速度　　B. 选择合适的材料

   C. 升高加热温度　　D. 增加工件的复杂程度

6. 承受交变应力的零件选材应以材料的________为依据。

   A. $R_{eL}(\sigma_s)$　　B. $R_m(\sigma_b)$　　C. HRA　　D. $R_{-1}(\sigma_{-1})$

7. 铜管拉伸后为避免开裂，在冷弯前应进行( )。

   A. 正火　　B. 球化退火　　C. 去应力退火　　D. 再结晶退火

8. 测定铸铁的硬度，应采用( )。

   A. HBW　　B. HRC　　C. HRA　　D. HV

9. 汽车板簧应选用( )材料。

   A. 45 钢　　B. 60Si2Mn　　C. 2Crl3　　D. Q345

10. 金属材料、陶瓷材料和高分子材料的本质区别在于它们的( )不同。

   A. 性能　　B. 结构　　C. 结合键　　D. 熔点

三、填空题

1. 金属结晶是依靠________和________这两个紧密联系的过程实现的。

2. 45 钢，用作性能要求不高的零件时，可在________状态或正火状态下使用；用作要求良好综合性能的零件时，可进行________热处理。

3. 合金的相结构分为________和________两大类。

4. 对冷塑性变形后的金属加热时，其组织和性能的变化过程大致可分为__________

________________________________三个阶段。

5.钢中________元素引起热脆,________元素引起冷脆。

6.珠光体是由________和________构成的机械混合物。

7.冷处理的目的是____,此时发生的残余奥氏体的转变产物为________________________________。

8.白口铸铁中碳全部以________形式存在,灰铸铁中碳主要以________形式存在。

9.共晶反应的特征是____________,其反应式为________________。

10.对某亚共析钢进行显微组织观察时,若估计其中铁素体的质量分数为10%,其碳质量分数约为________,该钢属于________碳钢。

四、简答题

1.在铁碳相图中存在着三种重要的固相,请说明它们的本质和晶体结构(如δ相是碳在δ-Fe中的固溶体,具有体心立方结构)。

α相是____;

γ相是____;

Fe_3C相是____。

2.简述铸铁石墨化的概念及其过程。

3.比较正火和调质这两种热处理工艺。

4.轴类、齿轮类零件可能出现的失效形式各有哪些?

五、综合题

1.说出下列材料的强化方法:H70、45钢、HT150、0Cr18Ni9、2A12(LY12)。

2.简述固溶强化、冷变形强化和弥散强化的强化机制,并说明三者的区别。

3.将φ5mm的T8钢试样加热奥氏体化后,采用什么工艺可得到下列组织,请写出工艺名称并在C曲线上(见综测题图4.1)画出工艺曲线示意图。

A.珠光体　B.索氏体　C.下贝氏体

D.托氏体+马氏体

E.马氏体+少量残余奥氏体

A.采用工艺为:________________;

B.采用工艺为:________________;

C.采用工艺为:________________;

D.采用工艺为:________________;

E.采用工艺为:________________。

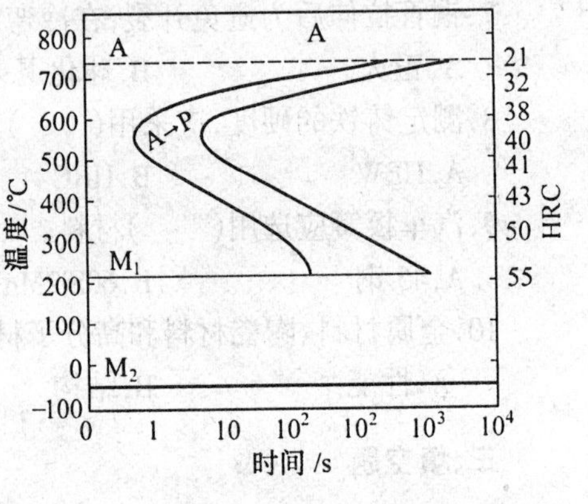

综测题图4.1　C曲线

4.根据以下各题的要求,在常用金属材料中选用合适的牌号,并回答有关问题:

20　20CrMnTi　45　40Cr　38CrMoAl　65Mn　60Si2Mn　GCr15　9SiCr　CrWMn　Cr12MoV　W18Cr4V　W6Mo5Cr4V2　2Cr13

(1)某机床高速传动齿轮,要求齿面耐磨性高,硬度为58~62HRC,齿心部韧性高。

材料应选用________;工艺路线:下料→锻造→热处理①→机加工→热处理②→磨削。

请说明其中各热处理工序的目的与相应组织:

热处理①____;

热处理②____。

(2)高速精密齿轮,工作平稳,冲击小,要求:

①表面很高的耐磨性,硬度超过900 HV;②心部良好的强韧性;③热处理变形很小。

材料____________;改善切削加工性能的热处理____________;

改善心部性能的热处理____________________;

切削中消除内应力的热处理____________________;

提高表面性能的热处理____________________。

5.某一尺寸为ϕ30 mm×250 mm的轴用30钢制造,经高频表面淬火(水冷)和低温回火,要求摩擦部分表面硬度达50~55 HRC,但使用过程中摩擦部分严重磨损,试分析失效原因,并提出解决问题的方法。

第3篇 参考答案

3.1 单元自测题

第1章

1.名词解释

(1)晶体的各向异性:理想晶体在不同方向上具有不同的性能。

(2)同素异构(晶)转变:随着外界条件(如温度)的变化,物质在固态时所发生的晶体结构的转变,亦称多晶型转变。

(3)晶体与非晶体:具有长程有序排列的材料称为晶体;而仅存在短程有序排列的材料称为非晶体。

(4)固溶强化:通过溶入溶质原子形成固溶体,而使材料的强度、硬度提高的现象。

2.填空题

(1)原子在三维空间呈规则的、周期性重复排列

(2)2 和 4,0.68 和 0.74(或 68%和 74%)

(3)如题图 1.0 所示。

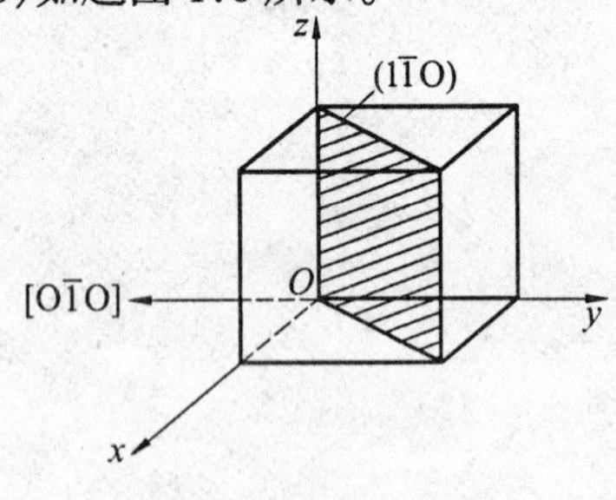

题图 1.0 立方晶胞

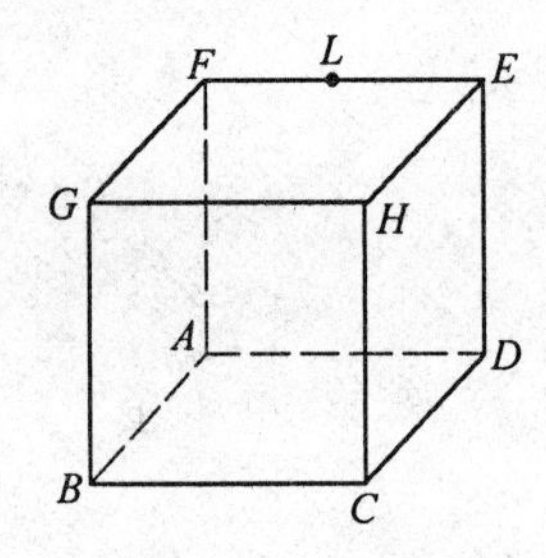

题图 1.1 立方晶胞

(4)如题图 1.1 所示,晶面:ACHF$(1\ \bar{1}\ 0)$或$(\bar{1}\ 1\ 0)$;ABGF$(0\ \bar{1}\ 0)$ 晶向:AL $[0\ 1\ 2]$;EB $[1\ \bar{1}\ \bar{1}]$

(5)点、线和面。空位、间隙原子和置换原子;刃型位错和螺型位错;晶体外表面、晶界和亚晶界

(6)0.4nm

(7)$\{111\}$,$<110>$

(8)$\{110\}$, <111>

(9)固溶体 和 化合物。塑韧,基体;熔点、硬度,强化

(10)固溶强化 (11)晶向

(12)晶向指数,[uvw];晶面指数,(hkl)

3.选择题

(1)D (2)B (3)A (4)D (5)B (6)B (7)B (8)D (9)B (10)D

4.判断题

(1)✓ (2)× (3)✓ (4)× (5)× (6)✓ (7)× (8)× (9)✓ (10)✓

5.综合分析题

(1)(1,-1,2)不正确,应改为$(1\bar{1}2)$;$(\frac{1}{2},1,\frac{1}{3})$不正确,应改为(3 6 2);$[-1,1\frac{1}{2},2]$不正确,应改为$[\bar{2}34]$;$[1\bar{2}1]$正确。

(2)见主教材 277 页题图 1.4 所示。

(3)如题图 1.2 所示。

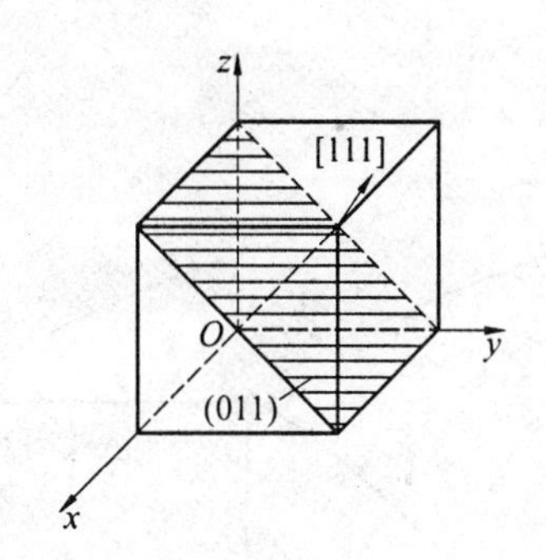

题图 1.2

(4*)如题图 1.3 所示。

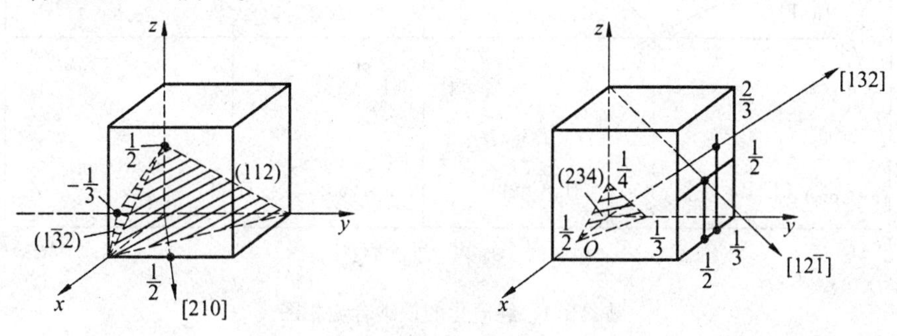

题图 1.3 立方晶胞中晶面、晶向表示法

第2章

1.名词解释

(1)过冷度:平衡结晶温度与实际结晶温度之差即 $\Delta T = T_m - T_n$。

(2)细晶强化:通过细化晶粒来提高材料强度的方法。

(3)γ - Fe 是存在于 912℃ ~ 室温下具有 BCC 结构的纯铁,γ 相与奥氏体系碳溶入 γ - Fe中形成的间隙固溶体。

2.填空题

(1)过冷度,实际结晶温度

(2)晶核的形成和晶核的长大连续进行。提高过冷度、变质处理和振动、搅拌等增加液体运动方法

(3)共晶,共晶体

(4)一水平,共晶反应、包晶反应和共析反应

(5)铁素体,BCC,727,0.0218

(6)F + Cm, F + P

(7)F 和 Cm;A 和 Cm

(8)在下题图 2.1 所示:

①各特性点的符号,如图示;②各区域相组分,写在方括号内;各区域组织组分,写在圆括号内。

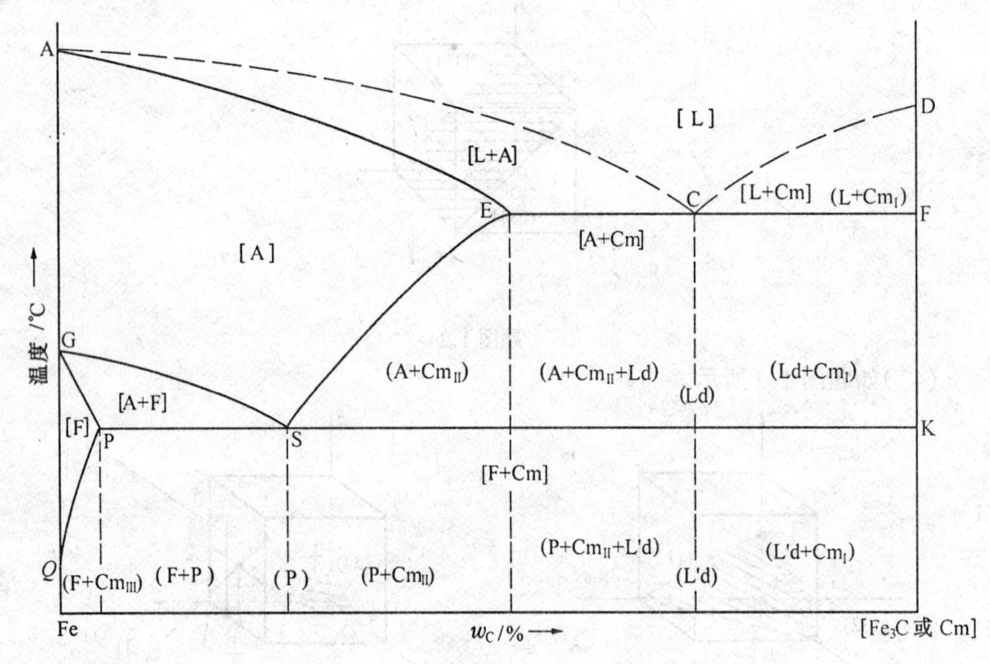

题图 2.1　经简化的铁碳合金相图

(9)低,高　(10)差,高

3.选择题

(1)B　(2)A　(3)C　(4)A,B　(5)C　(6)C　(7)B　(8)C　(9)C　(10)C

4.综合分析题

(1)冷却曲线见题图 2.2 所示。

各组织组分的质量分数:

$w_P = (6.69 - 1.2)/(6.69 - 0.77) \times 100\% = 92.7\%$

$w_{Fe_3C_{II}} = 1 - w_P = 7.3\%$

(2) $w_C = 50\% \times 0.77\% = 0.385\%$,40 钢

(3)硬度:T12 > T8 > 45 强度:T8 > T12 > 45

塑性:45 > T8 > T12

理由见教材相应内容。

(4)略。

(5)一退火碳钢的硬度为 150HBW:

①该钢的 $w_C = 58\% \times 0.77 = 0.45\%$;

②据题知该钢组织组成物为 P + F;设其中珠光体相对量为 x,则 F 相对量为 $1 - x$:$150 = 200x + 80(1 - x)$ $x = 58.3\%$

该钢组织中珠光体占 58%,铁素体占 42%。

③ 如题图 2.3 所示。

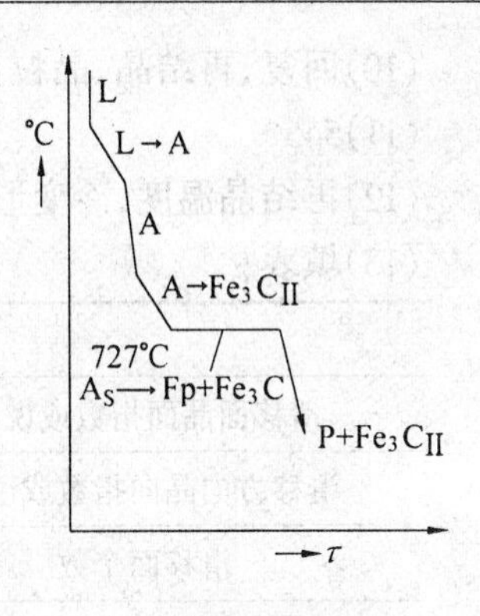

题图 2.2

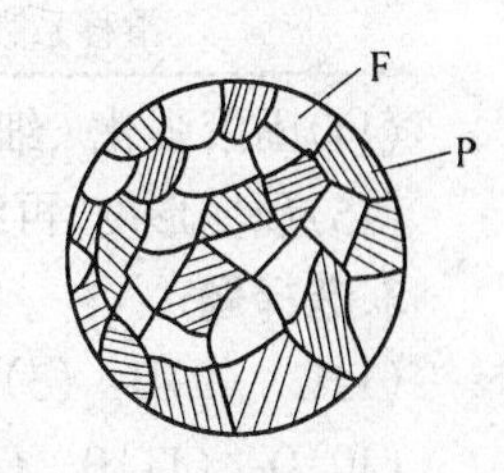

题图 2.3

第3章

1.名词解释

(1)临界变形度:再结晶退火后的晶粒度与预变形度有关。当预变形度很小时,退火后的晶粒度变化不大;当预变形度在 2% ~ 10%时,将得到特别粗大的晶粒,因此得到粗大晶粒的变形度称为临界变形度。

(2)硬位向与软位向:当金属发生滑移变形时,滑移面和外力平行或垂直时,屈服极限趋于无穷大,晶体不可能滑移,这种位向称为硬位向;而当滑移面、滑移方向都与外力呈 45°角时,屈服极限最小,最容易滑移,这种位向称为软位向。

(3)再结晶:当冷变形金属被加热至较高温度时,金属的显微组织将发生明显变化,由变形严重(压扁或拉长)、畸变程度严重的晶粒变为新的无畸变、等轴晶粒,这一过程称为再结晶。

(4)加工硬化:在塑变过程中,伴随变形程度的增加,金属的强度、硬度增加,而塑性、韧性下降的现象。

(5)热加工:再结晶温度以上的变形加工,称为热变形加工(简称热加工)。

2.填空题

(1) δ、ψ;ψ

(2)变形、断裂,应力;抗拉强度,屈强比

(3)冲击韧度,J/cm^2

(4)洛氏,铸铁、有色金属

(5)屈服点,P_S/F_0;明显塑性变形

(6)位错密度、位错交互作用,强度、硬度,塑性、韧性,加工硬化

(7)滑移、孪生,切,最大的晶面、最大的晶向。

(8)正应力、切应力,正应力,断裂,切应力作用

(9)退火,减少、增加

(10)回复、再结晶、晶粒长大

(11)545

(12)再结晶温度,冷变形;热变形。

(13)填表:

	BCC	FCC	HCP
滑移面晶面指数或说明	{110}	{111}	底面
滑移方向晶向指数或说明	<111>	<110>	面对角线
滑移面个数	6	4	1
每个滑移面上滑移方向的个数	2	3	3
滑移系数目	12	12	3

(14)固溶强化 、细晶强化 、弥散强化、加工硬化

(15)预变形度、再结晶退火温度

3.选择题

(1)C (2)D (3)D (4)B (5)B (6)A (7)B (8)B (9)B

(10)D (11)B (12)C (13)A (14)C

4.判断题

(1)× (2)×,× (3)× (4)√,× (5)× (6)× (7)×

(8)× (9)√ (10)×

5.综合分析题

(1) $T_R = 0.4T_m = 0.4 \times (1083 + 273) = 542.4\text{K} = 269.4℃$

再结晶退火温度 $Tz = 269.4℃ + (100 \sim 200)℃ = 369.4℃ \sim 469.4℃$

(2)正确的热变形加工能消除金属组织缺陷(如使气孔,疏松,微裂纹等焊合,减轻或消除粗大的柱状晶与枝晶偏析,改善夹杂物、碳化物的形态分布和大小等),提高金属材料的致密度,从而提高其力学性能。还可形成热加工纤维组织,使金属呈现各向异性。

钢材在热变形加工时,出现加工硬化、但随即被再结晶过程所吞没,故最终不显现硬化现象。

(3)齿轮经过喷丸处理,可在表层造成残余压应力,受交变载荷作用时,可抑制表层疲劳裂纹的产生与扩展,从而提高了齿面疲劳强度。

第4章

1.名词解释

(1)淬透性:钢淬火时获得淬透层深度的能力称为钢的淬透性。它表征钢接受淬火的能力,是钢材本身固有的一种属性。

(2)(上)临界冷却速度(V_{kc}):获得全部M组织的最小冷却速度。

(3)本质晶粒度:指在规定的加热条件下(930±10℃,3~8h)评定奥氏体晶粒长大倾向的标准。

(4)马氏体(M):把钢加热至A状态,然后快冷至Ms以下形成的碳在α－Fe中的过饱和固溶体。

2.填空题

(1)板条状、针状,板条M

(2)变化了的$Fe-Fe_3C$相图,TTT和CCT

(3)低温回火、中温回火、高温回火,$M_回$,高硬度、高耐磨性,工模具钢等

(4)右移;左移;向右,溶入奥氏体

(5)奥氏体形核、奥氏体晶核长大、残余渗碳体溶解、奥氏体成分均匀化

(6)马氏体的碳质量分数;合金元素质量分数

(7)① 降低硬度、改善切削加工性,②为最终热处理做好组织准备。共析、过共析

(8)低,多

(9)第一类回火脆性;第二类回火脆性

(10)马氏体的分解,残余奥氏体的分解,碳化物类型的转变及碳化物聚集长大与α相的回复再结晶。

3.选择题

(1)B　(2)A　(3)C　(4)C　(5)C　(6)B　(7)C　(8)A　(9)C　(10)C

4.判断题

(1)✓　(2)×　(3)×　(4)×　(5)×　(6)×　(7)✓　(8)✓　(9)×　(10)✓

5.问答题

(1)共析碳钢的CCT曲线如解题图4.1所示。

图(a)中A_1线,共析线;M_S线系过冷奥氏体向马氏体转变的开始线;

P_S表示过冷奥氏体向珠光体转变的开始线;

P_f表示过冷奥氏体向珠光体转变的终了线;

K(AB)线表示过冷奥氏体向珠光体转变的转变中止(暂停)线。

① 区为稳定奥氏体区;② 区为过冷奥氏体区;③ 区为过渡区(过冷A＋P型组织);④ 区为P型组织;⑤ 区为M＋Ar区域。

(2)图(a)中V_1、V_2、V_4分别为退火、正火、单液淬火的冷却曲线;图(b)中②、③、④分别为双液淬火、分级淬火与等温淬火的冷却曲线。

V_1冷速下,所得P组织;V_2冷速下,所得S组织;V_4冷速下,所得M＋Ar组织;

②冷速下,所得M＋Ar组织;

③冷速下,所得M＋Ar组织;

④冷速下,所得$B_下$组织。

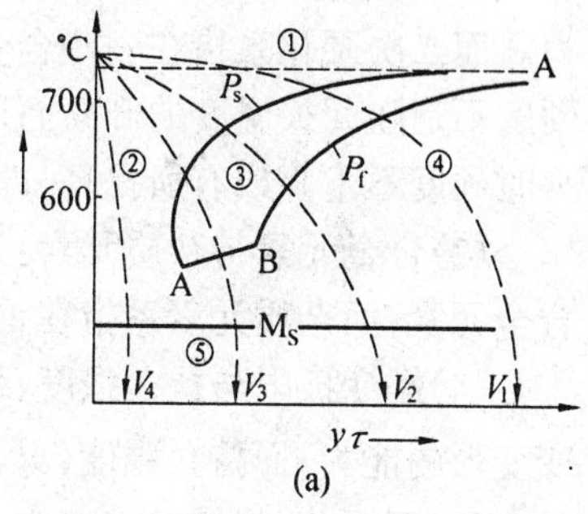

(a)

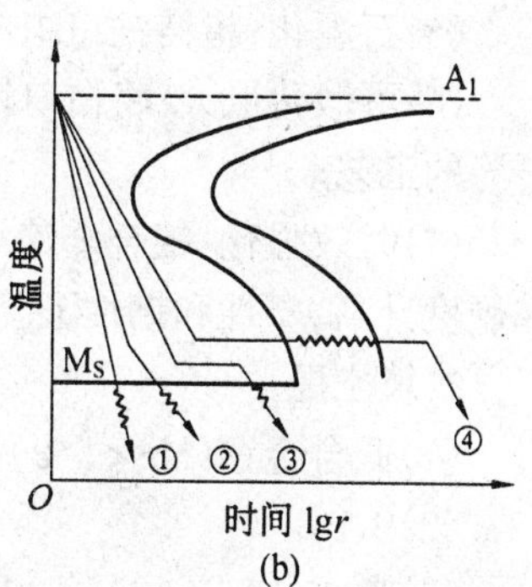

(b)

解题图4.1

6.综合分析题

(1)正火:预先热处理,调整硬度,改善切削加工性。

调质：赋予齿轮心部良好的综合性能，同时也为表面淬火作组织准备。

高频表面淬火+低温回火：最终热处理，赋予齿轮表面具有高硬度，高耐磨性，减少残余内应力。

使用态组织：表层 $M_{回}$；心部 $S_{回}$。

(2)正火：预先热处理，提高硬度，改善切削加工性。

渗碳：化学热处理，使表层获得高 C，为淬火作准备。

淬火+低温回火：最终热处理，使轴表面具有高硬度、高耐磨性，而心部具有高的强韧性。

使用态组织：表层，$M_{回}+K_{粒}+Ar$(少量)；心部，$M_{回}+F$(少量)

第5章

1.名词解释

(1)固溶处理与水韧处理：固溶处理系指将奥氏体不锈钢在 1 100℃加热，使所有碳化物都溶入奥氏体中，然后水中急冷，使碳化物来不及析出，获得单一奥氏体组织的处理方法。而水韧处理则指高锰钢为消除碳化物并获得单一奥氏体的热处理，即将钢件加热至 1 000～1 100℃，并在高温下保温一段时间，使碳化物完全溶解于奥氏体，然后于水中急冷，使奥氏体固定到室温的热处理工艺。

(2)回火稳定性与二次硬化：回火稳定性表示钢对于回火时发生软化过程的抵抗能力。而二次硬化系指在一些合金元素 W、Mo、Cr、V、Ti 等质量参数较高的钢中，回火后的硬度不是随回火温度的升高而连续下降，而是在某温度范围(一般为 500℃～600℃)内回火时硬度不下降或有所提高，即硬度达到峰值，这一现象称为二次硬化。

(3)合金元素与杂质元素：为改善钢的性能而有意识地加入到钢中的化学元素，称为合金元素；而杂质元素系指在钢的冶炼过程中不可避免地残留至钢中的化学元素。

(4)蠕变极限与持久强度：蠕变极限($\sigma_{\delta/t}^{T}$)：表示材料在高温长期载荷作用下，抵抗蠕变变形的能力；而持久强度(σ_{t}^{T})：表示材料在高温长期载荷作用下，抵抗断裂的能力。

(5)石墨化：指铸铁组织中石墨的形成过程。

(6)可锻化退火：将白口铸铁加热至高温，经长时间退火，使渗碳体分解，形成团絮状石墨的工艺。

(7)时效强化：铝合金淬火后在室温放置或加热至某一温度保温，随时间延长，其强度和硬度升高，塑性和韧性下降的现象。

2.填空题

(1)低合金钢(Me<5%)，中合金钢(Me=5%～10%)，高合金钢(Me>10%)

(2)S、P

(3)Ti、V、Nb、Zr、Al 等，Mn、P、C、N

(4)Co，右，减少，增加

(5)提高基体的电极电位，使之形成单相组织、形成钝化膜

(6)防止晶间腐蚀，细化晶粒

(7)高速，0.7~0.8;提高红硬性,提高淬透性,提高耐磨性,1 260℃~1 280℃淬火,560℃三次回火;$M_{回}+K+Ar$

(8)渗碳钢,提高淬透性、强化F,细化晶粒,渗碳+淬火+低温回火

(9)中等,淬透性、强化F,防止第二类回火脆性

(10)击碎莱氏体中粗大的K;提高红硬性;二次硬化;$M_{回火}+K+Ar$

(11)持久强度,温度600℃,时间1 000 h

(12)片状石墨,机床床身,机器底座等

(13)灰铸铁、可锻铸铁、球磨铸铁、蠕磨铸铁

(14)化学成分、冷却速度

(15)3,液态阶段石墨化、中间阶段石墨化和固态阶段石墨化

(16)石墨呈球状,对基体的割裂作用最小

(17) Cm,游离态各种石墨

(18)铝硅系铸造铝，Al、Si、Cu、Mg等

(19)在软基体上均匀分布着硬相质点或者在硬基体上均匀分布着软相质点

(20)软基体,硬相质点

3.是非题

(1)×　(2)√　(3)×　(4)√　(5)√　(6)×　(7)×　(8)×　(9)×　(10)√

(11)×　(12)×　(13)×　(14)√　(15)√　(16)×　(17)×　(18)×　(19)×

(20)√

4.选择题

(1)A　(2)B　(3)C　(4)A　(5)B　(6)A　(7)A　(8)C　(9)A

(10)A 40Cr　B 60Si2Mn　C GCr15　D W18Cr4V　E 16Mn　F Cr12MoV　G 1Cr18Ni9Ti　H T12

(11)B　(12)D　(13)A　(14)C　(15)C　(16)A　(17)A①;C②;B③　(18)B　(19)C　(20)D　(21)C　(22)D　(23)C　(24)C

5.综合分析题

(1)如题表5.1所示。

题表5.1　按用途填写钢号、类别等

钢　号	类　别	合金元素主要作用	最终热处理或使用态		用途举例
			工艺名称	相应组织	
16Mn	工程构件用钢	Mn:提高强度	热轧空冷	F+P	汽车车身
65Mn	弹簧钢	Mn:提高淬透性	淬火+中回	$T_{回}$	扁圆弹簧
20Cr	渗碳钢	Cr:提高淬透性	渗碳+淬低回	表 $M_{回}+K+A_R$ 心 F+P	受冲击齿轮
40Cr	调质钢	Cr:提高淬透性	调质	$S_{回}$	连杆螺栓
9SiCr	低合金刃具钢	Cr:提高淬透性,提高耐磨性	淬火+低回	$M_{回}+K+A_R$	丝锥
GCr15	滚动轴承钢		淬火+低回	$M_{回}+K+A_R$	轴承内外套圈

续题表 5.1

钢　号	类　别	合金元素主要作用	最终热处理或使用态		用途举例
			工艺名称	相应组织	
1Cr13	马氏体不锈钢	Cr:提高耐蚀性	淬火+高回	$S_{回}$	汽轮机叶片
5CrNiMo	热作模具钢	Ni:提高淬透性	淬火+高回	$S_{回}$	大型热锻模
Cr12MoV	冷作模具钢	Mo:提高耐磨性	淬火+低回	$M_{回}+K+A_R$	硅钢片冲模
W18Cr4V	高速钢	V:提高耐磨性	淬火+560℃回火	$M_{回}+K+A_R$	铣刀
1Cr18Ni9Ti	奥氏体不锈钢	Ti:防止晶间腐蚀	固溶处理	A	耐酸容器

(2)M的强化效果是由多种强化机制的综合作用来达到的。首先,M本身具有很高的位错密度,能产生位错强化;同时,高密度位错使原A晶粒分割成更加细小的M晶粒(M束),产生细晶强化;此外,M是碳在α-Fe中的过饱和固溶体,有很强的间隙固溶强化效果。回火后,尽管固溶强化、位错强化作用降低,但从基体中析出高度弥散的碳化物,能产生很强的析出强化,使钢仍保持高强度,由于导致脆化因素降低,使钢的韧性提高,因此钢经淬得M后再通过适当回火,可大大提高强韧性。另外,获得M工艺简便,较加入合金元素提高性能的方法更经济、方便,较单纯固溶强化、形变强化等的强化效果好。所以说,获得M及随后的回火处理,是钢中最经济而有效的强韧化方法。

(3)①HT200:HT代表灰铸铁,200表示其抗拉强度的最低值为200 MPa,可用作机床床身。

②KTH350-10:KTH代表黑心可锻铸铁,350表示其抗拉强度的最低值为350MPa,10表示最低伸长率为10%,可用作各种管接头。

③QT600-2:QT代表球磨铸铁,600表示其抗拉强度的最低值为600 MPa,2表示最低伸长率为2%,可用作小型柴油机曲轴等。

④ZChSnSb11-6:ZChSn代表锡基铸造轴承合金,主加元素 $w_{Sb}=11\%$,附加元素 $w_{Cu}=6\%$左右,可用作气轮机高速轴的轴瓦。

⑤ZL110:ZL1代表铝硅系铸造铝合金,10为顺序号,可用作铝活塞。

⑥20高锡铝:它表示 $w_{Sn}=20\%$的铝基滑动轴承合金,如高速汽车的柴油机上的滑动轴承合金。

第6章

1.名词解释

(1)金属陶瓷:由金属和陶瓷组成的复合材料。

(2)硬质合金:它是将某些难熔的碳化物粉末(如WC、TiC等)和粘结剂(如Co、Ni等)混合,加压成型,再经烧结而制成的金属陶瓷。

(3)单体与链节:能聚合成高聚物的低分子化合物称为单体;而链节指的是大分子链中的重复结构单元。链节可由一种单体所组成,亦可由两种或两种以上的单体所组成。

(4)玻璃态、高弹态与粘流态:它是聚合物的三种力学状态。玻璃态($T_b \sim T_g$)是聚合物作为塑料时的使用状态,此时高聚物形变很小,且随外力的消失而消失,高聚物呈刚硬的固体,其力学性能与低分子固体相近;高弹态($T_g \sim T_f$)系指随温度升高,高聚物由刚硬的固体变为柔软的具有极高弹性的固体的阶段,此时其弹性变形量可达原长的5% ~ 10%,可作为弹性材料使用;粘流态($T_f \sim T_d$)则指温度升高至 T_f 时,高聚物所特有的高弹态便消失,材料变成能流动的粘液,此时即使外力消失,形变也不会恢复。

2.填空题

(1)分子量很大的有机化合物,加成聚合、缩合聚合;塑料,橡胶,胶粘剂,纤维

(2)玻璃态,高弹态、粘流态,塑料,橡胶、胶粘剂

(3)配料、成型、烧结

(4)玻璃纤维、热固性塑料

(5)钨钴钛类硬质合金,由 WC,TiC、Co,高速切削刀具

(6)聚合物基、无机非金属基、金属基。

(7)强度、比模量,疲劳性能,热,润滑

(8)两种,两种以上,多相固体

(9)碳,石墨,碳

(10)碳化物 Co、Ni

3.选择题

(1)B,D　(2)D　(3)A　(4)B　(5)C,B　(6)A,C,B　(7)B　(8)A,B　(9)C　(10)B

4.判断题

(1)×　(2)×　(3)√　(4)√　(5)√　(6)×　(7)√　(8)√　(9)√　(10)√

5.综合分析题

(1)(略)。

(2)与金属材料相比聚合物材料有如下优点,如比重小,比强度高,耐化学性好,电绝缘性优异,耐磨性好。某些聚合物材料还具有一些特殊性能,如透明度高,弹性好等;聚合物材料的原料丰富,制造方便,加工成型简单。但聚合物材料存在如易老化、耐热性差、硬度、刚度不高等缺点。

第7章

1.名词解释

(1)失效:当零件由于某种原因丧失其规定的功能时,即发生了失效。

(2)使用性能、工艺性能与经济性原则:使用性能原则指材料应满足相应的力学性能以及特定的物理、化学性能指标,它反映材料在使用过程中所表现出来的特性;工艺性能是指材料制成零件过程中各种冷、热变形加工工艺(如铸造性能、压力加工性能、焊接性能、切削加工性能和热处理工艺性能等)对材料性能的要求,材料的工艺性能对于保证产品质量,降低成本,提高生产率有着重大的作用;而经济性原则是指选材应经济合理。

2.填空题

(1)使用性能原则,工艺性能原则、经济性能原则

(2)过量变形失效,断裂失效,表面损伤失效

(3)调质钢中的氮化,调质+氮化

(4)渗碳,渗碳+淬火+低温回火

(5)球墨铸铁

(6)碳工钢,淬火+低温回火

(7)调质

(8)调质,调质+表面淬火+低回

(9)渗碳,渗碳+淬火+低回

(10)坯料(型材或锻造),预先热处理(正火或退火),粗机械加工,最终热处理(淬回火,或固溶+时效,或表面热处理等),精加工,成品零件

3.选择题

(1)D,B; A,C　(2)D,A,C,B　(3) C　(4)B　(5)C　(6)D　(7)D,A,C,B　(8)A,C　(9)B,A,C　(10)A⑨,B④,C⑥,D⑩,E②,F①

4.判断题

(1)×　(2)×　(3)√　(4)√　(5)√　(6)×　(7)×　(8)√　(9)×　(10)√

5.综合分析题

(1)选45钢,进行调质+高频表面淬火+低温回火。

(2)选T12钢,工艺流程为:下料→锻造→球化退火→机加工→淬火+低温回火→磨加工。

3.2 综合模拟测试题

第1套

一、填空题

1.BCC,FCC,HCP　2.低,大　3.滑移,孪生　4.热处理,塑性变形,强度,硬度

5.渗碳体,共析、过共析,降低硬度,切削加工,淬火

6.奥氏体形核,奥氏体晶核长大,残余Fe3C溶解,奥氏体成分均匀化

7.打碎莱氏体中的粗大碳化物　8.时效强化　9.片状,团絮状,球状

10.使用性能,工艺性能,经济性能等(至少这三种)的统一

二、是非题

1.√　2.×　3.√　4.√　5.√　6.×　7.√　8.×　9.×　10.×

三、画图和计算题

1.因为纯铁在室温下为体心立方晶体结构,滑移系为{110}×〈111〉,所以应该沿综测题答图1.1所述的(011)晶面的〔$1\bar{1}1$〕晶向产生变形。

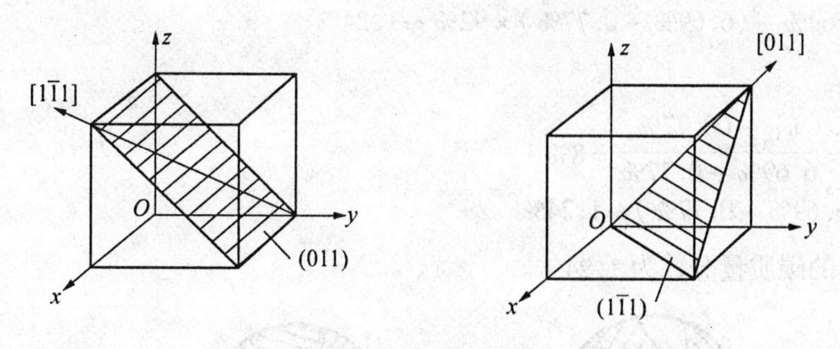

综测题答图 1.1

2.正确相图与成分标注如综测题图 1.2 的(a)图。

①相组分见(a)图;②组织组分见(b)图;③硬度与成分关系见(c)图。

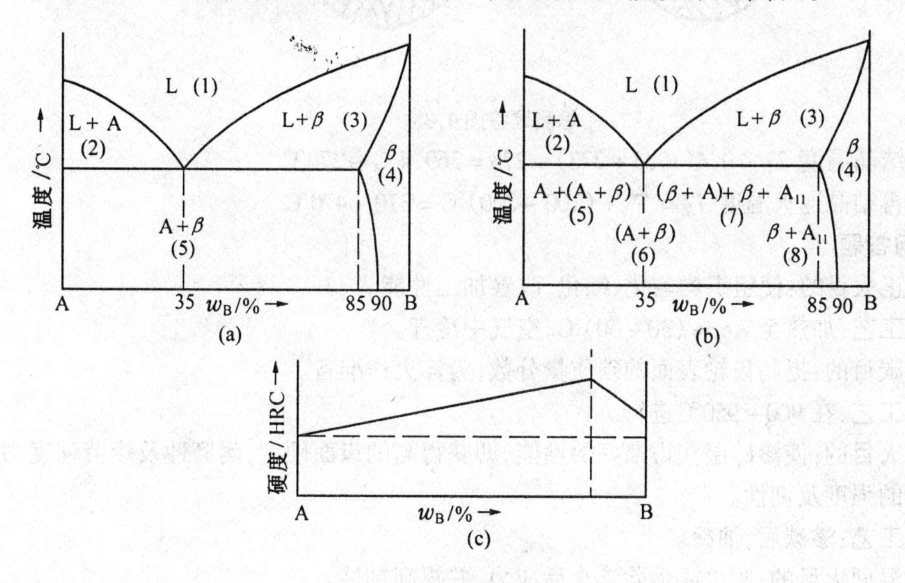

综测题答图 1.2

3.(1) A:亚共析钢; B:过共析钢。

(2):① 设 A 钢的碳质量分数为 w_{C_1}

$$P\% = \frac{w_{C_1}}{0.77\%} = 75\%$$

$$w_{C_1} = 0.77\% \times 75\% \approx 0.58\%$$

或

$$F\% = \frac{0.77\% - w_{C_1}}{0.77\%} = 25\%$$

$$w_{C_1} = 0.77 - 0.77\% \times 25\% \approx 0.58\%$$

答:A 钢的碳质量分数为 0.58%。

② 设 B 钢的碳质量分数为 w_{C_2}

$$P\% = \frac{6.69\% - w_{C_2}}{6.69\% - 0.7\%} = 92\%$$

$w_{C_2} = 6.69\% - (6.69\% - 0.77\%) \times 92\% \approx 1.24\%$

或

$$Cm_{II}\% = \frac{w_{C_2} - 00.77\%}{6.69\% - 0.77\%} = 8\%$$

$w_{C_2} = (6.69\% - 0.77\%) \approx 1.24\%$

答:B 钢的碳质量分数为 1.24%。

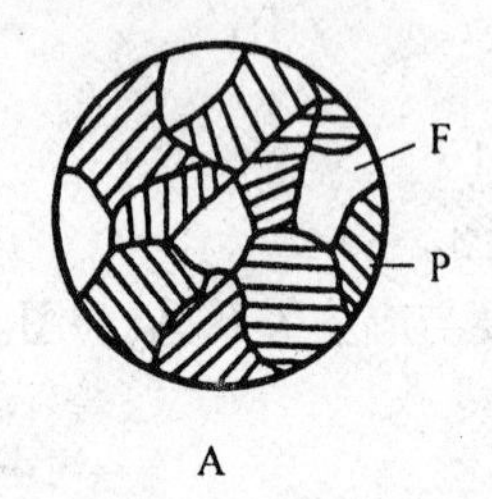

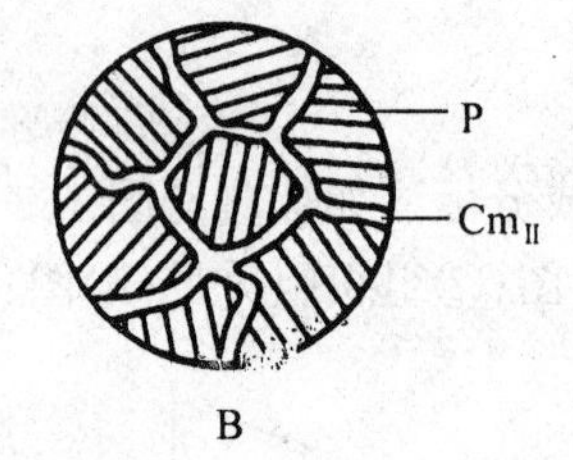

综测题答图 1.3

4.再结晶温度 $T_R \approx 0.4(1083 + 273) - 273 = 269.4℃ \approx 270℃$

铜的再结晶退火温度 $T_Z = T_R + (100 \sim 200)℃ = 370 \sim 470℃$

四、问答题

1.①正火目的:使组织均匀化、细化,改善加工性能。

正火工艺:加热至 $Ac_3 + (30 \sim 50)℃$,空气中冷却。

②渗碳目的:提高齿轮表面的碳质量分数,为淬火作准备。

渗碳工艺:在 900 ~ 950℃进行。

③淬火目的:使渗碳层获得最好的性能,即获得高的齿面硬度,耐磨性及疲劳强度,并保持心部的强度及韧性。

淬火工艺:渗碳后,油冷。

④低温回火目的:减少或消除淬火后应力,并提高韧性。

低温回火工艺:加热至(150 ~ 200)℃进行。

2.机器零件选材的三个原则是:使用性能原则,工艺性能原则及经济性原则。

3.

序　号	钢　号	热处理方法	主要用途举例
1	40Cr	调质(淬火 + 高回)	轴类零件
2	GCr15	淬火 + 低温回火	轴承
3	20Cr	渗碳 + 淬火 + 低回	机床齿轮类零件
4	16Mn	热轧(或正火)	容器、桥梁

第2套

一、是非题

1.✓　2.✕　3.✓　4.✓　5.✕　6.✕　7.✓　8.✕　9.✕　10.✓

二、画图和计算题

1.注:[1 0 0]与 x 轴方向相同

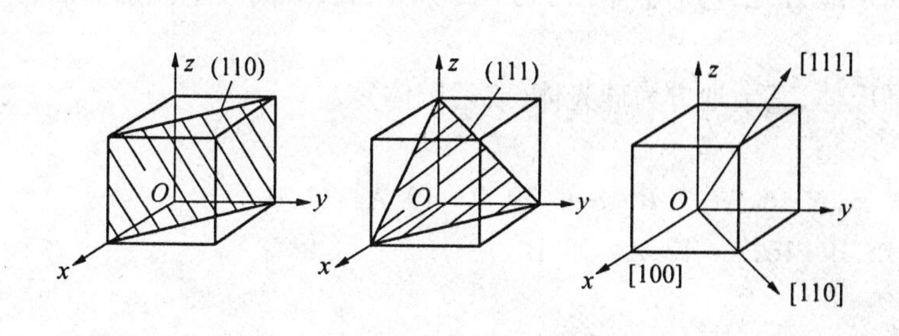

综测题答图 2.1

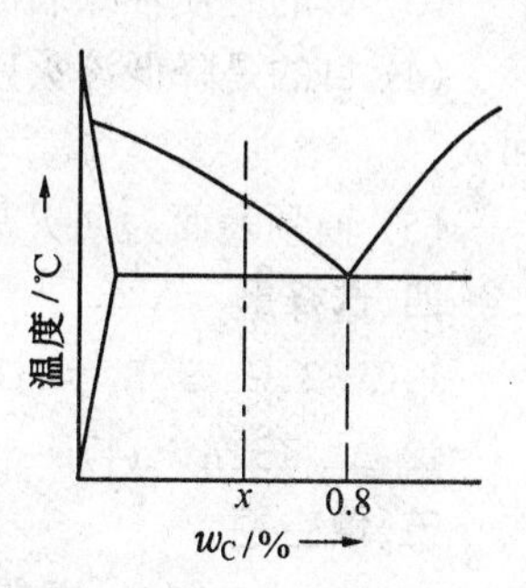

综测题答图 2.2

2. $T_R = 0.4 \times (660 + 273) = 373\ K = 100\ ℃$

铝的再结晶退火温度 $T_Z = T_R + (100 \sim 200)℃ = 200 \sim 300℃$

3.(1) 合金的 $w_C \approx 0.45\%$,可应用杠杆定律进行计算(解题过程略);也可用分析方法进行计算;按题指出,合金应为亚共析钢,合金中的碳应全部分布在珠光体内(铁素体中的碳忽略不计)。所以合金中 $w_C = 56\% \times 0.8\% = 0.45\%$。

(2) 合金的硬度≈147 HBW,按相图与性能的对应规律,合金的硬度应与碳质量分数成直线关系,具体数值决定于组织组成物的硬度和相对数量,所以,

合金的硬度 $= 200 \times 56\% + 80 \times 44\% \approx 147$ HBW

三、问答题

1.α 相是碳在 α - Fe 中的固溶体,具有体心立方结构

γ 相是碳在 γ - Fe 中的固溶体,具有面心立方结构

Fe_3C 相是碳与铁的(金属)化合物,具有复杂的晶体结构

2.ECF 水平线,冷却时发生共晶转变,$Lc \xrightarrow{1148℃} \gamma_E + Fe_3C$,生成莱氏体(或 Ld)

PSK 水平线,冷却时发生共析转变,$\gamma_S \xrightarrow{727℃} \alpha_P + Fe_3C$ 生成珠光体(或 P)

ES 线,冷却时发生 γ - Fe_3C 转变,析出二次渗碳体(或 Fe_3C_{II}、或 Cm_{II})

GS 线,冷却时发生 γ - α 转变,析出铁素体(或 F、或 α 相)

3.

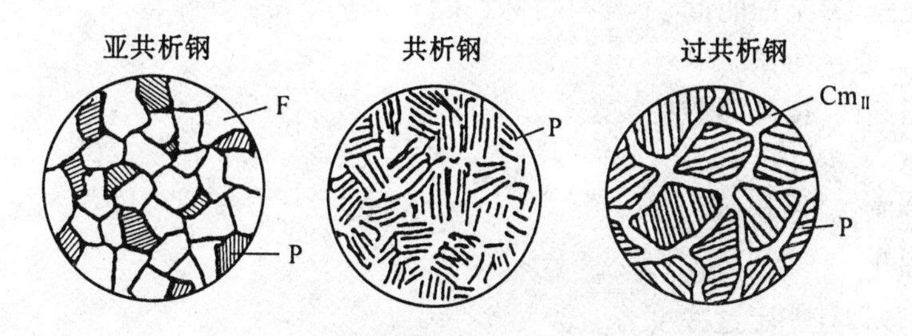

综测题答图 2.3

4.(1) 45 钢(或其他中碳合金钢);

(2) 目的是获得主轴整体所要求的性能和便于机加工;工艺是加热到 850℃左右,空

气冷却;

(3) 目的是使轴颈表面的硬度满足要求;工艺是轴颈表面高频电流加热,水中冷却;

(4) 目的是降低淬火残余应力;工艺是整体在 170 ~ 200℃回火,或高频电流加热后自回火;

(5) 轴颈表面为回火马氏体,其余地方为珠光体(或索氏体)。

四、选择题

1.C 2.C 3.B 4.C 5.A 6.A 7.B 8.C 9.B 10.A 11.B

12.A 13.A 14.D 15.B 16.A 17.A 18.B

五、填空题

1.0.7% ~ 0.8%,提高钢的红硬性(或热硬性),提高钢的淬透性,提高钢的耐磨性或细化晶粒)

2.(1) 普通低合金钢,桥梁(或压力容器)

(2) 合金渗碳钢,齿轮(或活塞销)

(3) 合金调质钢,轴(或连杆螺栓)

(4) 合金弹簧钢,板簧(或弹簧钢丝)

(5) 滚动轴承钢,滚珠(或轴承套圈)

3.(1) Fe_3C(或渗碳体),犁铧 (2) (片状)石墨,机床床身

(3) 管接头 (4)曲轴

4.过量塑性变形,断裂,表面损伤

5.玻璃纤维,树脂

第3套

一、是非题

1.× 2.✓ 3.× 4.× 5.× 6.✓ 7.✓ 8.✓ 9.× 10.×

二、选择题

1.A 2.B 3.B 4.C 5.C 6.D 7.D 8.C 9.C 10.B

三、填空题

1.体心立方,面心立方

2.淬透性差,力学性能低、不具有特殊性能

3.形态,普通灰铸铁

4.提高耐蚀性,提高淬透性

5.密度小

6.铸件壁厚,铸型材料

7.时效强化

8.规则排列,有一定过冷度

9.切,滑移,位错在切应力作用下,晶粒的制约,位向

10.退火或正火

四、简答题

1.略。

2.高强度、足够的塑性和韧性、良好的焊接性,桥梁。

3.成分和冷速。

4.比强度高,耐磨性和减摩性,高弹性但强度不高。

五、综合题

1.相组分 $w_F = 83.6\%$;　$w_{Fe_3C} = 1 - w_F = 16.4\%$

组织组分 $w_P = 96.1\%$;$w_{Fe_3C_{II}} = 1 - w_P = 3.9\%$

2.(1)亚共析钢和过共析钢。(2)略。(3)0.45%,1.2%;钢号分别是45,T12钢。

(4)调质830℃淬火+600℃回火,760℃淬火+200℃回火。

3.(1)略。(2)冷却速度增大,珠光体类组织变细或得到马氏体类组织,使钢硬度增大。(3)回火温度升高,过饱和α-Fe中碳质量分数降低→碳化物聚集长大→F再结晶,硬度下降。

4.(1)锻坯-退火-机械加工-淬火+3次回火-磨削加工-蒸汽处理。

(2)锻造　成形,打碎粗大碳化物并使其均匀。

退火　降低硬度、均匀组织,改善切削加工性能。

淬火　获得M,提高工件的硬度和耐磨性;

回火　消除淬火内应力,尽量减小 A_R 量;

蒸汽处理　提高工件表面的耐磨性。

(3)1260~1280℃加热,分级淬火;560℃回火3次;$M_{回} + K_{粒状}$ + 少量 A_R。

5.解答:

选材	最终热处理	使用状态的组织
45	调质+齿面表面淬火、低回	表面:$M_{回}$;心部:$S_{回}$
20CrMnTi	渗碳+淬火+低温回火	表面:$M_{回} + K_{粒状}$ + 少量 A_R;心部:$M_{回}$ + F
1Cr18Ni9Ti	固溶处理	单相 A
60Si2Mn	淬火+中温回火	$T_{回}$
T12	淬火+低温回火	$M_{回} + K_{粒状}$ + 少量 A_R
W18Cr4V	淬火+3次回火	$M_{回} + K_{粒状}$ + 少量 A_R

第4套

一、是非题

1.√　2×　3.×　4.×　5.√　6.×　7.√　8.√　9.×　10.√

二、选择题

1.B　2.D　3.C　4.D　5.B　6.D　7.D　8.A　9.B　10.C

三、填空题

1.形核,长大　2.退火,调质　3.固溶体,金属化合物　4.回复、再结晶、晶粒长大

5.S、P　6.铁素体(即F),渗碳体(即 Fe_3C)　7.减少 A_R,M

8.渗碳体(即 Fe_3C),石墨(即G)　9.温度恒定成分固定,$L_C \xrightarrow{恒温} \alpha_A + \beta_B$　10.0.7%,高

四、简答题

1.碳在 α－Fe 中的间隙固溶体,具有体心立方结构

碳在 γ－Fe 中的间隙固溶体,具有面心立方结构

Fe 和 C 形成的金属化合物,具有复杂晶体结构。

2.略。

3.正火:空冷,工艺简单,主要得到层片状 S 组织,综合力学性能稍差;

调质:淬火＋高温回火,工艺复杂,主要得到 $S_{回}$,综合力学性能好。

4.略。

五、综合题

1.冷变形强化,淬火＋回火,表面淬火,冷变形强化,时效强化。

2.溶质元素溶入晶格引起畸变,位错增殖,硬质点使位错运动阻力加大;区别略。

3.A.退火 B.正火 C.等温淬火 D.不完全淬火 E.完全淬火,图略

4.(1)40Cr,正火,表面淬火＋低温回火

(2)38CrMoAl,退火,调质,去应力退火,氮化

5.作为表面淬火用钢,30 钢的碳质量分数偏低,淬火后的硬度不能达到设计要求,可采用渗碳后进行淬火。

第4篇　实验指导

实验教学是高等工程教育教学体系的重要组成部分，是培养学生独立分析与解决实际问题能力、强化工程素质、培育创新思维与创新能力的最为重要的一个环节。本实验指导的目的在于，引领学生主动掌握分析常用机械工程材料的基本技能，熟练地把握基本实验技巧，并且培育学生独立动手、动脑开展综合实验操作与总结的初步能力。

4.1　实 验 要 求

1.实验前认真做好预习

认真阅读指导书，明确实验目的，了解实验内容及注意事项等。

2.实验纪律

(1) 上实验课不迟到，不早退，不旷课；无故迟到两次者实验成绩记为不合格；病假、事假需有医生或班主任证明；无故旷课者不予补做实验，该次实验成绩记为零分。

(2) 实验时必须听从指导教师安排，严格遵守纪律；不准打闹，不得随意动用与本次实验无关的设备、试样等，严格遵守操作规程，切实注意人身及设备、仪器安全。

(3) 损坏仪器、设备根据情节轻重按学校规定须进行全部或部分赔偿。

(4) 实验完毕，应主动整理好仪器、试样等，将所有物品归还原位，并安排值日生清扫实验场地。

3.实验报告

认真做好实验报告，按时上交。

4.2　基本实验技能

实验1　金相显微镜的结构、使用与金相试样的制备

一、实验目的

(1) 了解金相显微镜的结构及原理；

(2) 熟悉金相显微镜的使用与维护方法；

(3) 了解侵蚀的基本原理，并熟悉其基本操作；

(4) 掌握金相试样制备的基本操作方法。

二、金相显微镜的原理、构造及使用

金相分析是研究工程材料内部组织结构的主要方法之一,特别是在金属材料研究领域中占有很重要的地位。而金相显微镜是进行显微分析的主要工具,利用金相显微镜在专门制备的试样上观察材料的组织和缺陷的方法,称为金相显微分析。显微分析可以观察、研究材料的组织形貌、晶粒大小、非金属夹杂物——氧化物、硫化物等在组织中数量和分布情况等问题,即可以研究材料的组织结构与其化学成分(组成)之间的关系,确定各类材料经不同加工工艺处理后的显微组织,可以判别材料质量的优劣等。

在现代金相显微分析中,使用的主要仪器有光学显微镜和电子显微镜两大类。由于光学的原因,金相显微镜的放大倍数为几十倍到 2 000 倍,鉴别能力为 250 nm 左右,若观察工程材料的更精细结构(如嵌镶块等),则要用近代技术中放大倍数可达几十万倍的透射、扫描电子显微镜及 X 光射线技术等。以下仅对常用的光学金相显微镜作一简介。

1. 金相显微镜的基本原理

显微镜的简单基本原理如实图 1.1、1.2 所示。它包括两个透镜:物镜和目镜。对着被观察物体的透镜,叫做物镜;对着人眼的透镜,叫做目镜。被观察物体 AB,放在物镜前较焦点 F_1 略远一点的地方。物镜使物体 AB 形成放大的倒立实像 A_1B_1,目镜再把 A_1B_1 放大成倒立的虚像 $A'_1B'_1$,它正在人眼明视距离处,即距人眼 250 mm 处,人眼通过目镜看到的就是这个虚像 $A'_1B'_1$。显微镜的主要性能有:

(1) 显微镜的放大倍数

显微镜的放大倍数等于物镜和目镜单独放大倍数的乘积,即物镜放大倍数 $M_{物} = A_1B_1/AB$;目镜放大倍数 $M_{目} = A'_1B'_1/A_1B_1$;显微镜放大倍数 $M = A'_1B'_1/AB = M_{物} \times M_{目}$。物镜和目镜的放大倍数刻在嵌圈上,例如 10 ×、20 ×、45 × 分别表示放大 10 倍、20 倍、45 倍。

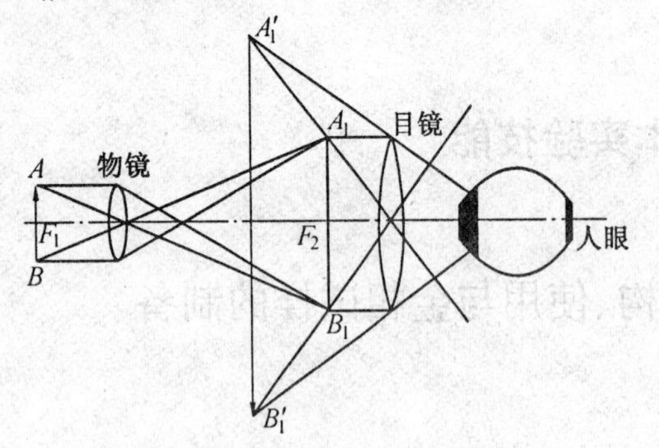

实图 1.1 显微镜成像的光学简图

实图 1.2 物镜的孔径角

(2) 显微镜的鉴别率

显微镜的鉴别率是指它能清晰地分辨试样上两点间最小距离 d 的能力,d 值越小,鉴别率就越高。鉴别率是显微镜的一个最重要的性能,它决定于物镜数值孔径 A 和所用的光线波长 λ,可用下式表示

$$d = \frac{\lambda}{2A}$$

式中　λ—— 入射光线的波长；

　　　A—— 物镜的数值孔径；

λ 越小，A 越大，则 d 越小。光线的波长可通过滤色片来选择。蓝光的波长（$\lambda = 0.44\ \mu m$）比黄绿光的大25%。当光线波长一定时，可改变物镜数值孔径来调节显微镜的鉴别率。

（3）物镜数值孔径

数值孔径表示物镜的聚光能力，其大小为

$$A = n \cdot \sin \alpha$$

式中　n—— 物镜与试样之间介质的折射率；

　　　α—— 物镜孔径角的一半（实图1.2）。

n 越大或 α 角越大，A 越大。由于 α 总是小于90°，当介质为空气时（$n = 1$），A 一定小于1；当介质为松柏油时（$n = 1.5$），A 值最高可达1.4。物镜上都刻有 A 值，如0.25、0.65等。

2.显微镜的构造

金相显微镜的种类和类型很多，但最常见的形式有台式、立式和卧式三大类。金相显微镜的构造通常由光学系统、照明系统以及机械系统三大部分组成。有的显微镜还附带有照相摄影装置。现以国产XJB－1型金相显微镜为例进行说明。

XJB－1型金相显微镜的结构如实图1.3所示。由灯泡发出一束光线，经聚光镜组及反光镜被汇聚在孔径光阑上，然后经过聚光镜，再度将光线聚集在物镜的后焦面上，最后经过物镜，使试样表面得到充分均匀的照明。从试样反射回来的光线复经物镜、辅助透镜、半反射镜以及棱镜，造成一个物体的倒立放大实像。该像再经场透镜和目透镜组成的目镜放大，即可得到所观察的试样表面的放大图像。

XJB－1型金相显微镜各部件的功能及使用简单介绍如下。

（1）照明系统

在底座内装有作为光源的低压（6～8 V，15 V）灯泡，由变压器降压供电，靠调节次级电压（6～8 V）来改变灯光的亮度。聚光镜、反光镜及孔径光阑⑭等均装在圆形底座上，视场光阑⑬及另一聚光镜安在支架上，它们组成显微镜的照明系统，使试样表面获得充分、均匀的照明。

（2）调焦装置

在传动箱⑤的两侧有粗动和微动调焦手轮（⑥和⑦），转动粗调焦手轮可使支承载物台的弯臂做上下移动。微调焦手轮转动时仅使弯臂上下缓慢移动。

（3）载物台

载物台①用于放置金相试样，它与下面托盘之间的导架连接，移动结构采用粘性油膜连接，在手的推动下，可使载物台做水平移动，以改变试样的观察部位。

（4）孔径光阑和视场光阑

孔径光阑⑭装在照明反射镜座上面，刻有0～5分刻线上，它表示孔径大小的毫米数，视场光阑⑬装在物镜支架下面，可以旋转滚花套圈来调节视场光阑大小。在套圈上方有两个滚花螺钉，用来调节视场光阑中心，通过调节孔径和视场光阑的大小，可以提高后

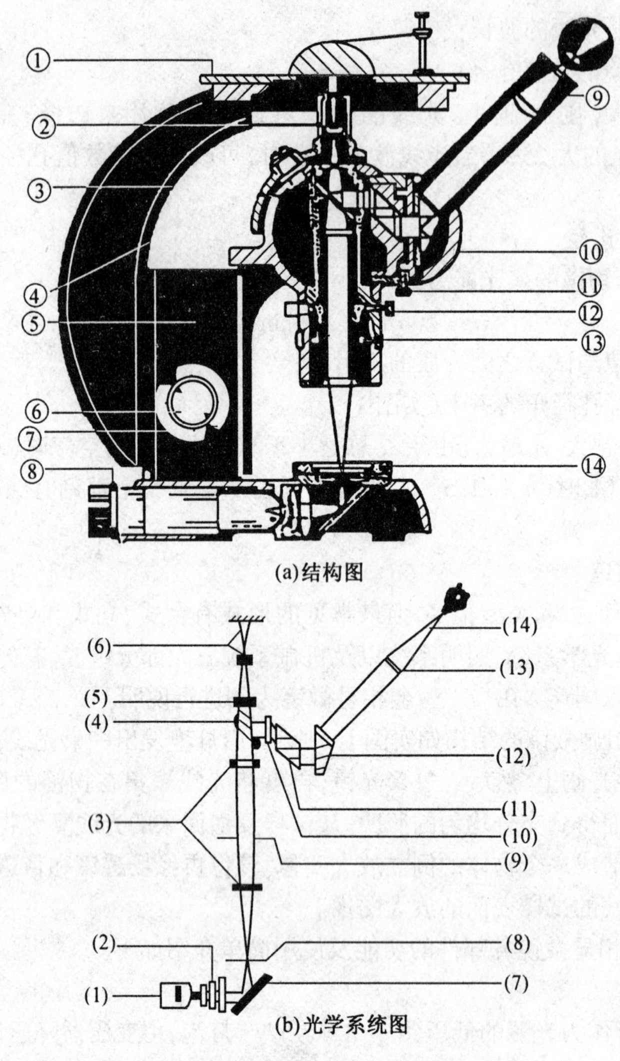

实图 1.3　XJB－1型金相显微镜

映像的质量。

(5) 物镜转换器和物镜

物镜转换器 ④ 呈球面形,上面有三个螺钉;物镜 ② 装在螺孔中;旋转转换器可使物镜镜头进入光路,并与不同的目镜匹配成各种放大倍数。

(6) 目镜管和目镜

目镜管 ⑩ 呈 45° 倾斜式安装在附有棱镜的半球形座上。

3. 显微镜操作和注意事项

金相显微镜是贵重的精密光学仪器,在使用中必须十分爱护,自觉遵守操作程序。

(1) 显微镜的操作规程

① 选用适当载物台,将试样放在载物台上。

② 按观察需要,选择物镜和目镜,转动粗调焦手轮,升高载物台,并将物镜和目镜分别装在物镜转换器及目镜管上。

③ 将灯泡的导线插头插入5 V或6 V变压器上(照相时用8 V),并把变压器与电源相接,使灯泡发亮。

④ 转动粗调焦手轮,使载物台下降,待看到组织后,再转动微调焦手轮直至图像清晰为止。

⑤ 缩小视场光阑,使其中心与目镜视场中心大致重合,然后打开视场光阑,使其像恰消失于目镜视场之外。

⑥ 根据所观察试样的要求,调整孔径光阑的大小。

(2) 操作注意事项

① 不能用手触摸目镜、物镜镜头。

② 不能用手触摸金相试样的观察面,要保持干净,观察不同部位组织时,可以平推载物台,不要挪动试样,以免划伤表面。

③ 照明灯泡电压一般为6 V、8 V,必须通过降压变压器使用,千万不可将灯泡插头直接插入220 V电源,以免烧毁灯泡。

④ 操作要细心,不得有粗暴和剧烈的动作,调焦距时要慢慢下降载物台 ⑯ 使试样接近物镜,但不要碰到物镜,以免磨损物镜。

⑤ 使用中出现故障和问题,立即报告指导教师处理。

⑥ 使用完毕后,把显微镜恢复到使用前的状态并罩好显微镜,方可离开实验室。

三、金相试样的制备

金相试样的制备过程包括取样、磨制、抛光、侵蚀等几个步骤,制备好的试样应能观察到真实组织,无磨痕、麻点、水迹,并使金属组织中的夹杂物、石墨等不脱落,否则将会严重影响显微分析的正确性。

1.取样

显微试样的选取应根据研究目的,取其具有代表性的部位,例如,在检验和分析失效零件的损坏原因时,除了在损坏部位取样外,还需要在距破坏较远的部位截取试样,以便比较;在研究金属铸件组织时,由于存在偏析现象,必须从表层到中心同时取样进行观察;对轧制和锻造材料,则应同时截取横向(垂直于轧制方向)及纵向(平行于轧制方向)的金相试样,以便于分析比较表层缺陷及非金属夹杂物的分布情况;对于一般热处理后的零件,由于金相组织比较均匀,试样的截取可在任一截面进行。

试样的截取方法视材料的性质不同而异,软的金属可用手锯或锯床切割,硬而脆的材料(白口铸铁)则可用锤击打下,对极硬的材料(如淬火钢),则可采用砂轮片切割或电脉冲加工。但不论用哪种方法取样,都应避免试样受热或变形而引起金属组织变化。为防止受热,必要时应随时用水冷却试样。试样尺寸一般不要过大,应便于握持和易磨制。其尺寸常采用直径为12 ~ 15 mm的圆柱体或边长为12 ~ 15 mm的方形试样。对形状特殊或尺寸细小不易握持的试样,或为了试样不发生倒角,可采用实图1.4所示的镶嵌法或机械装夹法。

镶嵌法是将试样镶嵌在镶嵌材料中,目前使用的镶嵌材料有热固性塑料(如胶木粉)及热塑性材料(聚乙烯、聚合树脂)等。此外还可将试样放在金属圈内,然后注入低熔点物质，如硫磺、低熔点合金等。

2. 磨制

试样的磨制一般分为粗磨和细磨两道工序。

粗磨的目的是为了获得一个平整的表面。试样截取后，将试样的磨面用砂轮或锉刀制成平面，同时尖角倒圆。在砂轮上磨制时，应握紧试样，压力不宜过大，并随时用水冷却，以防受热引起金属组织变化。经粗磨后试样表面虽较平整，但仍存在有较深的磨痕。

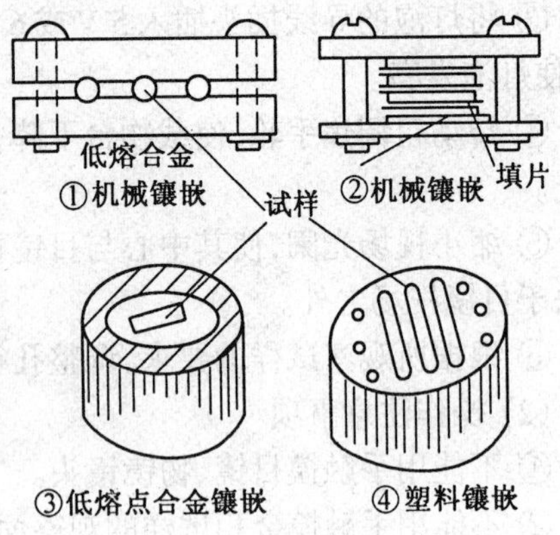

实图 1.4　金相试样的镶嵌方法图

细磨的目的就是为了消除这些磨痕，以得到平整而光滑的磨面，并为进一步的抛光做好准备，如实图1.5所示。将粗磨好的试样用水冲洗并擦干后，随即依次用由粗到细的各号金相砂纸将磨面磨光。常用的砂纸号数有01、02、03、04四种，前者磨粒较粗，后者较细。磨制时砂纸应平铺于厚玻璃板上，左手按住砂纸，右手握住试样，使磨面朝下并与砂纸接触，在轻微压力作用下向前推行磨制，用力要均匀，务求平稳，否则会使磨痕过深，而且造成磨面的变形。试样退回时不能与砂纸接触，以保证磨面平整而不产生弧度。这样“单程单向”地反复进行，直至磨面上旧的磨痕被去掉，新的磨痕均匀一致时为止。在调换下一号更细砂纸时，应将试样上磨屑和砂粒清除干净，并转动90°，即与上一道磨痕方向垂直。为了加快磨制速度，除手工磨制外，还可以将不同型号的砂纸贴在带有旋转圆盘的预磨机上，实现机械磨制。

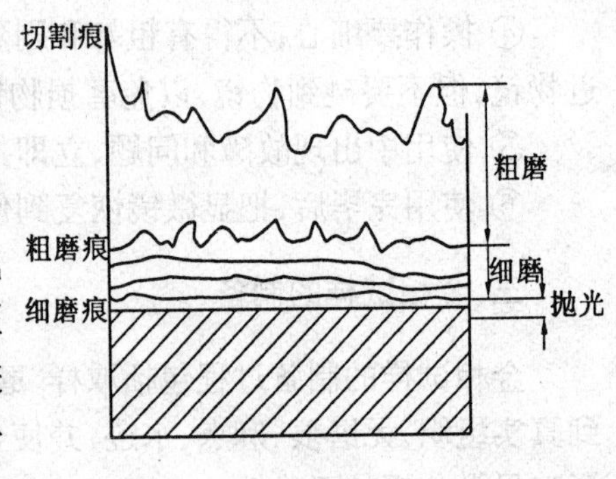

实图 1.5　试样磨面上磨痕变化情况示意图

3. 抛光

抛光的目的在于去除细磨时磨面上遗留下来的细微磨痕和变形层，以获得光滑的镜面。常用的抛光方法有机械抛光、电解抛光和化学抛光三种，其中以机械抛光应用最广，本实验以介绍机械抛光为主。

机械抛光是在专用的抛光机上进行。抛光机主要由电动机和抛光圆盘（直径200 ~ 300 mm）组成，抛光盘转速为200 ~ 600 r/min。抛光盘上辅以细帆布、呢绒、丝绸等。抛光时在抛光盘上不断滴注抛光液。抛光液通常采用Al_2O_3、MgO或Cr_2O_3等细粉末（粒度约为0.3 ~ 1 mm）在水中的悬浮液。机械抛光就是靠极细的抛光粉对磨面的机械作用来消除磨痕而使其成为光滑的镜面。

抛光织物和磨料可按不同要求选用。对于抛光织物的选用，钢一般用细帆布和丝绒；为防止石墨脱落或曳尾，灰铸铁可用没有绒毛的织物；铝、镁、铜等有色金属可用细丝绒。对于磨料的选用，一般来说，钢、铸铁可用氧化铝、氧化铬及金刚石研磨膏，有色金属等软材料可用细粒度的氧化镁。

在实际使用中，应根据织物的性能及被抛光试样的特点，灵活选用。操作时将试样磨面均匀地压在旋转的抛光盘上，并沿盘的边缘到中心不断做径向往复运动，同时，试样自身略加转动，以便试样各部分抛光程度一致及避免曳尾现象的出现。抛光过程中抛光液滴注量的确定以试样离开抛光盘后试样表面的水膜在数秒钟可自行挥发为宜。抛光时间一般为 3 ~ 5 min。

抛光后的试样，其磨面应光亮无痕，且石墨或夹杂物等不应抛掉或有曳尾现象。抛光后的试样应该用清水冲洗干净，然后用酒精冲去残留水滴，再用吹风机吹干。

4. 侵蚀

抛光后的试样磨面是一光滑镜面，若直接放在显微镜下观察，只能看到一片亮光，除某些非金属夹杂物、石墨、孔洞、裂纹外，无法辨别出各种组成物及其形态特征。必须经过适当的侵蚀，才能使显微组织正确地显示出来。目前，最常用的侵蚀方法是化学侵蚀法。

化学侵蚀是将抛光好的试样磨面在化学侵蚀剂（常用酸、碱、盐的酒精或水溶液）中侵蚀或擦拭一定时间。由于金属材料中各相的化学成分和结构不同，故具有不同的电极电势，在浸剂中就构成了许多微电池，电极电势低的相为阳极而被溶解，电极电势高的相为阴极而保持不变。故在侵蚀后就形成了凹凸不平的表面，在显微镜下，由于光线在各处的反射情况不同，就能观察到金属的组织特征。

纯金属及单相合金侵蚀时，由于晶界原子排列较乱，缺陷及杂质较多，具有较高的能量，故晶界易被侵蚀而呈凹沟。在显微镜下观察时，使光线在晶界处被漫反射而不能进入物镜，因此显示出一条条黑色的晶界，如实图 1.6(a) 所示。对于两相合金，由于电极电势不同，负电势的一相被腐蚀形成凹沟，当光线照射到凹凸不平的试样表面时，就能看到不同的组成相，如实图 1.6(b) 所示。

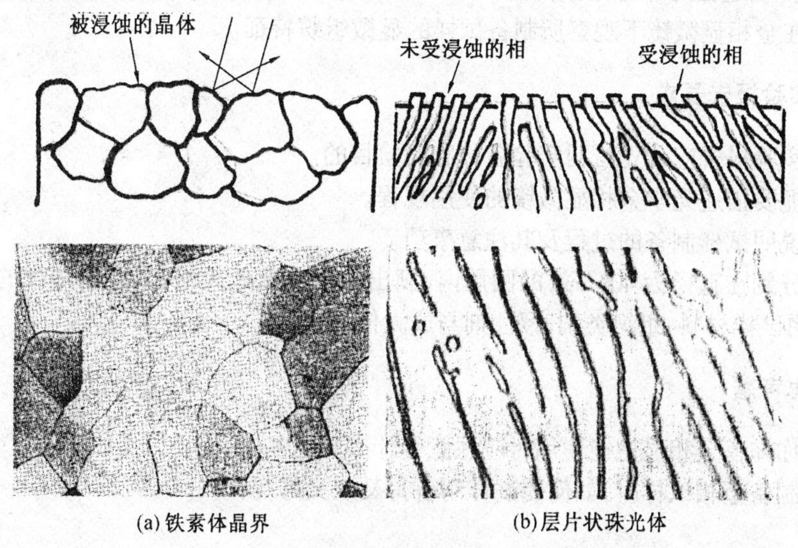

实图 1.6　单相和两相组织的显示图

应当指出，金属中各个晶粒的成分虽然相同，但由于其原子排列位向不同，也会使磨面上各晶粒的侵蚀程度不一致，在垂直光线照射下，各个晶粒就呈现出明暗不一的颜色。

化学侵蚀剂的种类很多，应按金属材料的种类和侵蚀的目的，选择恰当的侵蚀剂。

侵蚀时，应将试样磨面向上浸入一盛有侵蚀剂的容器内，并不断地轻微晃动(或用棉花沾上侵蚀剂擦拭磨面)，待侵蚀适度后取出试样，迅速用水冲洗，接着用酒精冲洗，最后用吹风机吹干，其表面需严格保持清洁。侵蚀时间要适当，一般试样磨面发暗时就可停止，其时间取决于金属的性质、侵蚀剂的浓度以及显微镜下观察时的放大倍数。总之，侵蚀时间以在显微镜下能清晰地显示出组织的细节为准。若侵蚀不足，可再重复进行侵蚀，但一旦侵蚀过度，试样则需重新抛光，甚至还需在最后一号砂纸上进行磨光。

四、实验设备及材料

(1) 光学金相显微镜。

(2) 工业纯铁铁素体、T8 钢珠光体显微组织试样。

(3) 试样切割机、砂轮机、预磨机、抛光机、抛光粉；不同型号的金相砂纸。

(4) 低碳钢、45 钢试样等。

(5) $w_{(HNO_3)} = 3\%$ 的硝酸酒精溶液、苦味酸酒精溶液、酒精、棉花、吹风机等。

五、实验内容及步骤

(1) 实验前必须仔细阅读实验教程的有关内容。

(2) 听取实验指导教师讲解金相显微镜的构造、使用方法等，熟悉显微镜的构造及使用规程。

(3) 熟悉金相显微镜的放大倍数与数值孔径、鉴别能力之间的关系。

(4) 由指导教师讲解金相试样制备的基本操作过程，然后学生人手一块试样，分别进行试样制备全过程的练习，直到制成合格的金相试样。

(5) 在金相显微镜下观察所制备试样的显微组织特征。

六、实验报告要求

(1) 实验报告应首先写明实验名称和实验目的。

(2) 扼要描述光学金相显微镜的使用规程。

(3) 说明试样制备的过程及其注意事项。

(4) 分别在直径为 400 mm 的圆周内，画出经侵蚀后低碳钢、共析钢试样的显微组织图，并注明试样材料、组织类别、侵蚀剂与放大倍数等。

七、思考题

(1) 你知道金相显微镜使用时应注意些什么问题吗?

(2) 制备金相试样时，如何使试样制备得又快又好呢?

实验2　材料硬度的实验测定

一、实验目的

(1) 了解硬度测定的基本原理及常用硬度试验法的应用范围。

(2) 学会正确使用硬度计。

二、实验说明

1.概述

硬度是指材料抵抗另一较硬的物体压入表面抵抗塑性变形的一种能力，是重要的力学性能指标之一。与其他力学性能相比，硬度试验简单易行，又无损于工件，因此在工业生产中被广泛应用。常用的硬度试验方法有：

布氏硬度试验——主要用于黑色、有色金属原材料检验，也可用于退火、正火钢铁零件的硬度测定。

洛氏硬度试验——主要用于金属材料热处理后的产品性能检验。

维氏硬度试验——用于薄板材或金属表层的硬度测定，以及较精确的硬度测定。

显微硬度试验——主要用于测定金属材料的显微组织组分或相组分的硬度。

2.布氏硬度试验

(1) 原理

用载荷 P 把直径为 D 的淬火钢球压入试件表面，并保持一定时间，而后卸除载荷，测量钢球在试样表面上所压出的压痕直径 d，从而计算出压痕球面积 A，然后再计算出单位面积所受的力(P/A 值)，用此数字表示试件的硬度值，即为布氏硬度，用符号 HB 表示。布氏硬度试验原理如实图 2.1 所示。

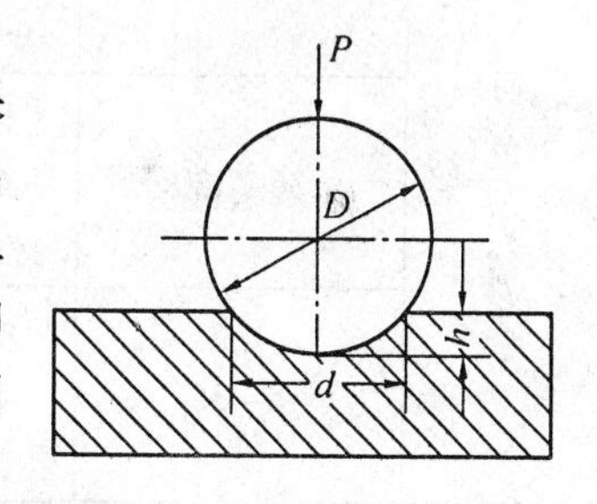

实图 2.1　布氏硬度计试验原理示意图

设压痕深度为 h，则压痕的球面积为

$$A = \pi D h = \frac{\pi D}{2}(D - \sqrt{D^2 - d^2})$$

$$\text{HBS}/(\text{kg}\cdot\text{mm}^{-2}) = \frac{p}{A} = \frac{2p}{\pi D(D - \sqrt{D^2 - d^2})}$$

式中　p——施加的载荷，kg；

D——压头(钢球)直径，mm；

A——压痕面积，mm^2；

d——压痕直径，mm。

由于金属材料有硬有软，工件有厚有薄，有大有小，为适应不同的情况，布氏硬度的钢球有 $\phi 2.5$ mm、$\phi 5$ mm、$\phi 10$ mm 三种。载荷有 15.6 kg、62.5 kg、187.5 kg、250 kg、750 kg、1 000 kg、3 000 kg 七种。当采用不同大小的载荷和不同直径的钢球进行布氏硬度试验时，

只要能满足 p/D^2 为常数,则同一种材料测得的布氏硬度值是相同的。而不同材料所测得的布氏硬度值也可进行比较。国家标准规定 p/D^2 的比值为 30、10、2.5 三种。根据金属材料种类、试样硬度范围和厚度的不同,按照实表 2.1 中的规范,选择钢球直径 D、载荷 p 及载荷保持时间。在试样厚度和载面大小允许的情况下,尽可能选用直径大的钢球和大的载荷,这样更易反映材料性能的真实性。另外,由于压痕大,测量的误差也小。所以,测定钢的硬度时,尽可能用 ϕ10 mm 钢球和 3 000 kg 的载荷。试验后的压痕直径应在 $0.25D < d < 0.6D$ 的范围内,否则试验结果无效,这是因为若 d 太小,灵敏度和准确性将随之降低;若 d 太大,压痕的集合形状不能保持相似的关系,影响试验结果的准确性。

将测量的压痕直径值查实表 2.1 即得试样硬度值。

实表 2.1 布氏硬度试验规范

金属类型	布氏硬度范围 HBW	试件厚度/mm	载荷 p 与压头直径 D 关系	钢球直径 D/mm	载荷 p/kg	载荷保持时间/s
黑色金属	140 ~ 450	6 ~ 3 4 ~ 2 < 2	$p = 30D^2$	10 5.0 2.5	3 000 750 187.5	10
	< 140	> 6 6 ~ 3 < 3	$p = 10D^2$	10.0 5.0 2.5	1 000 250 62.5	10
有色金属	> 130	6 ~ 3 4 ~ 2 < 2	$p = 30D^2$	10 5.0 2.5	3 000 750 187.5	30
	36 ~ 130	9 ~ 3 6 ~ 3 < 3	$p = 10D^2$	10 5.0 2.5	1 000 250 62.5	30
	8 ~ 35	> 6 6 ~ 3 < 3	$p = 2.5D^2$	10 5.0 2.5	250 62.5 15.6	30

布氏硬度值的表示方法是:若用 10 mm 直径的钢球在 300 kg 载荷下保持 10 s,测得布氏硬度值为 400 时,可表示为 400 HBW。

在其他试验条件下,符号 HB 应以相应的指数注明钢球直径、载荷大小及载荷保持的时间。例如,HB5/250/30 = 100 即表示:用 5 mm 直径的钢球在 250 kg 载荷下保持 30 s 时,所测得的布氏硬度为 100。

(2) 布氏硬度计的构造与操作

① HB – 3000 型布氏硬度试验机的外形结构

如实图 2.2 所示,其主要部件及作用如下:

(a) 机体与工作台。硬度机有铸铁机体,在机体前台面上安装了丝杠座,其中装有丝杠,丝杠上装立柱和工作台,可上下移动。

(b) 杠杆机构:杠杆系统通过电动机可将载荷自动加在试样上。

(c) 压轴部分:用以保证工作时试样与压头中心对准。

(d) 减速器部分:带动曲柄及曲柄连杆,在电机转动及反转时,将载荷加到压轴上或从压轴上卸除。

(e) 换向开关系统是控制电机回转方向的装置,使加、卸载荷自动进行。

② 操作前的准备工作

(a)把根据实表 2.1 选定的压头擦拭干净,装入主轴衬套中。

(b) 按实表 2.1 选定载荷,加上相应的砝码。

(c) 安装工作台。当试样高度小于 120 mm 时应将立柱安装在升降螺杆上,再装好工作台进行试验。

(d) 按实表 2.1 确定持续时间 T,然后将紧压螺钉拧松,把圆盘上的时间定位器(红色指示点)转到与持续时间相符的位置上。

(e) 接通电源,打开指示灯,证明通电正常。

③ 操作程序

(a) 将试样放在工作台上,顺时针转动手轮,使压头压向试样表面直至手轮对下面螺母产生相对运动为止。

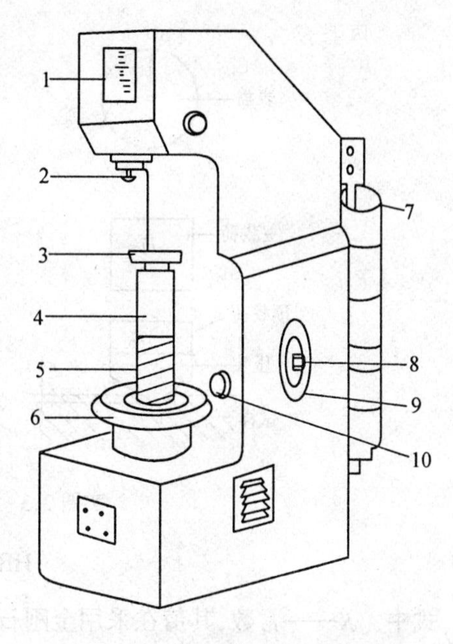

实图 2.2　HB－3000 布氏硬度试验机外形结构示意图

1—指示灯;2—压头;3—工作台;4—立柱;5—丝杠;6—手轮;7—载荷砝码;8—压紧螺钉;9—时间定位器;10—加载按钮

(b) 按动加载按钮,启动电动机,即开始加载荷。此时因紧压螺钉已拧松,圆盘并不转动,当红色指示灯闪亮时,迅速拧紧紧压螺钉,使圆盘转动。达到所要求的持续时间后,转动即自行停止。

(c) 逆时针转动手轮降下工作台,取下试样用读数显微镜测出压痕直径 d 值,查附表即得 HB 值。

3.洛氏硬度试验

(1) 原理

洛氏硬度试验是用特殊的压头(金刚石压头或钢球压头)在先后施加的两个载荷(预载荷和总载荷)的作用下压入金属表面来进行的。总载荷 p 为预载荷 p_0 和主载荷 p_1 之和,即

$$p = p_0 + p_1$$

洛氏硬度值是施加总载荷 p 并卸除主载荷 p_1 后,在预载荷 p_0 继续作用下,由主载荷 p_1 引起的残余压入深度 e 来计算(实图 2.3)。实图 2.3 中,h_0 表示在预载荷 p_0 作用下,压头压入被试材料的深度;h_1 表示施加总载荷 p 并卸除主载荷 p_1,但仍保留预载荷 p_0 时,压头压入被试材料的深度。

深度差 $e = h_1 + h_0$,该值用来表示被测材料硬度的高低。在实际应用中,为了使硬材料测出的硬度值比软材料的硬度值高,并符合一般的习惯,将被测材料的硬度值用公式加以适当变换,即

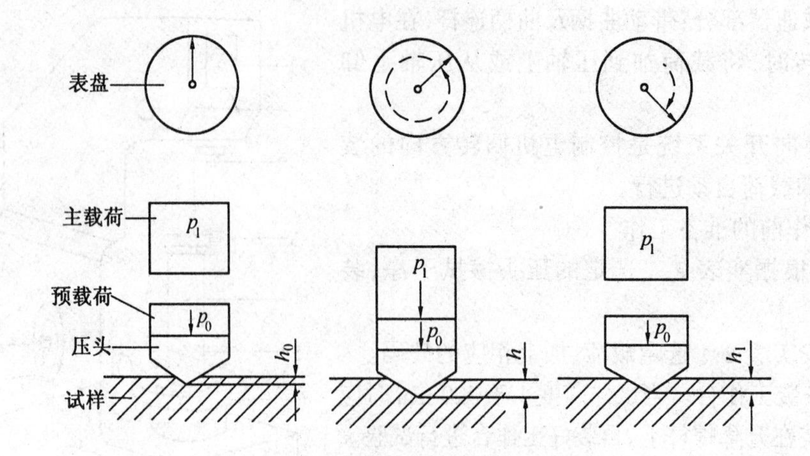

实图 2.3　洛氏硬度测量原理示意图

$$\mathrm{HR}=\frac{K-(h_1-h_0)}{C}$$

式中　K——常数,其值在采用金刚石压头时为 0.2,采用钢球压头时为 0.26;

C——常数,代表指示器读数盘每一刻度相当于压头压入被测材料的深度,其值为 0.002 mm;

HR——标注洛氏硬度的符号,当采用金刚石压头及 150 kg 的总载荷时应标注 HRC,当采用钢球压头及 100 kg 总载荷试验时,则应标注 HRB。

HR 值为一无名数,测量时可直接由硬度计表盘读出。表盘上有红、黑两种刻度,红线刻度的 30 和黑线刻度的 0 相重合,如实图 2.4所示。

实图 2.4　洛氏硬度计的刻度盘

为扩大洛氏硬度的测量范围,可采用不同的压头和总载荷配成不同的洛氏硬度标度,每一种标度用同一个字母在洛氏硬度符号 HR 后加以注明,常用的有 HRA、HRB、HRC 等三种。试验规范见实表 2.2。

实表 2.2　各种洛氏硬度值的符号、实验条件与应用

标度符号	压　头	总载荷/kg	表盘上刻度颜色	常用硬度值范围	应　用　举　例
HRA	金刚石圆锥	60	黑线	70 ~ 85	碳化物、硬质合金、表面硬化工件等
HRB	1.588 mm 钢球	100	红线	25 ~ 100	软钢、退火钢、铜合金等
HRC	金刚石圆锥	150	黑线	20 ~ 67	淬火钢、调质钢等
HRD	金刚石圆锥	100	黑线	40 ~ 77	薄钢板、表面硬化工件等
HRE	3.175 mm 钢球	100	红线	70 ~ 100	铸铁、铝、镁合金、滑动轴承合金等
HRF	1.588 mm 钢球	60	红线	40 ~ 100	薄硬钢板、退火铜合金等
HRG	1.588 mm 钢球	150	红线	31 ~ 94	磷青铜、铍青铜等

(2) 洛氏硬度计的构造与操作

实图 2.5 为洛氏硬度计机构示意图。其操作方法如下:

① 按实表 2.2 选择压头及载荷。

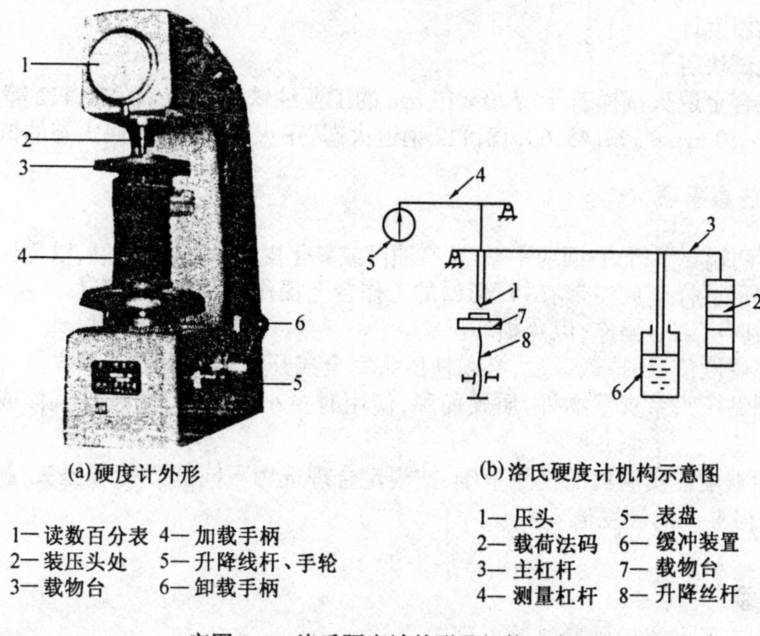

(a)硬度计外形

1— 读数百分表　4— 加载手柄
2— 装压头处　　5— 升降线杆、手轮
3— 载物台　　　6— 卸载手柄

(b)洛氏硬度计机构示意图

1— 压头　　　5— 表盘
2— 载荷法码　6— 缓冲装置
3— 主杠杆　　7— 载物台
4— 测量杠杆　8— 升降丝杆

实图 2.5　洛氏硬度计外形及机构示意图

② 根据试样大小和形状选用载物台。

③ 将试样上下两面磨平,然后置于载物台上。

④ 加预载。按顺时针方向转动升降机构的手轮,使试样与压头接触,并观察读数百分表上小针移动至小红点为止。

⑤ 调整读数表盘,使百分表盘上的长针对准硬度值的起点。如试验 HRC、HRA 硬度时,把长针与表盘上黑字 C 处对准。试验 HRB 时,使长针与表盘上红字 B 处对准。

⑥ 加主载荷。平稳地扳动加载手柄,手柄自动升高至停止位置(时间为 5 ~ 7 s),并停留 10 s。

⑦ 卸主载荷。扳回加载手柄至原来位置。

⑧ 读去硬度值。表上长针指示的数字为硬度的读数。HRC、HRA 读黑数字,HRB 读红线数字。

⑨ 下降载物台。当试样完全离开压头后,方可取下试样。

⑩ 用同样方法在试样的不同位置测三个数据,取其算术平均值为试样的硬度。

三、实验内容及方法指导

(1) 布氏硬度试验测定。

(2) 洛氏硬度试验测定。

(3) 试验方法指导。

分成若干组,利用备好的硬度试块或试样,在硬度计上测定其相应硬度值,使之学会硬度计的使用方法。

四、实验所用设备及材料

(1) 布氏硬度计。

(2) 读数放大镜。

(3) 洛氏硬度计。
(4) 硬度试块若干。
(5) 铁碳合金退火试样若干($\phi 20 \times 10$ mm 的工业纯铁,20,45,60,T8,T12 等)。
(6) $\phi 20 \times 10$ mm 的 20,45,60,T8,T12 钢退火态,正火态,淬火及回火态的试样。

五、实验注意事项

(1) 试样两端要平行,表面应平整,若有油污或氧化皮,可用砂纸打磨,以免影响测定。
(2) 圆柱形试样应放在带有“V”形槽的工作台上操作,以防试样滚动。
(3) 加载时应细心操作,以免损坏压头。
(4) 测完硬度值,卸掉载荷后,必须使压头完全离开试样后再取下试样。
(5) 金刚钻压头系贵重物件,质硬而脆,使用时要小心谨慎,严禁与试样或其他物件碰撞。
(6) 应根据硬度实验机的使用范围,按规定合理选用不同的载荷和压头,超过使用范围,将不能获得准确的硬度值。

六、实验报告要求

(1) 简述布氏和洛氏硬度试验原理。
(2) 测定碳钢(20、45、60、T8、T12)退火试样的布氏硬度值(HBS)。
(3) 测定碳钢(45、T8、T12)正火及淬火试样的洛氏硬度值(HRC)。
(4) 测定 45 钢调质试样的洛氏硬度值(HRC)。

七、思考题

(1)试分别说明布、洛氏硬度的使用范围以及对比其优缺点。
(2)何种标尺的洛氏硬度计应用最为广泛,您会正确测定并书写此标尺的洛氏硬度值吗?

八、实验 2 的附表

实表 2.3 压痕直径与布氏硬度对照表

压痕直径 d_{10}、$2d_5$ 或 $4d_{2.5}$/mm	布氏硬度 HB[在下列载荷 p/kg 下]			压痕直径 d_{10}、$2d_5$ 或 $4d_{2.5}$/mm	布氏硬度 HB[在下列载荷 p/kg 下]		
	$30D^2$	$10D^2$	$2.5D^2$		$30D^2$	$10D^2$	$2.5D^2$
2.00	(945)	(316)		3.50	302	101	25.2
2.05	(899)	(300)		3.52	298	99.5	24.9
2.10	(856)	(286)		3.54	295	98.3	24.6
2.15	(817)	(272)		3.56	292	97.2	24.3
2.20	(780)	(260)		3.58	288	96.1	24.0
2.25	(745)	(248)		(3.60)	285	95.0	23.7
2.30	(712)	(238)		3.62	282	93.9	23.5
2.35	(682)	(228)		3.64	278	92.8	23.2
2.40	(653)	(218)		3.66	275	91.8	22.9

续表 2.3

压痕直径 d_{10}、$2d_5$ 或	布氏硬度 HB[在下列载荷 p/kg 下]			压痕直径 d_{10}、$2d_5$ 或	布氏硬度 HB[在下列载荷 p/kg 下]		
$4d_{2.5}$/mm	$30D^2$	$10D^2$	$2.5D^2$	$4d_{2.5}$/mm	$30D^2$	$10D^2$	$2.5D^2$
2.45	(627)	(208)		3.68	272	90.7	22.7
2.50	601	200		3.70	269	89.7	22.4
2.55	578	193		3.72	266	88.7	22.2
2.60	555	185		3.74	263	87.7	21.9
2.65	534	178		3.76	260	86.8	21.7
2.70	515	171		3.78	257	85.8	21.5
2.75	495	165		3.80	255	84.9	21.2
2.80	477	159		3.82	252	84.0	21.0
2.85	461	154		3.84	249	83.0	20.8
2.90	444	148		3.86	246	82.1	20.5
2.95	429	143		3.88	244	81.3	20.3
3.00	415	138	34.6	3.90	246	80.4	20.1
3.02	409	136	34.1	3.92	239	79.6	19.9
3.04	404	134	33.7	3.94	236	78.7	19.7
3.06	398	133	33.2	3.96	234	77.9	19.5
3.08	393	131	32.7	3.98	231	77.1	19.3
3.10	388	129	32.3	4.00	229	76.3	19.1
3.12	383	128	31.9	4.02	226	75.5	18.9
3.14	378	126	31.5	4.04	224	74.7	18.7
3.16	373	124	31.1	4.06	222	73.9	18.5
3.18	368	123	30.7	4.08	219	73.2	18.3
3.20	363	121	30.3	4.10	217	72.4	18.1
3.22	359	120	29.9	4.12	215	71.7	17.9
3.24	354	118	29.5	4.14	213	71.0	17.7
3.26	350	117	29.2	4.16	211	70.2	17.6
3.28	345	115	28.8	4.18	209	69.5	17.4
3.30	341	114	28.4	4.20	207	68.8	17.2
3.32	337	112	28.1	4.22	204	68.2	17.0
3.34	333	111	27.7	4.24	202	67.5	16.9
3.36	329	110	27.4	4.26	200	66.8	16.7
3.38	325	108	27.1	4.28	198	66.2	16.5
3.40	321	107	26.7	4.30	197	65.5	16.4
3.42	317	106	26.4	4.32	195	64.9	16.2
3.44	313	104	26.1	4.34	193	64.2	16.1
3.46	309	103	25.8	4.36	191	63.6	15.9
3.48	306	102	25.5	4.38	189	63.0	15.8
4.40	187	62.4	15.6	5.00	144	47.5	11.9
4.42	185	61.8	15.5	5.05	140	46.5	11.6
4.44	184	61.2	15.3	5.10	137	45.5	11.4
4.46	182	60.6	15.2	5.15	134	44.6	11.2
4.48	180	60.1	15.0	5.20	131	43.7	10.9

续表 2.3

压痕直径 d_{10}、$2d_5$ 或 $4d_{2.5}$/mm	布氏硬度 HB[在下列载荷 p/kg 下]			压痕直径 d_{10}、$2d_5$ 或 $4d_{2.5}$/mm	布氏硬度 HB[在下列载荷 p/kg 下]		
	$30D^2$	$10D^2$	$2.5D^2$		$30D^2$	$10D^2$	$2.5D^2$
4.50	179	59.5	14.9	5.25	128	42.8	10.7
4.52	177	59.0	14.7	5.30	126	41.9	10.5
4.54	175	58.4	14.6	5.35	123	41.0	10.3
4.56	174	57.9	14.5	5.40	121	40.2	10.1
4.58	172	57.3	14.3	5.45	118	39.4	9.9
4.60	170	56.8	14.2	5.50	116	38.6	9.7
4.62	169	56.3	14.1	5.55	114	37.9	9.5
4.64	167	55.8	13.9	5.65	111	37.1	9.3
4.66	166	55.3	13.8	5.65	109	36.4	9.1
4.68	164	54.8	13.7	5.70	107	35.7	8.9
4.70	163	54.3	13.6	5.75	105	35.0	8.8
4.72	161	53.8	13.4	5.80	103	34.3	8.6
4.74	160	53.3	13.3	5.85	101	33.7	8.4
4.76	158	52.8	13.2	5.90	99.2	33.1	8.3
4.78	157	52.3	13.1	5.95	97.3	32.4	8.1
4.80	156	51.9	13.0	6.00	(95.5)	31.8	8.0
4.82	154	51.4	12.9	6.05	(93.7)		
4.84	153	51.0	12.0	6.10	(92.0)		
4.86	152	50.5	12.6	6.15	(90.3)		
4.88	150	50.1	12.5	6.20	(88.7)		
4.90	149	49.6	12.4	6.25	(87.1)		
4.92	148	49.2	12.3	6.30	(85.5)		
4.94	146	48.8	12.2	6.35	(84.0)		
4.96	145	48.4	12.1	6.40	(82.5)		
4.98	144	47.9	12.0	6.45	(81.0)		

注：① 表中压痕直径为 ϕ10 mm 钢球的试验数值，如用 ϕ5 mm 或 ϕ2.5 mm 钢球试验时，则所得压痕直径应分别增加 2 倍或 4 倍。例如，用 ϕ5 mm 钢球在 750 kg 载荷作用下所得压痕直径为 1.65 mm，则在查表时应采用 3.30 mm（即 1.65 × 2 = 3.30），而其相应硬度值为 341。

② 根据 GB 231—1963 规定，压痕直径的大小应在 $0.25D < d < 0.6D$ 范围，故表中对此范围以外的硬度值均加括号“(　)”，仅供参考。

③ 表中未列出压痕直径的 HB 可根据其上下两数值用内插法计算求得。

实验 3　常用碳钢的热处理工艺操作

一、实验目的

(1) 熟悉碳钢的几种基本热处理（如退火、正火、淬火、回火等）操作方法。

(2) 了解碳质量分数、加热温度、冷却速度、回火温度等主要因素对热处理后性能（硬度）的影响。

(3) 进一步熟悉硬度计的使用。

二、实验说明

钢的热处理就是利用钢在固态范围内的加热、保温和冷却，借以改变其内部组织，从而获得所需要的物理、化学、机械和工艺性能的一种工艺操作。普通热处理的基本操作有退火、正火、淬火及回火等。

实施热处理操作时，加热温度、保温时间和冷却方式是最重要的三个基本工艺因素，正确选择这三个工艺因素是热处理成功的基本保证。

1.加热温度选择

(1) 退火加热温度

一般亚共析钢加热至 Ac_3 + (30 ~ 50)℃(完全退火)；共析钢和过共析钢加热至 Ac_1 + (10 ~ 20)℃(球化退火)，目的是得到球化体组织、降低硬度、改善高碳钢的切削性能，同时为最终热处理作好组织准备。

(2) 正火加热温度

一般亚共析钢加热至 Ac_3 + (30 ~ 50)℃；过共析钢加热至 Ac_m + (30 ~ 50)℃，即加热到奥氏体单相区。退火和正火加热温度范围的选择如实图 3.1 所示。

(3) 淬火加热温度

一般亚共析钢加热至 Ac_3 + (30 ~ 50)℃；共析钢和过共析钢加热至 Ac_1 + (30 ~ 50)℃，如实图 3.2 所示。

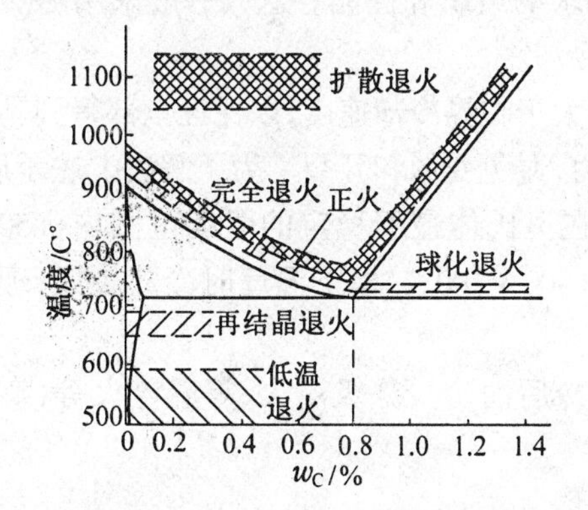

实图 3.1　退火和正火的加热温度范围

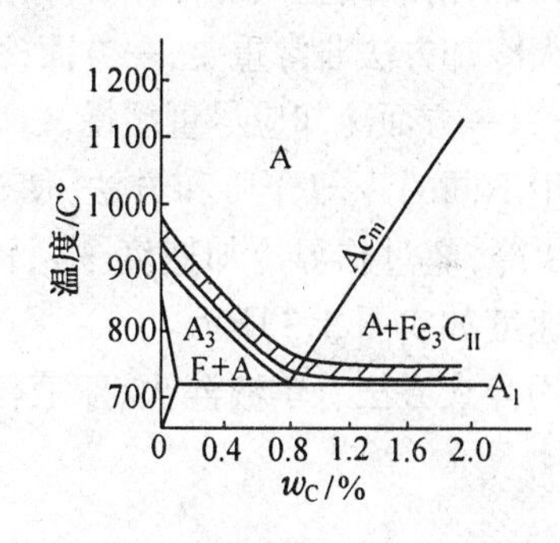

实图 3.2　淬火的加热温度范围

钢的成分、原始组织及加热速度等皆影响临界点 Ac_1、Ac_3 及 Ac_m 的位置。在各种热处理手册或材料手册中，都可以查到各种钢的热处理温度。热处理时不能任意提高加热温度，因为加热温度过高时，晶粒容易长大、氧化、脱碳和变形。

(4) 回火温度的选择

钢淬火后都要回火，回火温度决定于最终所要求的组织和性能(工厂中常常是根据硬度的要求)。按加热温度高低，回火可分为四类：

① 低温回火。在 150 ~ 250℃的回火称为低温回火，所得组织为回火马氏体，硬度约为 60 HRC。其目的是降低淬火应力，减少钢的脆性，并保持钢的高硬度。低温回火常用于高碳钢的切削刀具、量具和滚动轴承件。

② 中温回火。在 350 ~ 500℃的回火称为中温回火，所得组织为回火托氏体，硬度约

为 40～48 HRC。其目的是获得高的弹性极限,同时有高的韧性。主要用于 $w_C=0.5\%\sim0.8\%$的弹簧钢热处理。

③ 高温回火。在 500～650℃的回火称为高温回火,所得组织为回火索氏体,硬度约为 25～35 HRC。其目的是获得既有一定强度、硬度,又有良好冲击韧性的综合力学性能。所以把淬火后经高温回火的处理称为调质处理,用于中碳结构钢。

④ 高于 650℃的回火得到的回火珠光体组织,可以改善高碳钢的切削性能。

2.保温时间的确定

为了使工件内外各部分温度均达到指定温度,并完成组织转变,使碳化物溶解和奥氏体成分均匀化,必须在淬火加热温度下保温一定的时间。通常将工件升温和保温所需时间算在一起,统称为加热时间。

热处理加热时间必须考虑许多因素,例如,工件的尺寸和形状,使用的加热设备及装炉量,装炉时炉子温度、钢的成分和原始组织、热处理的要求和目的等。具体时间可参考热处理手册中的有关数据。

实际工作中多根据经验大致估算加热时间。一般规定,在空气介质中,升到规定温度后的保温时间,对碳钢来说,按工件厚度每毫米需 1～90 min 估算;合金钢按每毫米 2 min 估算。在盐浴炉中,保温时间则可缩短 1～2 倍。

3.冷却方式和方法

热处理时的冷却方式要适当,才能获得所要求的组织和性能。退火一般采用随炉冷却;正火(常化)采用空气冷却,大件可采用吹风冷却。

淬火冷却方法非常重要,一方面冷却速度要大于临界冷却速度,以保证全部得到马氏体组织;另一方面冷却应尽量缓慢,以减少内应力,避免变形和开裂。为了解决上述矛盾,可以采用不同的冷却介质和方法,使淬火工件在奥氏体最不稳定的温度范围内(650～550℃)快冷,超过临界冷却速度 v_{KC},而在点 M_S(300～100℃)以下温度时冷却较慢,理想的冷却速度如实图 3.3 所示。

常用淬火方法有单液淬火、双液淬火(先水冷后油冷),分级淬火、等温淬火等(实图 3.4)。

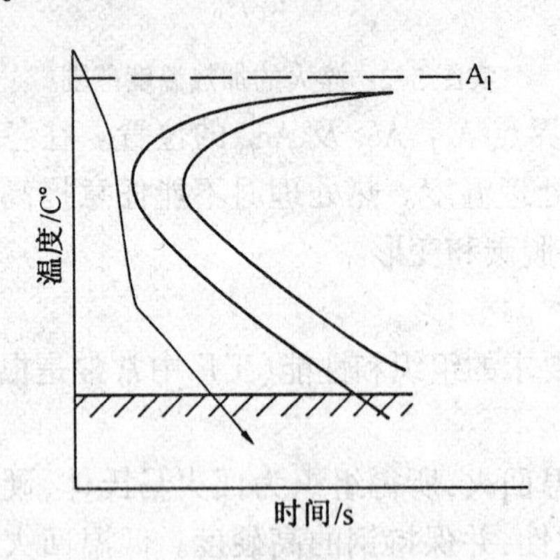

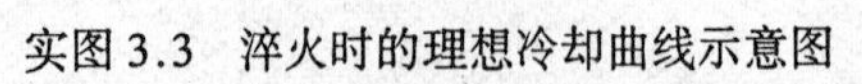
实图 3.3　淬火时的理想冷却曲线示意图

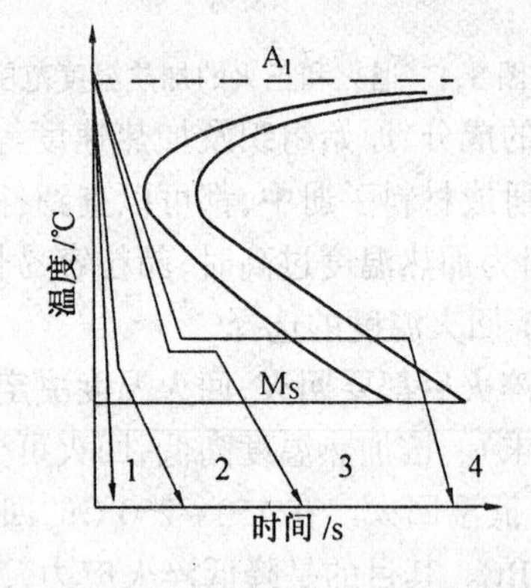

实图 3.4　各种淬火冷却曲线示意图

实表 3.1 中列出了几种常用淬火介质的冷却能力。

实表 3.1　几种常用淬火剂的冷却能力

冷却介质	冷却速度		冷却介质	冷却速度	
	650～550℃区间	300～200℃区间		650～550℃区间	300～200℃区间
水(18℃)	600	270	10%NaCl	1 100	300
水(26℃)	500	270	10%NaCl	1 200	300
水(50℃)	100	270	10%NaCl	800	270
水(74℃)	30	200	10%NaCl	750	300
肥皂水	30	200	矿物油	150	30
10%油水	70	200	变压器油	120	25

注:表中的“%”为质量分数。

三、实验内容与方法指导

(1) 按实表 3.2 所列工艺进行热处理工艺操作实验。

(2) 测定热处理后试样的硬度。

(3) 实验方法指导。

① 每个大组分成两个小组,每小组一套试样(45 钢试样 8 块,T12 钢试样 8 块)。炉冷试样由实验室事先处理好。

② 将同一加热温度的 45 钢和 T12 钢试样放入 860℃和 780℃炉子内加热,保温 15～20 min 后,分别进行水冷、油冷、气冷操作。45 钢 750℃水冷试样待 780℃炉中试样处理完后再进行。

③ 每组将水冷试样中各取出 3 块 45 和 T12 钢试样分别放入 200℃、400℃、600℃的炉内进行回火,回火保温时间为 30 min。

④ 淬火时,试样要用钳子夹住,动作要快,并不断在水中搅动,以免影响热处理质量。取放试样时要事先将炉子电源关闭。

⑤ 热处理后的试样用砂纸磨去两端面氧化皮,然后测量硬度(HRC 或 HBS)。

⑥ 每人都要将自己测定的硬度数据填入实表 3.2 中(每个试样测 3 点,取其平均值),并记录实验的全部数据,以供分析。

四、实验报告要求

(1) 写出实验目的。

(2) 列出全部实验数据,填入实表 3.2 中。

(3) 分析含碳质量分数、淬火温度、淬火介质及回火温度对碳钢性能(硬度)的影响,画出其与硬度关系的示意曲线,并根据铁碳相图、C 曲线(或 CCT 曲线)和回火时的转变,阐明硬度变化的原因。

实表 3.2　热处理工艺操作实验任务表

钢号	热处理工艺			硬度测定值/HRC				显微组织特征
	加热℃	冷却方式	回火℃	第1次	第2次	第3次	平均	
45	860	炉冷	–					
	860	空冷	–					
	860	油冷	–					
	860	水冷	–					
	860	水冷	200					
	860	水冷	400					
	860	水冷	600					
	750	水冷	–					
T12	750	炉冷	–					
	750	空冷	–					
	750	油冷	–					
	750	水冷	–					
	750	水冷	200					
	750	水冷	400					
	750	水冷	600					
	860	水冷	–					

注:45 钢的 Ac_3 是 780℃；T12 钢的 Ac_{cm}是 820℃。

五、思考题

(1) 45、T12 钢常用的热处理工艺分别是什么？其组织是什么？常用作何种工件？

(2) 退火态的 45、T12 钢试样分别加热到不同温度(例如 600～900℃之间)后，在水中冷却，其硬度随加热温度如何变化？为什么？

4.3　基本类型实验

实验 4　铁碳合金平衡组织的观察与分析

一、实验目的

(1) 观察和分析铁碳合金在平衡状态下的显微组织。

(2) 了解铁碳合金中的相及组织组成物的本质、形态及分布特征。

(3) 进一步熟悉金相显微镜的使用。

二、实验说明

碳钢和铸铁是工业上应用最广的金属材料,它们的性能与组织有密切的联系。因此,熟悉并掌握它们的组织是对钢铁材料使用者最基本的要求。

1.碳钢和白口铸铁的平衡组织

平衡组织一般是指合金在极为缓慢冷却的条件下(如退火状态)所得到的组织。铁碳合金在平衡状态下的显微组织可以根据 $Fe-Fe_3C$ 相图来分析。从相图可知,所有碳钢和白口铸铁在室温时的显微组织均由铁素体(F)和渗碳体(C)组成。但是,由于碳质量分数的不同、结晶条件的差别,铁素体和渗碳体的相对数量、形态、分布和混合情况均不一样,因而呈现各种不同特征的组织组成物。碳钢和白口铸铁在室温下的显微组织见实表4.1。

实表4.1　各种铁碳合金在室温下的显微组织

合金分类		w_C/%	显微组织
工业纯铁		<0.021 8	铁素体(F)
碳钢	亚共析钢	0.021 8~0.77	铁素体+珠光体
	共析钢	0.77	珠光体
	过共析钢	0.77~2.11	珠光体+二次渗碳体
白口铸铁	亚共晶白口铁	2.11~4.3	珠光体+二次渗碳体+莱氏体
	共晶白口铁	4.3	莱氏体
	过共晶白口铁	4.3~6.69	一次渗碳体+莱氏体

2.各种相组分或组织组分的特征

碳钢和白口铸铁的金相试样经侵蚀后,其组织中各相组分和组织组分的形状和性能如下:

铁素体:铁素体经 $w_{(HNO_3)}=3\%\sim5\%$ 酒精溶液侵蚀后,在显微镜下观察呈白亮色多边形晶粒,如实图4.1所示。随着钢中碳质量分数的增加,铁素体质量分数减少,当其质量分数较多时呈块状分布(实图4.2),碳质量分数接近共析成分时往往呈断续的网状分布在珠光体的周围。铁素体具有良好的塑性和韧性,但硬度较低,一般为80~120 HBS,强度也较低。

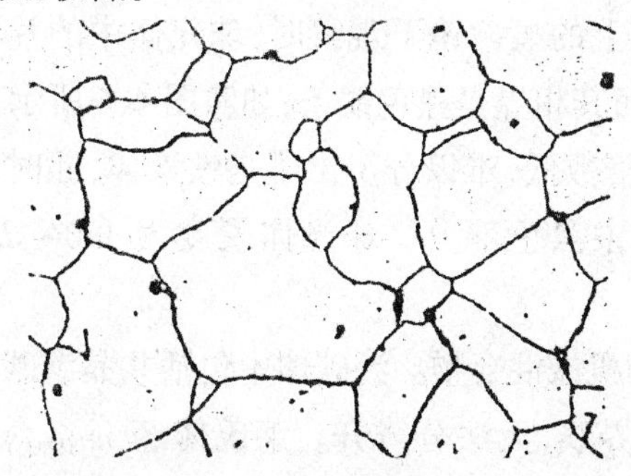

实图4.1　工业纯铁的显微组织

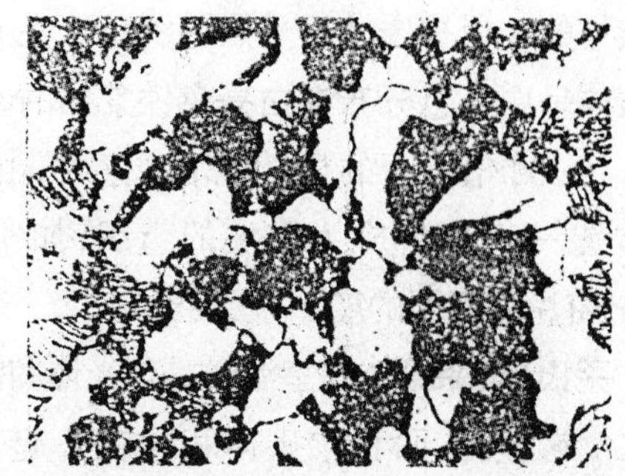

实图4.2　$w_C=0.45\%$碳钢的显微组织

渗碳体:渗碳体经 $w_{(HNO_3)}=3\%\sim5\%$ 酒精溶液侵蚀后,也呈白亮色。一次渗碳体呈长条状分布在莱氏体之间，如实图 4.3 所示；二次渗碳体呈网状分布在珠光体的边界上，如实图 4.4 所示；三次渗碳体分布在铁素体晶界处；珠光体中的渗碳体一般呈片状，如实图3.5、3.6所示。

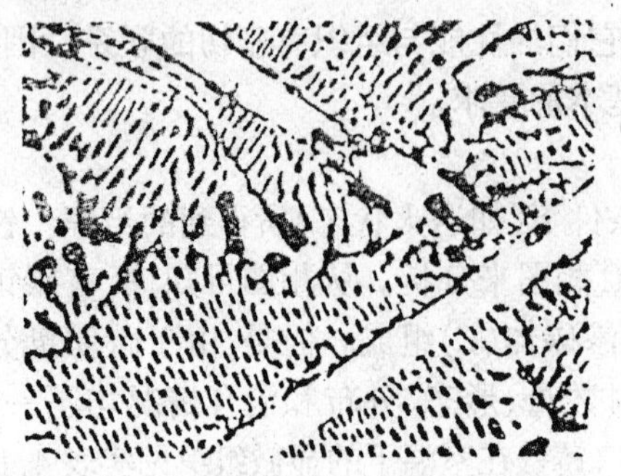

实图 4.3　过共晶白口铸铁组织中的一次渗碳体

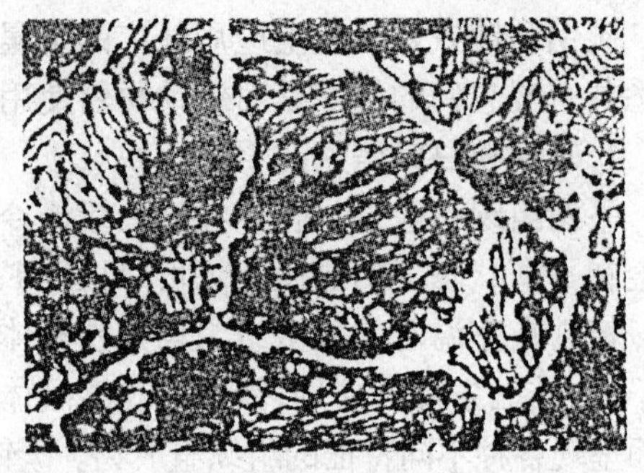

实图 4.4　过共析钢（$w_C = 1.2\%$）组织中的二次渗碳体

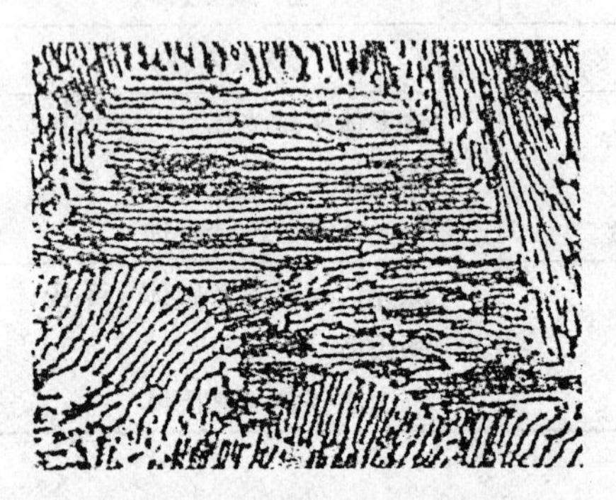

实图 4.5　中倍下的珠光体

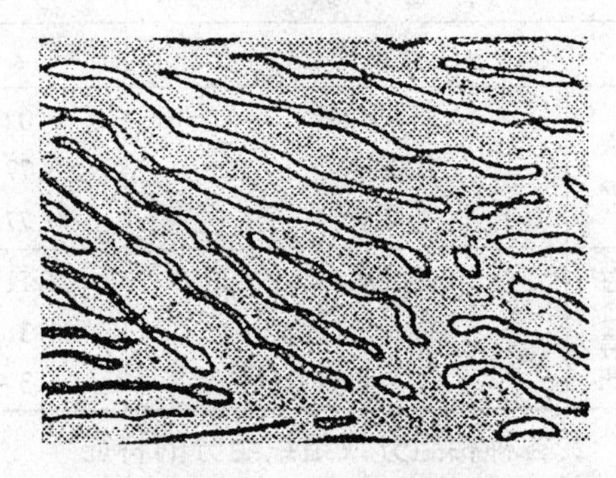

实图 4.6　高倍下的珠光体

铁素体和渗碳体经 $w_{(HNO_3)} = 3\% \sim 5\%$酒精溶液侵蚀后都呈白亮色，若用苦味酸钠溶液热侵蚀，则渗碳体被染成黑褐色，而铁素体仍为白色。用此方法可以区别铁素体和渗碳体。渗碳体的硬度为 800 HBW，强度、塑性、韧性都很差，它是一个硬、脆相。

珠光体：珠光体是由铁素体片和渗碳体片相互交替排列形成的层片状组织。它经 $w_{(HNO_3)} = 3\% \sim 5\%$酒精溶液侵蚀后，其组织中的铁素体和渗碳体都呈白亮色，而铁素体和渗碳体的相界被侵蚀后呈黑色线条。在 600 倍以上的显微镜下观察时，珠光体中的片状渗碳体呈白亮色分布在白亮色铁素体的基体上，而其相界是黑色线条，如实图 4.6 所示。

在 200 倍以下的显微镜下观察时，由于放大倍数低，难以分辨出哪是铁素体，此时珠光体是一片黑暗，成为黑块的组织，如实图 4.2 中黑色部分。珠光体硬度为 190 ~ 230 HBS，随片层间距的变小，硬度升高。

莱氏体：莱氏体在室温时是珠光体和渗碳体的机械混合物。渗碳体中包括共晶渗碳体和二次渗碳体，两种渗碳体相连在一起，没有边界线，无法分辨开。莱氏体经 $w_{(HNO_3)} = 3\% \sim 5\%$酒精溶液侵蚀后，其组织特征是在白亮色渗碳体基体上分布着许多黑色点（块）状或条状珠光体，如实图 4.7 所示。莱氏体硬度为 700 HBW，性脆。它一般在 $w_C >$

2.11%的白口铸铁中，在某些高碳合金钢的铸造组织中也常出现。

在亚共晶白口铸铁中，莱氏体被黑色粗枝状的珠光体所分割，而且可以看到在珠光体周围有一圈白亮的二次渗碳体，如实图4.8所示。

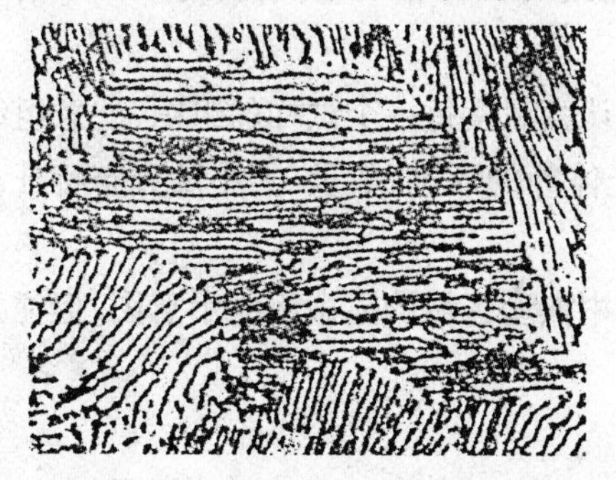

实图4.7　共晶白口铸铁(莱氏体)组织

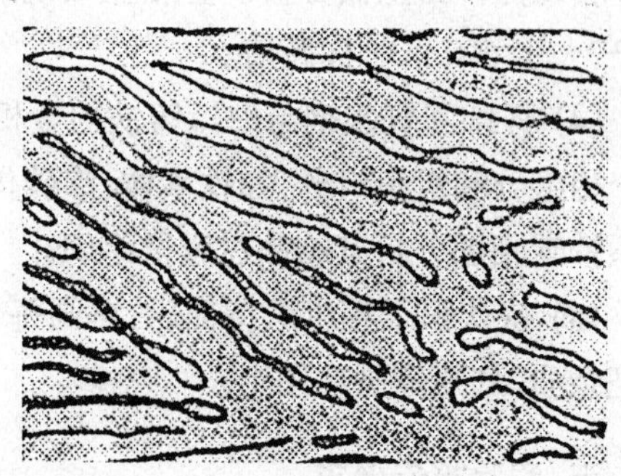

实图4.8　亚共晶白口铸铁组织

三、实验内容

(1) 观察实表4.2中所列试样的显微组织，研究每一个试样的组织特征，联系Fe-Fe_3C相图分析其组织形成过程，并绘出所观察试样的显微组织示意图。

(2) 熟悉金相显微镜及布氏硬度计的构造和正确使用。

表实4.2　铁碳合金试样牌号及处理状态

试样号码	牌　号	w_C/%	处理状态	浸 蚀 剂
1	工业纯铁	~0.05	退火	3%HNO_3 酒精溶液
2	20	0.15~0.25	退火	3%HNO_3 酒精溶液
3	45	0.40~0.50	退火	3%HNO_3 酒精溶液
4	T8	0.75~0.80	退火	3%HNO_3 酒精溶液
5	T12	1.20~1.25	退火	3%HNO_3 酒精溶液
6	T12	1.20~1.25	退火	碱性苦味酸钠溶液
7	亚共晶白口铁	~3.5	铸造	3%HNO_3 酒精溶液
8	共晶白口铁	~4.3	铸造	3%HNO_3 酒精溶液
9	过共晶白口铁	~4.5	铸造	3%HNO_3 酒精溶液

四、实验方法指导

(1) 操作金相显微镜时，应先了解显微镜的原理、构造、各主要附件的作用和位置等，并要了解显微镜使用注意事项，要按显微镜操作程序细心操作。

(2) 观察试样的组织时，先明确材料成分、处理条件及侵蚀剂等。动用试样时，不能用手摸试样磨面，或将试样磨面随意朝下乱放，或将试样叠起来，以免损坏试样。

(3) 观察组织前选显微镜放大倍数,其选用原则是先用低倍观察,找出典型组织,然后再用中、高倍对这些典型组织进行仔细观察,这样,整体和局部观察结合起来,才能对一块金相试样做出全面分析。金相显微镜放大倍数小于200倍时称低倍,200~600倍时称中倍,大于600倍时称高倍。

(4) 仔细阅览碳钢与白口铸铁的金相图片,认真观察每一个试样的组织,注意组织中每个相组分和组织组分,如铁素体、渗碳体、珠光体等的形态、数量、大小及分布特征。并联系铁碳相图分析其结晶过程及组织。

(5) 待认识了各组织特征后,再画每个试样中典型区域的显微组织示意图,但注意不要把杂质、划痕等画在图上。

五、实验报告要求

(1) 写出实验目的。

(2) 画出所观察样品的显微组织示意图(用箭头和代表符号标明各组织组成物,并注明样品成分、侵蚀剂和放大倍数)。

(3) 根据所观察的组织,说明碳质量分数对铁碳合金的组织和性能的影响的大致规律。

六、思考题

(1) 珠光体组织在低倍观察和高倍观察时有何不同? 为什么?

(2) 渗碳体有哪几种? 它们的形态有什么差别?

(3) 根据杠杆定律确定(或估算)未知样品的碳质量分数。

实验5　碳钢热处理后的显微组织观察与分析

一、 实验目的

(1) 观察和研究碳钢经不同形式热处理后显微组织的特点。

(2) 了解热处理工艺对碳钢硬度的影响。

二、实验说明

碳钢经热处理后的组织可以是接近平衡状态(如退火、正火)的组织,也可以是不平衡组织(如淬火组织)。因此在研究热处理后的组织时,不但要用铁碳相图,还要用钢的C曲线来分析。实图5.1为共析碳钢的C曲线,实图5.2为45钢连续冷却的CCT曲线。

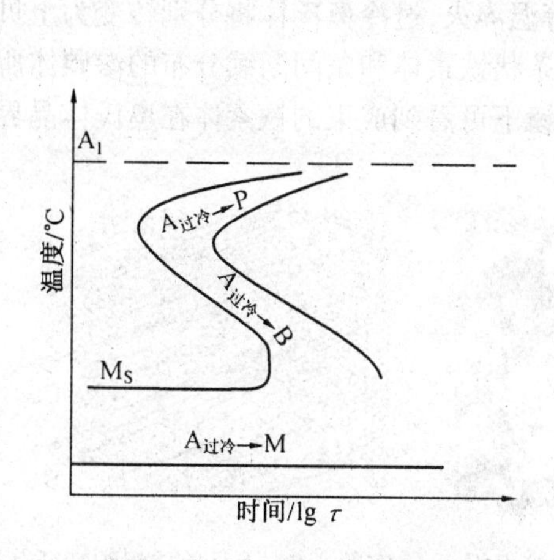

实图 5.1　共析碳钢的 C 曲线图

实图 5.2　45 钢的 CCT 曲线图

C 曲线能说明在不同冷却条件下过冷奥氏体在不同温度范围内发生不同类型的转变过程及能得到哪些组织。

1.碳钢的退火和正火组织

亚共析碳钢(如 40、45 钢等)一般采用完全退火,经退火后可得接近于平衡状态的组织,其组织形态特征已在实验 1 中加以分析和观察。(实图 5.3)过共析碳素工具钢(如 T10、T12 钢等)则采用球化退火,T12 钢经球化退火后,组织中的二次渗碳体和珠光体中的渗碳体都呈球状(或粒状),图中均匀分散的细小粒状组织就是粒状渗碳体。

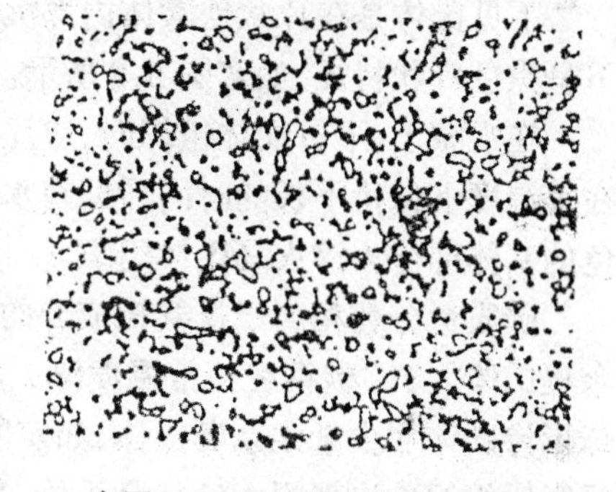

实图 5.3　T12 钢球化退火组织

亚共析碳钢正火后的组织比退火的细,细珠光体(索氏体)的含量比退火组织中的多。

2.钢的淬火组织

碳质量分数相当于亚共析成分的奥氏体淬火后得到马氏体。马氏体组织为板条状或针状,20 钢经淬火后将得到板条状马氏体。在光学显微镜下,其形态呈现为一束束相互平行的细条状马氏体群。在一个奥氏体晶粒内可有几束不同取向的马氏体群,每束条与条之间以小角度晶界分开,束与束之间具有较大的位向差,如实图 5.4 所示。

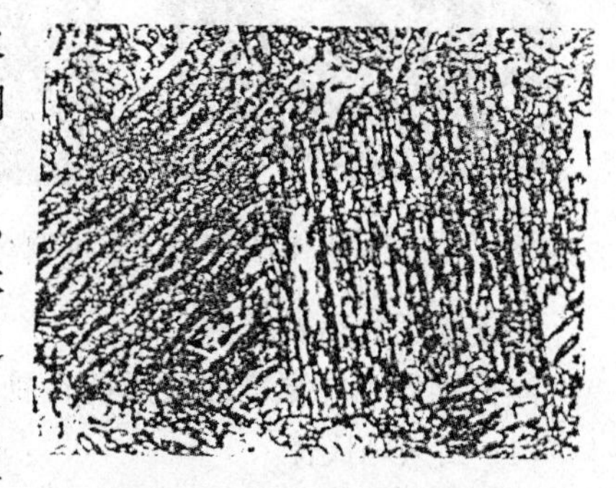

实图 5.4　低碳马氏体组织

45 钢经正常淬火后将得到细针状马氏体和板条状马氏体的混合组织,如实图 5.5 所示。由于马氏体针非常细小,故在显微镜下不易分清。

45 钢加热至 860℃后油淬,得到的组织将是马氏体和部分托氏体(或混有少量的上贝氏体),如实图 5.6 所示。碳质量分数相当于共析成分的奥氏体等温淬火后得到贝氏体,如 T8 钢在 550~350℃及 350℃~M_S 温度范围内等温淬火,过冷奥氏体将分别转变为上贝氏体和下贝氏体。上贝氏体是由成束平行排列的条状铁素体和条间断续分布的渗碳体所组成的片层状组织,当转变量不多时,在光学显微镜下可看到成束的铁素体在奥氏体晶界内伸展,具有羽毛状特性,如实图 5.7 所示。

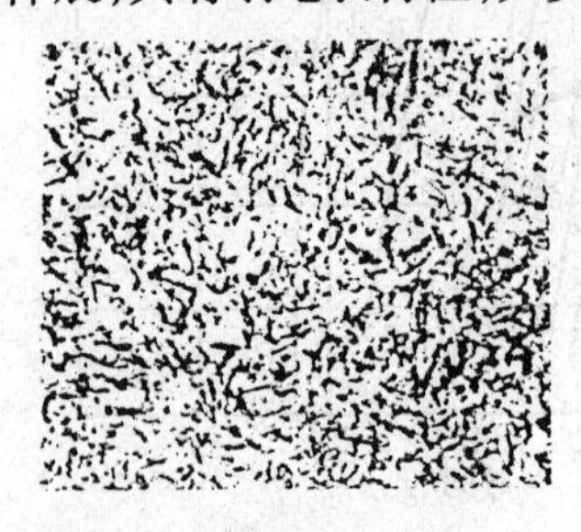

实图 5.5 45 钢正常淬火组织

实图 5.6 45 钢油淬组织

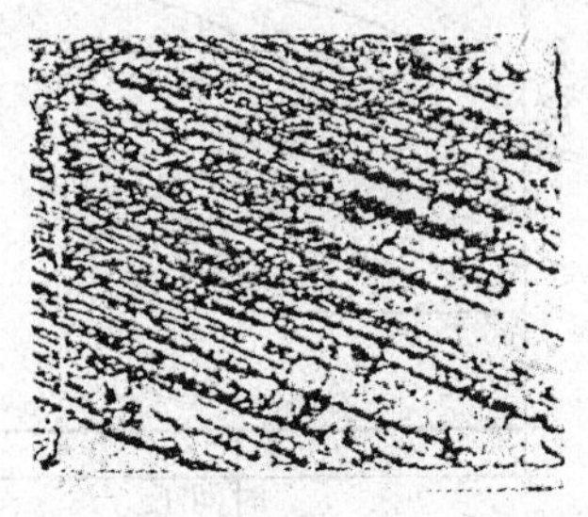

实图 5.7 上贝氏体组织特征

下贝氏体是在片状铁素体内部沉淀有碳化物的组织。由于易受侵蚀,所以在显微镜下呈黑色针状特征,如实图 5.8 所示。

在观察上、下贝氏体组织时,应注意为显示贝氏体组织形态,试样的处理条件一般是在等温度下保持不长的时间后即在水中冷却,因此只形成部分贝氏体,显微组织中呈白亮色的基体部分为淬火马氏体组织。

碳质量分数相当于过共析成分的奥氏体淬火后除得到针状马氏体外,还有较多的残余奥氏体。T12 碳钢在正常温度淬火后将得到细小针状马氏体加部分未溶入奥氏体中的球形渗碳体和少量残余奥氏体,如实图 5.9 所示。但是当把此钢加热到较高温度淬火时,显微镜组织中出现粗大针状马氏体,并在马氏体针之间看到亮白色的残余奥氏体,如实图 5.10 所示。

实图 5.8 下贝氏体组织特征

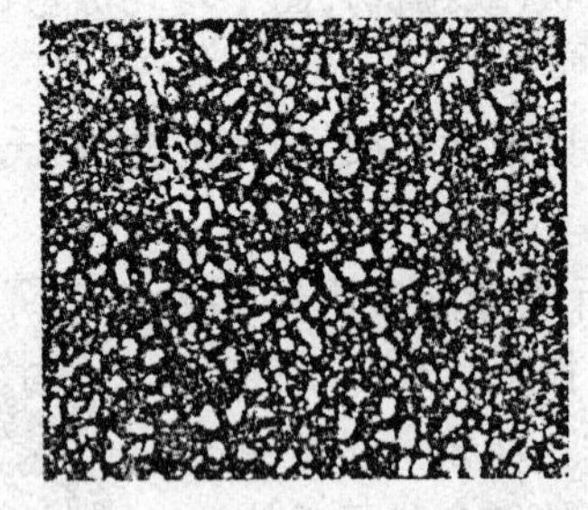

实图 5.9 T12 钢正常淬火组织

实图 5.10 T12 钢 1 000℃油淬组织

3.碳钢回火后的组织

淬火钢经不同温度回火后所得到的组织不同,通常按组织特征分为以下三种。

(1) 回火马氏体

淬火钢经低温回火(150~250℃),马氏体内脱溶沉淀析出高度弥散的碳化物质点,这种组织称为回火马氏体。回火马氏体仍保持针状特征,但容易侵蚀,故颜色比淬火马氏体深些,是暗黑色的针状组织,如实图 5.11 所示。回火马氏体具有高的强度和硬度,而韧性和塑性较淬火马氏体有明显改善。

(2) 回火托氏体

淬火钢经中温回火(350～500℃)得到在铁素体基体中弥散分布着微小状渗碳体的组织,称为回火托氏体。回火托氏体中的铁素体仍然基本保持原来针状马氏体的形态,渗碳体则呈细小的颗粒状,在光学显微镜下不易分辨清楚,故呈暗黑色,如实图5.12所示。回火托氏体有较好的强度、硬度、韧性和很好的弹性。

(3) 回火索氏体

淬火钢高温回火(500～650℃)得到的组织称为回火索氏体,其特征是已经聚集长大了的渗碳体颗粒均匀分布在铁素体基体上。回火索氏体中的铁素体已不呈针状形态而呈等轴状,如实图5.13所示。回火索氏体具有强度、韧性和塑性较好的综合力学性能。

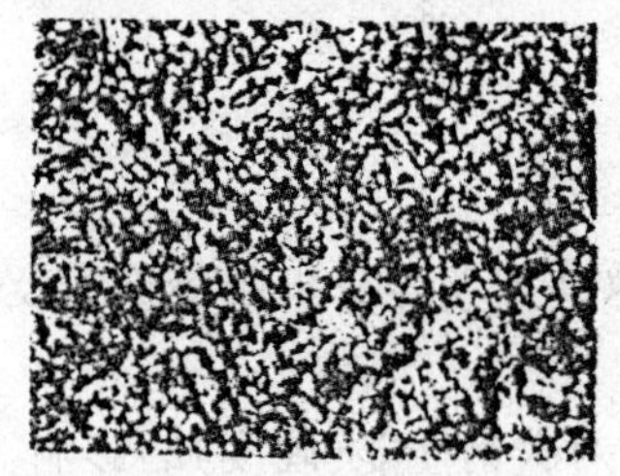

实图5.11　回火马氏体组织

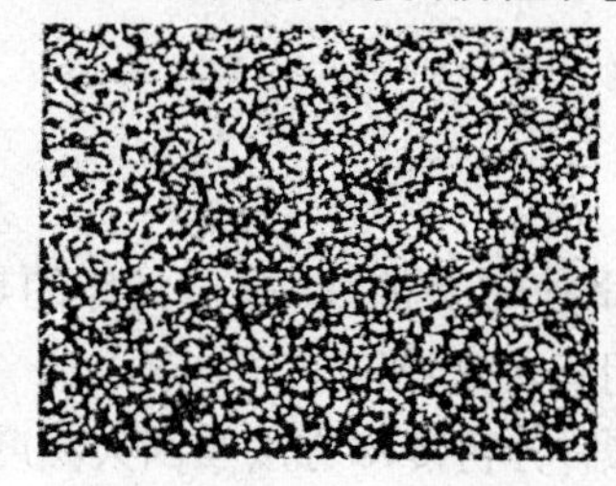

实图5.12　回火托氏体组织

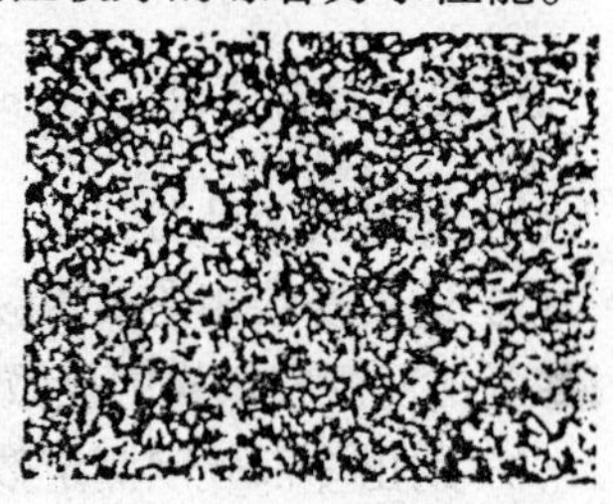

实图5.13　回火索氏体组织

三、实验内容

典型牌号碳钢经不同热处理后的状态如实表5.1所示。

实表5.1　典型牌号碳钢经不同热处理后的状态

试样号码	钢号	热处理条件	浸蚀剂	放大倍数
1	45	860℃炉冷(退火)	3%硝酸酒精溶液	200～450
2	45	860℃空冷(正火)	3%硝酸酒精溶液	200～450
3	45	860℃加热、油淬	3%硝酸酒精溶液	450～600
4	45	860℃加热、水淬	3%硝酸酒精溶液	450～600
5	45	860℃水淬、200℃回火	3%硝酸酒精溶液	450～600
6	45	860℃水淬、400℃回火	3%硝酸酒精溶液	450～600
7	45	860℃水淬、600℃回火	3%硝酸酒精溶液	450～600
8	20	1 000℃加热、水淬	3%硝酸酒精溶液	450～600
9	T8	440℃等温11 s、水冷	3%硝酸酒精溶液	450～600
10	T8	290℃等温3 min、水冷	3%硝酸酒精溶液	450～600
11	T12	1 000℃加热、水淬	3%硝酸酒精溶液	450～600
12	T12	780℃加热、水淬	3%硝酸酒精溶液	450～600
13	T12	球化退火	3%硝酸酒精溶液	450～600

注:表中的“%”数均为质量分数。

四、实验方法指导

(1) 领取一套金相试样，在金相显微镜下观察。观察时要根据 Fe - Fe_3C 相图和钢的 C 曲线来分析确定不同热处理条件下各种组织的形成原因。

(2) 对于经过不同热处理后的组织，要采用对比的方式进行分析研究，例如，退火与正火、水淬与油淬、淬火马氏体与回火马氏体等。

(3) 画出所观察到的、指定的几种典型显微组织形态特征，并注明组织名称、热处理条件及放大倍数等。

(4) 在了解洛氏硬度计的构造及操作方法之后，测定 45 钢经不同热处理后的硬度，并记录所测得的硬度数据。

五、实验报告要求

(1) 写出实验目的。

(2) 运用铁碳相图及相应钢种的 C 曲线，根据具体的热处理条件分析所得组织及特征，并画出所观察试样的显微组织示意图。

(3) 列出全部硬度测定数据，分析冷却方法及回火温度对碳钢性能(硬度)的影响，画出回火温度同硬度的关系曲线，并阐明硬度变化的原因。

六、思考题

(1) 45 钢淬火后硬度不足，如何用金相分析来断定是淬火加热温度不足还是冷却速度不够？

(2) 45 钢调质处理得到的组织和 T12 球化退火得到的组织在本质、形态、性能和用途上有何差异？

(3) 指出下列工件的淬火及回火温度，并说明回火后所获得的组织。

① 45 钢的小轴； ② 60 钢的弹簧； ③ T12 钢的锉刀

实验 6 常用金属材料的显微组织观察与分析

一、实验目的

(1) 观察各种常用合金钢、有色金属和铸铁的显微组织。

(2) 分析这些金属材料的组织和性能的关系及应用。

二、实验说明

1. 几种常用合金钢的显微组织

一般合金结构钢、低合金工具钢都是低合金钢。即合金元素总量小于 5% 的钢，由于加入了合金元素，使相图发生了一些变动，但其平衡状态的显微组织与碳钢没有质的区别。热处理后的显微组织仍然可借助 C 曲线来分析，除了 Co 元素之外，合金元素都使 C

曲线右移，所以低合金钢用较低的冷却速度即可获得马氏体组织。例如，除作滚动轴承外，还广泛用作切削工具、冷冲模具、冷轧辊及柴油机喷嘴的 GCr15 钢，经过球化退火、840℃油淬和低温回火，得到的组织为隐针或细针回火马氏体和细颗粒状均匀分布的碳化物以及少量残余奥氏体。

高速钢是一种常用的高合金工具钢。如 W18Cr4V 高速钢，因为含有大量合金元素，使 $Fe-Fe_3C$ 相图中点 E 大大向左移动，所以它 $w_C=0.7\%\sim0.8\%$，但已经含有莱氏体组织。在高速钢的铸态组织中可看到鱼骨状共晶碳化物，如实图 6.1 所示。这些粗大的碳化物，不能用热处理方法去除，只能用锻造的方法将其打碎。锻造退火后高速钢的显微组织是由索氏体和分布均匀的碳化物组成，如实图 6.2 所示。大颗粒碳化物是打碎了的共晶碳化物。高速钢淬火加热时，有一部分碳化物未溶解，淬火后得到的组织是马氏体、碳化物和残余奥氏体，如实图 6.3 所示。碳化物呈颗粒状，马氏体和残余奥氏体都是过饱和的固溶体，腐蚀后都呈白色，无法分辨，但可看到明显的奥氏体晶界。为了消除残余奥氏体，需要进行三次回火，回火后的显微组织为暗灰色回火马氏体、白亮小颗粒状碳化物和少量残余奥氏体，如实图 6.4 所示。

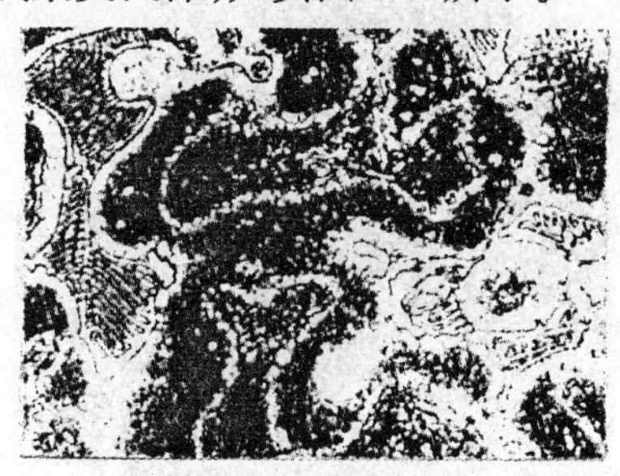

实图 6.1 W18Cr4V 钢铸态组织

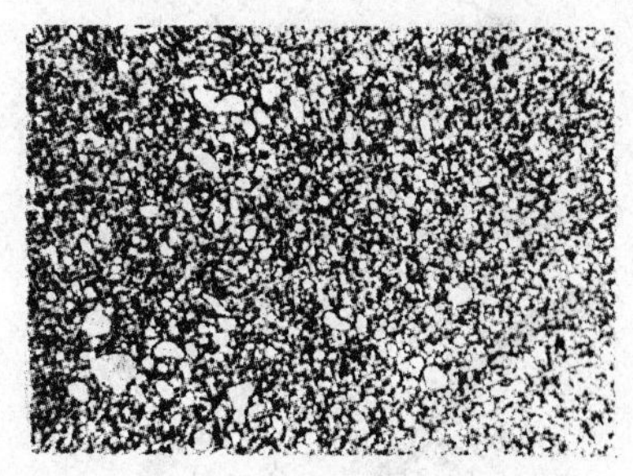

实图 6.2 W18Cr4V 钢锻后退火组织

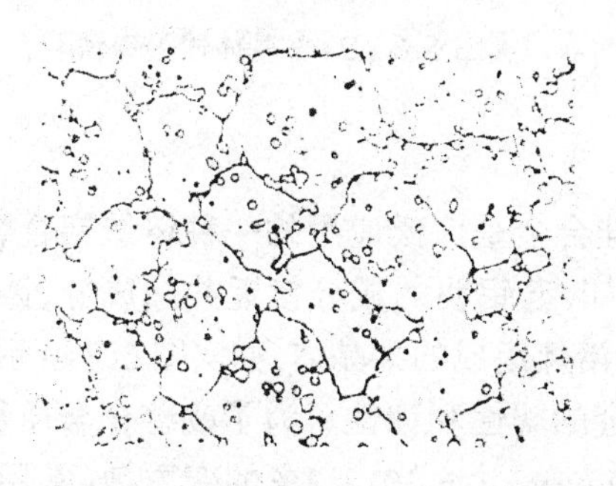

实图 6.3 W18Cr4V 钢的淬火组织

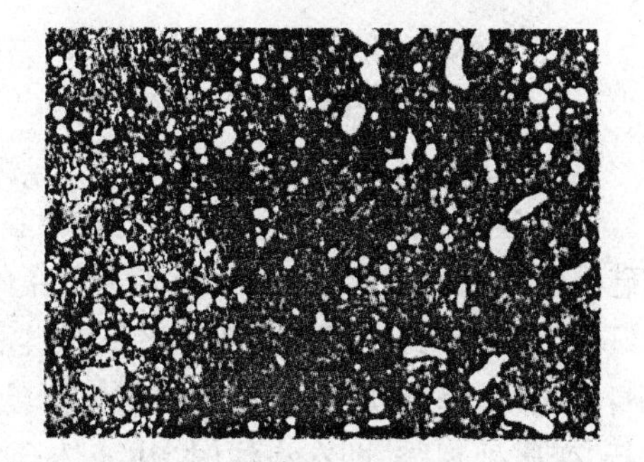

实图 6.4 W18Cr4V 钢的淬火回火组织

2.铸铁的显微组织

依铸铁在结晶过程中石墨化程度不同，可分为白口铸铁、灰铸铁、麻口铸铁。白口铸铁具有莱氏体组织而没有石墨，碳几乎全部以碳化物形式(Fe_3C)存在；灰铸铁没有莱氏体，而有石墨，即碳部分或全部以自由碳、石墨的形式存在。因此，灰铸铁的组织可以看成是由钢基体和石墨所组成，其性能也由组织的这两个特点所决定；麻口铸铁的组织介于灰铸铁与白口铸铁之间。白口铸铁和麻口铸铁由于莱氏体的存在而有较大的脆性。

(1) 石墨

石墨本身的强度、硬度、塑性都很低,几乎等于零。因此,石墨对铸铁性能的影响极大。石墨的形状愈细长、粗大或分布不均匀,则产生应力集中的程度就愈严重,从而大大降低铸铁的强度和塑性。

(2) 基体组织

根据石墨化程度不同,铸铁的基体组织不同,一般情况下,可分为三种:铁素体、珠光体+铁素体、珠光体。

(3) 各种铸铁的显微组织特征

①普通灰铸铁。石墨呈粗片状析出,如实图 6.5 所示。

②变质灰铸铁。在铸铁浇注前,往铁水中加入变质剂增多石墨结晶核心,使石墨以细小片状析出。

③球墨铸铁。在铁水中加入球化剂,浇注后石墨呈球状析出,如实图 6.6 所示。

④可锻铸铁。将白口铸铁锻化退火,使石墨呈团絮状析出,如实图 6.7 所示。

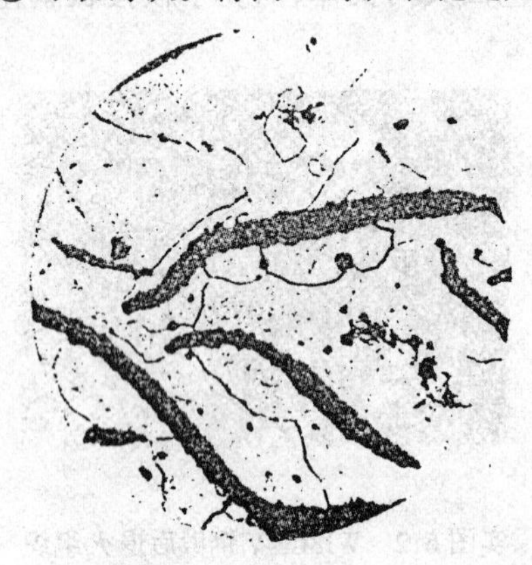

实图 6.5 F 基体灰铸铁

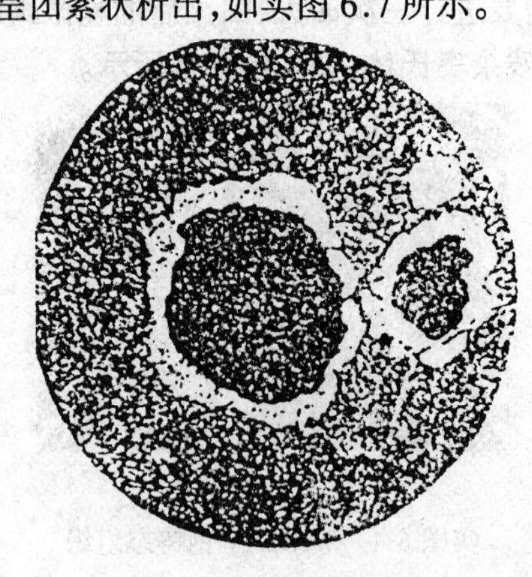

实图 6.6 P+F 基体球墨铸铁

3.几种常用有色金属的显微组织

(1) 铝合金

铝合金分为形变铝合金和铸造铝合金。铝硅合金是广泛应用的一种铸造铝合金,俗称硅铝明,$w_{Si}=11\% \sim 13\%$。从Al-Si合金图可知,硅铝明的成分接近共晶成分,铸造性能好,铸造后得到的组织是粗大的针状硅和 α 固溶体组成的共晶体,如实图 6.8 所示。硅本身极脆,又呈针状分布,因此极大地降低了合金的塑性和韧性。为了改善合金质量,可进行“变质处理”。即在浇注时,往液体合金中加入 $w_{合金}=2\% \sim 3\%$ 的变质剂(常用钠盐混合物:$\frac{2}{3}NaF+\frac{1}{3}NaCl$),可使铸造合金的显微组织显著细化。变质处理后得到的组织已不是单纯的共晶组织,而是细小的共晶组织加上初晶 α 相,即亚共晶组织,如实图 6.9 所示。

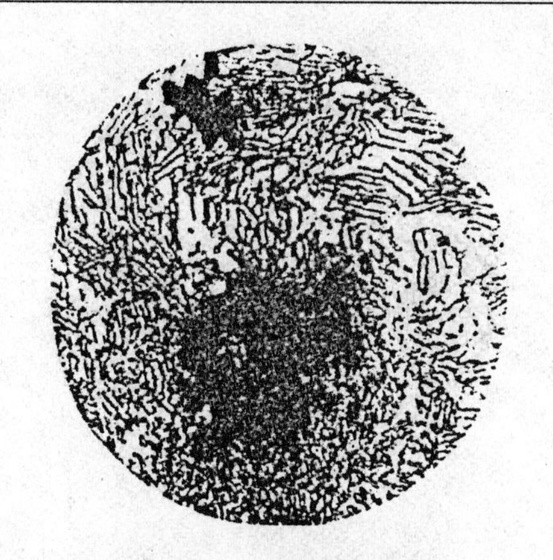

实图 6.7　P基体可锻铸铁

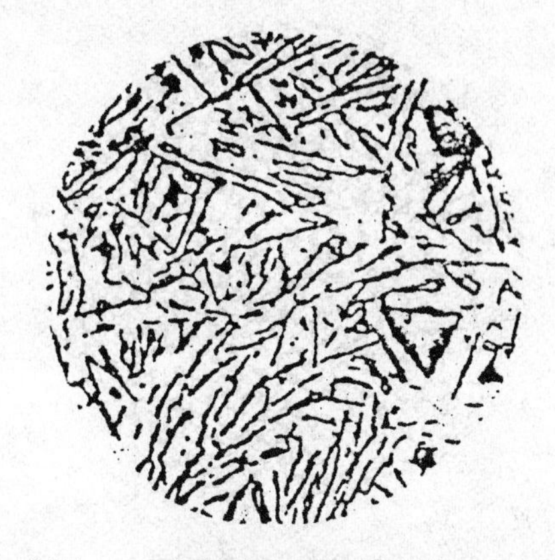

实图 6.8　未变质处理的硅铝明合金组织

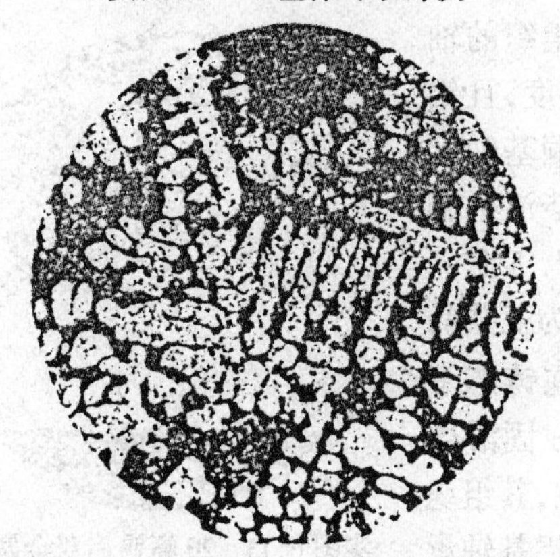

实图 6.9　经变质处理后硅铝明合金组织

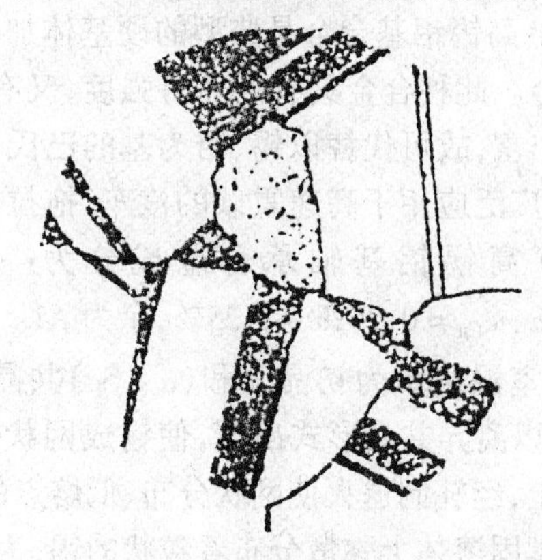

实图 6.10　单相黄铜的组织特征

(2) 铜合金

最常用的铜合金为黄铜(Cu－Zn 合金)及青铜(Cu－Sn 合金)。

根据 Cu－Zn 合金相图,含 $w_{Zn}=39\%$的黄铜,其显微组织为单相 α 固溶体,故称单相黄铜,其塑性好,可制造深冲变形零件。常用单相黄铜为 $w_{Zn}=30\%$左右的 H70,在铸态下因晶内偏析经腐蚀后呈树枝状,变形并退火后则得到多边形的具有退火孪晶特征的 α 晶粒,如实图 6.10 所示。因各个晶粒位向不同,所以具有不同深浅颜色。

$w_{Zn}=39\%\sim45\%$的黄铜,其组织为 α＋β′(β′是 CuZn 为基的有序固溶体),故称双相黄铜。在低温时性能硬而脆,但在高温时有较好的塑性,适于热加工,可用于承受大载荷的零件,常用的双相黄铜为 H62,在轧制退火后的显微组织经 $w_{FeCl_3}=3\%$和 $w_{HCl}=10\%$的水溶液侵蚀后,α 晶粒呈亮白色,β′晶粒呈暗黑色,如实图 6.11 所示。

(3) 轴承合金

巴氏合金是滑动轴承合金中应用较多的一种。锡基巴氏合金中 $w_{Sn}=83\%$、$w_{Sb}=11\%$、$w_{Cu}=6\%$。其显微组织是在软的 α 固溶体的基体上分布着方块状 β′(以化合物 SnSb 为基的有序固溶体)硬质点及白色星状或放射状的 Cu_6Sn_5,如实图 6.12 所示。

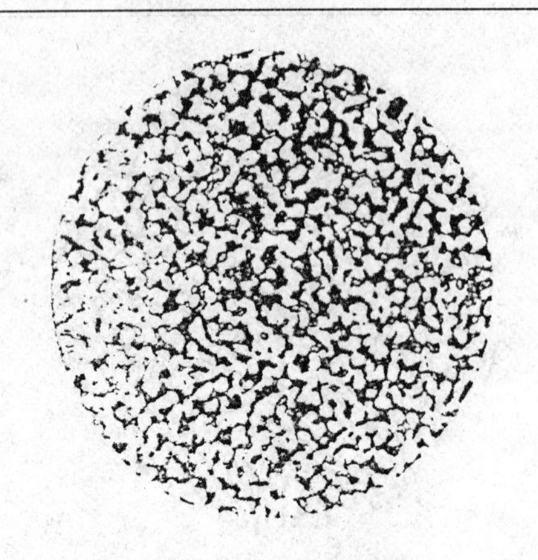

实图 6.11 双相黄铜

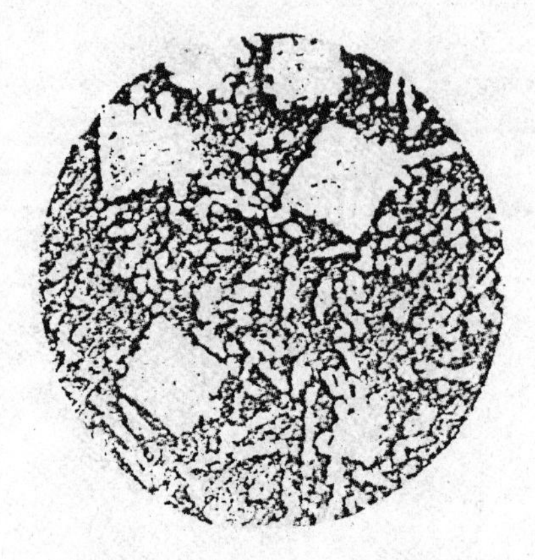

实图 6.12 ZChSnSb11－6 合金组织

20 高锡铝基合金是典型的硬基体加软质点组织的轴承合金。此种合金具有高疲劳强度，又有适当硬度，且铝资源丰富，故可代替以锡、铅为基的巴氏合金及铜基轴承合金，广泛应用于高速重载的汽车、拖拉机等的柴油机轴承，20 高锡铝基轴承合金成分为：w_{Sn} = 17.5% ~ 22.5%、w_{Cu} = 0.75% ~ 1.25%，余为 Al。此合金为亚共晶合金，室温组织为初晶 α 和(α + Sn)共晶体，但在铸态下 α + Sn以离异共晶形式出现，使锡成网状分布于 α 固溶体晶界上，经轧制退火使网状分布、低熔点的锡球化，其组织为铝基固溶体上弥散分布着粒状的锡，为使高锡铝基轴承合金和钢背结合牢固，采用钢带、铝－锡合金及夹有纯铝箔中间的三层合金复合轧制，如实图 6.13 所示。

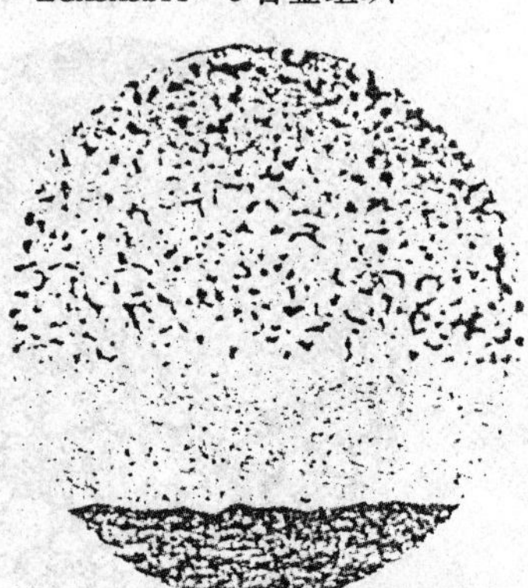

实图 6.13 20 高锡铝双金属合金组织

三、实验内容及方法指导

(1) 领取各种类型合金材料的金相试样(实表 6.1)，在显微镜下进行观察，并分析其组织形态特征。

(2) 观察各类成分的合金要结合相图和热处理条件来分析应该具有的组织，着重区别各自的组织形态特点。

(3) 认识组织特征之后，再画出所观察试样的显微组织图。画组织图时应抓住组织形态的特点，画出典型区域的组织。

实表 6.1 常用金属材料试样的处理状态

顺序号	试样号	材 料	处 理 状 态	浸 蚀 剂
1	3	GC15	840 油淬 150 回火	3%硝酸酒精溶液
2	6	W18C4V	1 260 ~ 1 280 油淬	3%硝酸酒精溶液
3	7	W18C4V	1 270 油淬 560 三次回火	3%硝酸酒精溶液
4	HT3	灰铸铁	铸造状态	3%硝酸酒精溶液

5	KT6	可锻铸铁	可锻化退火	3%硝酸酒精溶液
6	QT9	球墨铸铁	铸造状态	3%硝酸酒精溶液
7	1	硅铝明	铸态(未变质处理)	0.5%氢氟酸溶液
8	2	硅铝明	铸态(变质处理)	0.5%氢氟酸溶液
9	3	黄铜		3% $FeCl_3$ + 10% HCl 溶液
10	4	基轴承合金	铸态	3%硝酸酒精溶液
11	7	20高锡铝钢背轴瓦	复合轧制退火	3%硝酸酒精溶液

注:表中的“%”为质量分数。

四、实验报告要求

(1) 写出实验目的。

(2) 分析讨论各类合金钢组织的特点,并与相应碳钢组织作比较,同时把组织特点与性能和用途联系起来。

(3) 分析讨论各类铸铁组织的特点,并同钢的组织作对比,指出铸铁的性能和用途的特点。

五、思考题

(1) 合金钢与碳钢比较,组织上有什么不同,性能上有什么差别,使用上有什么优越性?

(2) 铸造 Al－Si 合金的成分是如何考虑的,为何要进行变质处理,变质处理与未变质处理的 Al－Si 合金前后的组织与性能有何变化?

(3) 轴瓦材料的组织应如何设计(即它的组织应具有什么特点)? 巴氏合金的组织是什么?

(4) 高速钢(W18Cr4V)的热处理工艺是怎样的? 有何特点?

(5) 要使球墨铸铁分别得到回火索氏体及下贝氏体等基体组织,应进行何种热处理?

实验7　常用非金属材料的组织观察与性能分析

一、实验目的

(1) 熟悉金属陶瓷及各类纤维增强树脂的显微组织及性能。

(2) 了解热固性聚合物的热固性能。

(3) 学会用燃烧法鉴别各类纤维。

二、实验说明

1.金属陶瓷、陶瓷及纤维增强树脂的显微组织及性能

以粉末冶金工艺制得的 WC－Co 及 WC－TiC－Co 等类合金称为金属陶瓷(硬质合

金),其制造工艺包括制粉、混料、成型、烧结等工艺,与普通陶瓷的制造工艺相似。

几种金属陶瓷(硬质合金)的化学成分、硬度及用途如实表 7.1 所示。

实表 7.1 硬质合金的化学成分、硬度及用途

	牌号	w_B/%			硬度(HRA)	用途
		WC	TiC	Co		
钨钴类	YG3	97		3	91	刀具
	YG6	94		6	89.5	刀具、耐磨件、拉丝模
	YG15	85		15	87	高韧性耐磨件、模具
钨钛钴类	YT5	85	5	10	89.5	粗加工刀具
	YT14	78	14	8	90.5	粗加工刀具
	YT30	66	30	4	92.5	精加工刀具

WC-Co 类硬质合金的显微组织一般由两相组成:WC+Co 相。WC 为三角形、四边形及其他不规则形状的白色颗粒;Co 相是 WC 溶于 Co 内的固溶体,作为粘结相,呈黑色。随着含 Co 量的增加,Co 相增多(实图 7.1)。

WC-TiC-Co 类硬质合金的显微组织一般由三相组成:WC+Co 相。WC 为三角形、四边形及其他不规则形状的白色颗粒;Ti 相是 WC 溶于 TiC 内的固溶体,在显微镜下呈黄色;Co 相是 WC、TiC 溶于 Co 内的固溶体,作为粘接相,呈黑色(实图 7.2)。

金属陶瓷硬质合金熔点高、硬度也很高,具有高的耐磨性及热硬性,可做刀具、耐磨零件或模具。金属陶瓷硬质合金属于颗粒复合材料。

纤维增强树脂是一种纤维复合材料。韧性好的树脂作为基体,可阻碍材料中裂纹的扩展。纤维的抗拉强度高,主要承受外加载荷的作用。玻璃纤维增强树脂的显微组织为玻璃纤维和树脂。在显微镜下可观察到纤维的编织形态及断面形状(实图 7.3、7.4)。

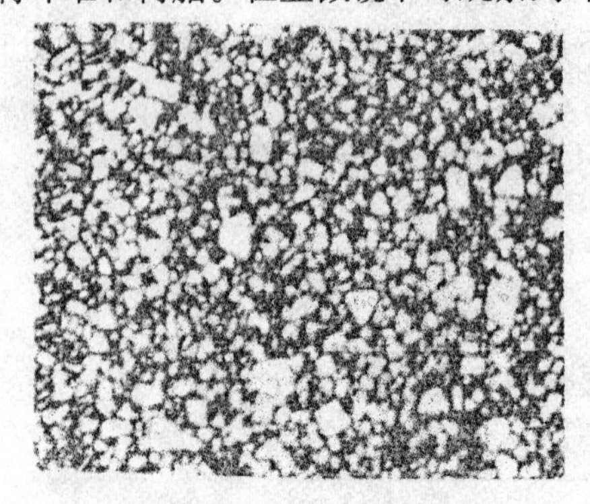

实图 7.1 YG3 的显微组织

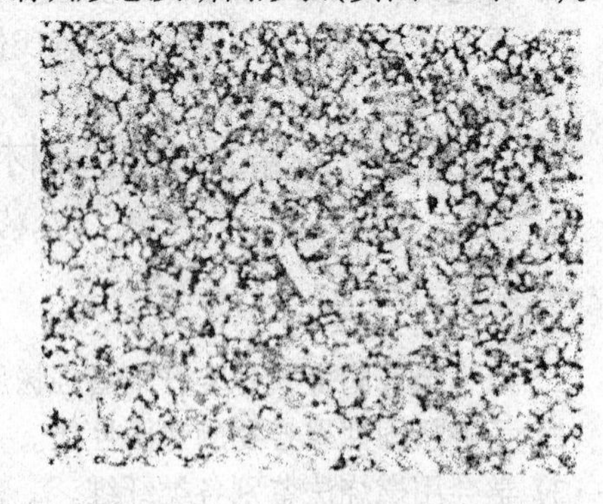

实图 7.2 YT14 的显微组织

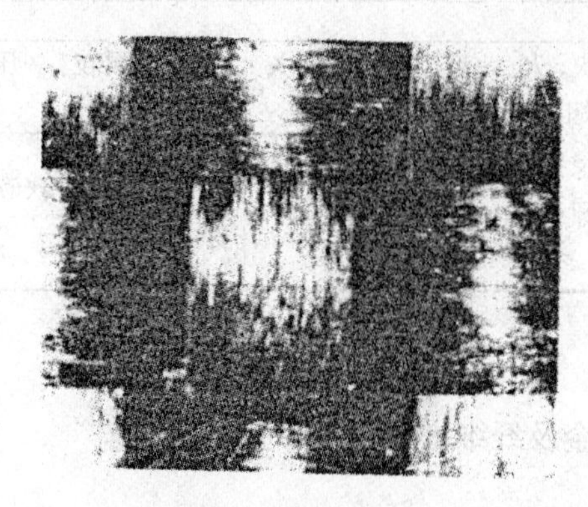

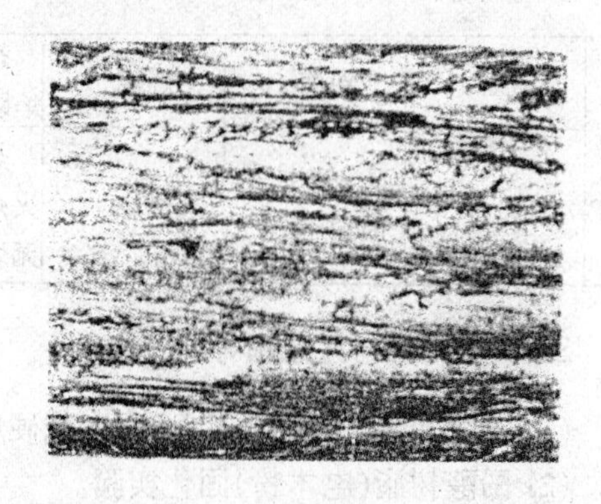

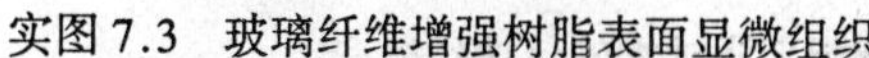

实图 7.3　玻璃纤维增强树脂表面显微组织　　实图 7.4　玻璃纤维增强树脂板断面显微组织

2.聚合物的固化性能

聚合物材料按其热行为及成型工艺特点可分为热塑性和热固性两大类。

加热软化或熔融、冷却固化的过程可反复进行的聚合物称热塑性聚合物，如聚酰胺、聚氯乙烯、ABS塑料、聚碳酸酯等。

加热加压成型后不能再软化、熔融或加热加压成型后改变形状的聚合物称热固性聚合物，如环氧树脂、酚醛树脂等。

热固性聚合物必须在一定的温度、一定的压力下保持一定的时间后，才会发生固化，一旦固化后再加热不能使其软化、熔融。酚醛树脂（电木粉）即属于这一类聚合物。它广泛用于电器工业，可制作闸刀盒、开关盒、插座、插头等电器用品，以及用来镶制金相样品。

3.纤维的燃烧法鉴别

各类合成纤维及天然纤维在燃烧时的火焰、气味、颜色及剩余物形状各不相同（实表7.2所示），因此，如同钢材可用火花法粗略判别一样，各类纤维可根据其燃烧时的特征加以判别。

实表 7.2　各种纤维的燃烧法鉴别表

纤维类别		接近火焰	离开火焰	燃烧特征	火焰灭后烟的特征	剩余颜色及形状
合成纤维	1.锦纶（尼龙）	迅速卷缩	时常自动熄灭	熔融，不易燃烧，无烟	白烟，芹菜味	黄褐色颗粒，不易研碎
	2.涤纶（的确良）	灼烧并收缩	同上	燃烧快，火焰爆裂，黑烟	黑烟，皂盒燃烧味	黑色颗粒，不易研碎
	3.腈纶（人造毛）	先软化再收缩	熔融并继续燃烧	燃烧快，火焰爆裂，烟少	白烟，稍有辛酸味	不规则黄褐色颗粒，一压就碎
	4.维纶	收缩，稍有熔融	继续燃烧	熔融，徐徐燃烧，纤维顶端有火焰	有臭味	黄褐色不定型硬块，不易研碎
	5.氯纶	在火焰远处即软化	熔融即停	熔融	有熔腊的臭味	不规则黑色硬球
	6.丙纶	同上	熔融并燃烧	燃烧稳定，火焰成圆形，无烟	白烟，有石蜡味	透明球，不易研碎

天然纤维	7.羊毛	卷曲	燃烧	燃烧快,火焰跳动,烟少	蓝灰色味,有头发焦味	灰色颗粒,一压就碎
	8.棉	灼烧或收缩	燃烧	燃烧稳定,火焰成圆形,无烟	白烟纸烟味	灰白色细软粉末,无颗粒

三、实验内容与方法指导

(1) 观察实表 7.3 中样品(金属陶瓷硬质合金及纤维增强树脂)的显微组织。

(2) 酚醛树脂(电木粉)固化实验。

实表 7.3　常用硬质合金和纤维增强树脂试样的处理状态

编号	材　料	工　艺	制　样
1	YG3	粉末冶金烧结	三氯化铁盐酸溶液腐蚀 1 min,水洗后于 $w_{(KOH)}=20\%$ 氢氧化钾 $w_{(K_3[Fe(CN_3)])}=20\%$ 铁氰化钾水溶液中腐蚀 3 min
2	YT4	粉末冶金烧结	
3	玻璃纤维增强树脂板(表面)	纤维编织后树脂固化	清除表层树脂
4	玻璃纤维增强树脂板(断面)	纤维编织后树脂固化	横断面抛光

两人一组做一块样品:

① 将镶样机温度指示旋钮置“4”,接通电源开关,加热指示灯亮。加热温度为 110~150℃。

② 取 10 ml 酚醛树脂粉,放入镶样机中。

③ 放入上模,盖上盖板,拧紧八角旋扭,手感有力时为止。

④ 顺时针转动手轮,压力灯亮后手轮再转半圈。

⑤ 8~10 min 后取出固化树脂样品。先逆时针转动手轮,再顺时针转动八角旋钮两转,然后再逆时针转动八角旋钮,松开盖板,顺时针转动手轮,使上模和试样顶出(注意勿弹在脸上)。

(3) 用燃烧法鉴别纤维(此内容可安排学生课外自做)。

二人一组领取纤维一包,在酒精灯上点燃后仔细观察并记录燃烧情况,判别各类纤维。

四、实验报告要求

(1) 画出所观察样品的显微组织示意图。

(2) 按实表 7.4 记录各种纤维的燃烧特征,写出鉴别结果。

实表 7.4　各种纤维的燃烧特征

纤维颜色	燃烧特征	烟色	烟味	剩余物颜色及形状	判别纤维类别

五、思考题

(1) 你能画出金属陶瓷(硬质合金)或无机材料的显微组织示意图吗?

(2) 试概括出一般热固性塑料的固化成型方法。

(3)工程陶瓷、金属陶瓷(硬质合金)与金属在组织和性能上的主要区别是什么?

实验 8　电子显微分析方法的实验观察与分析

一、实验目的

(1) 了解透射电子显微镜的一般结构原理及主要功用。

(2) 利用透射电子显微镜进行组织观察。

(3) 了解透射电子显微镜的样品制备方法。

二、实验说明

随着现代科学技术的发展,对显微镜的要求也越来越高。在许多情况下,光学显微镜已无法满足分辨细微组织等要求。因为光学显微镜是用可见光做照明源,其分辨率约为200 nm,而许多显微组织的尺寸都小于这个限度。例如,对钢的上、下贝氏体等组织,就不能明显地区分两相机械混合物。因此这些纤细的相组成和塑性形变中滑移带的观察、亚晶结构的研究以及晶内嵌镶块等,都是在使用比可见光的波长短的电子束做照明源的电子显微金相研究以后才得出结论的。

1.透射电子显微镜结构简介

• 构造

透射电子显微镜是以波长极短的电子束做照明源,用电磁透镜聚焦成像的一种具有高分辨本领、高放大倍数的电子光学仪器。它由电子光学系统、真空系统和供电系统三大部分组成,其中电子光学系统是电镜的核心部分。实图 8.1 示出了透射电镜镜体剖面示意图。

(1) 电子光学系统

电子光学系统是透射电镜的基础部分,整个电子光学系统完全置于镜体内,其结构呈积木式,自上而下顺序排列着电子枪、聚光镜、样品室、物镜、中间镜、投影镜、观察室、荧光屏和照相机构等装置。根据这些装置的功能不同,又可将电子光学系统分为照明系统、样品室、成像系统和观察与记录系统。

① 照明系统。照明系统是由发射并使电子加速的电子枪和会聚电子束的聚光镜组成。它的作用是为成像系统提供一束亮度高、照明孔径角小、束流稳定的照明源。

② 样品室。样品室位于照明系统和成像系统之间。它的主要作用是通过试样台承载试样,移动试样。

③ 成像系统。电子显微镜的成像系统主要由物镜、中间镜(一个或两个)和投影镜(一个或两个)组成。其作用是能够反映样品内部特征的透射电子转变成可见光图像或电子衍射谱,并投射到荧光屏或照相底板上。

④ 观察与记录系统。它包括荧光屏和照相机构,在荧光屏下面放置一个可以自动换片的自动暗盒。

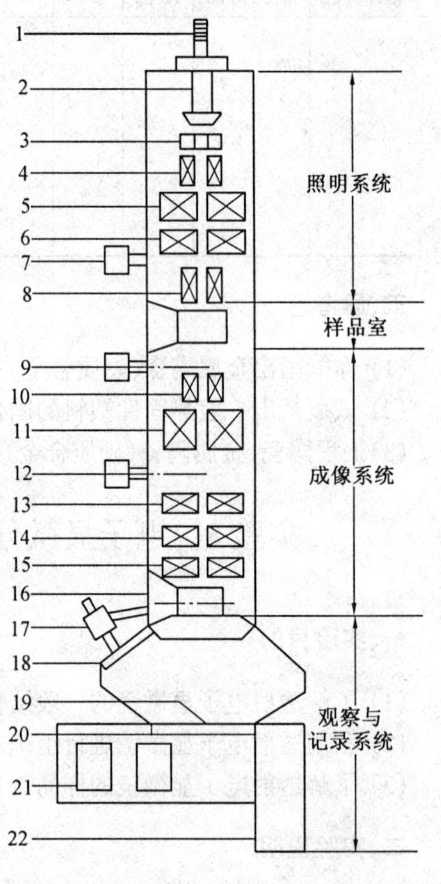

实图 8.1　透射电镜镜体剖面示意图

1.高压电缆;2.电子枪;3.阳板;4.束流偏转线圈;5.第一聚光镜;6.第二聚光镜;7.聚光镜光阑;8.电磁偏转线圈;9.物镜光阑;10.物镜消像散线圈;11.物镜;12.选区光阑;13.第一中间镜;14.第二中间镜;15.第三中间镜;16.高分辨衍射室;17.光学显微镜;18.观察窗;19.荧光屏;20.发片盒;21.收片盒;22.照相室

(2) 真空系统

为避免电子束在镜筒内与空气分子发生碰撞而引起电子散射,整个镜筒必须保持一定的真空度,一般真空度要求达到1 333.2~666.6 Pa或更高。

(3) 供电控制系统

透射电子显微镜各部分对于电压和频率具有不同的要求,这可由内部各种回路来达到,透射电子显微镜一般有两部分电源:一是供给电子枪的高压部分,二是供给电磁透镜的低压稳流部分。

• 样品制备

由于电子束穿透样品的能力低,因此要求所观察的样品非常薄,对于透射电子显微镜,常用75~200 kV加速电压,样品厚度控制在100~200 nm。要制备这样薄的样品必须通过一些特殊的方法,透射电镜样品制备方法可分为两类:薄膜法和复型法。

(1) 薄膜法

首先从大块试样上切割厚度为0.1~0.3 mm的薄片,然后对样品薄片采用机械减薄法(把切好的薄片一面粘在样品座底表面上,然后在水磨砂纸上研磨减薄至30~50 μm),最后采用双喷电解减薄法或C离子减薄法减至80~150 nm,之后可直接装入电镜进行分析观察。

(2) 复型法

复型方法有三种,即一级复型、二级复型和萃取复型。

① 一级复型。一级复型分塑米一级复型和碳一级复型。

(a) 塑料一级复型。在已制备好的金相试样或断口样品上滴几滴体积浓度为1%的火胶醋酸戊酯溶液或醋酸纤维素丙酮溶液,待溶剂蒸发后,表层留下一层100 nm左右的塑料薄膜。将塑料薄膜小心地从样品表面上揭下来,剪成对角线小于3 mm的小方块,放在直径为3 mm的专用铜网上,进行透射电子显微分析。

(b) 碳一级复型。将制备好的金相试样放入真空喷碳仪中,以垂直方向在样品表面蒸发一层数百埃的碳膜;用针尖或小刀把喷有碳膜的样品划成对角线小于3 mm的小块;将样品放入配制好的分离液中,电解或化学抛光,使碳膜与试样表面分离;将分离开的碳膜在丙酮或酒精中清洗,干燥后,放置在直径3 mm的铜网上进行电镜观察分析。

② 二级复型。二级复型一般指塑料-碳复型。其制备方法是在样品表面滴一滴丙酮,然后贴上一片与样品大小相当的AC纸(质量分数为6%的醋酸纤维素丙酮溶液制成的薄膜)。待AC纸干透后小心揭下,即得塑料一级复型;将塑料复型固定在玻璃片上放入真空喷碳仪中喷碳;将二次复型剪成对角线小于3 mm的小方块放入丙酮中,溶去塑料复型;将碳膜捞起清洗干燥后,即可放入电镜中观察。

③ 萃取复型。萃取复型可以将试样表面的第二相粒子粘附下来,从而可用来分析材料中第二相粒子的形状、大小、分布等特征。

其制备方法是深侵蚀金相试样表面,使第二相粒子显露出来;在真空喷碳仪中喷镀一层较厚的碳膜(20 nm以上),把第二相粒子包络起来;用小刀或针尖把碳膜划成对角线3 mm的小块,并放入分离液中进行电解或化学抛光,使碳膜连同凸出试样表面的第二相粒子与基体分离;将分离后的碳膜经酒精等清洗后作为电镜样品进行观察。

2.透射电子显微镜的典型组织图

透射电子显微镜的典型组织详见实图8.2~8.7。

3.扫描电子显微镜的特点与构造

实图8.2　位错马氏体,40 000×

实图8.3　孪晶马氏体,50 000×

实图 8.4 上贝氏体,15 000×

实图 8.5 下贝氏体,15 000×

实图 8.6 马氏体[111]晶带轴电子衍射图

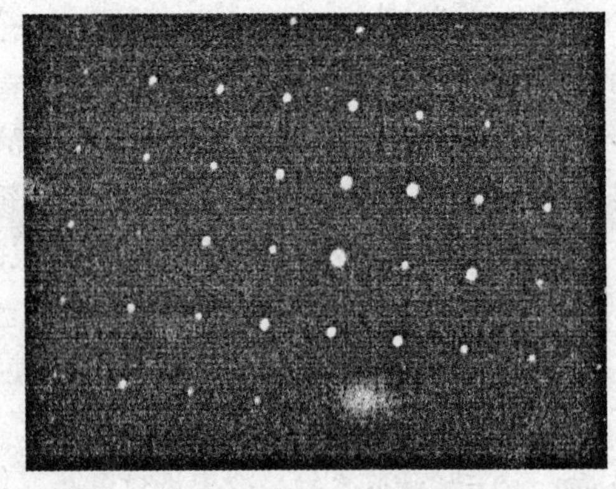

实图 8.7 马氏体[001]晶带轴电子衍射图

(1)扫描电镜的特点

① 分辨率高。采用三极式电子枪的普通扫描电镜,其分辨率为 5 ~ 10 nm,采用场发射电子枪,其分辨率可达 1 nm。

② 倍率范围大。在实际工作中,根据不同的要求,选用不同的放大倍率,可以从宏观到微观、从低倍到高倍连续地进行放大,扫描电镜的倍率可从 10 ~ 100 000 倍之间任意调节,使分析工作大为简便和有效。

③ 景深大。扫描电子显微镜的景深比较大,图像的三维立体效果特别好,有鲜明的立体感,特别适用于工件的失效分析。

④ 视场大而连续。扫描电镜有很大的样品空间,能容纳较大的样品,并且可以用真空部的旋钮对样品进行三维空间移动和倾斜转动,形成一个大而连续的视场,使得样品底部以外的表面都有可能被观察到,给需追踪和连续观察的工作提供了很大方便。

⑤ 制样简便。扫描电镜采用反射信息(如二次电子)成像,直接观察样品表面,不受样品厚度影响,既方便简单,又真实可靠。

⑥ 综合分析性能好。扫描电镜与电子衍射技术或与 X 射线显微分析技术相结合的

时候,可对样品进行综合分析。能使微区成分分析和微区晶体学分析与形貌观察结合为一体,同时进行。

(2)扫描电镜的构造

扫描电镜可粗略分为镜体和电源电路系统两部分(实图 8.8)。镜体部分由电子光学系统(包括电子枪、扫描线圈)、样品室、检测器以及真空抽气系统和冷却系统组成。电子光学系统将电子枪发出的电子束细聚焦,并使其在样品表面作二维扫描;样品室可同时或分别装置各种样品台、检测器及其他附属装置;真空抽气系统由机械泵和油扩散泵构成,确保电子束通路始终处于高真空工作状态;冷却系统通过循环水对镜体等进行冷却;电源电路系统由控制镜体部分的各种电源(高压电源、透镜电源、扫描电源及各种直接电源)、信号检测放大系统、图像显示记录系统以及用于全部电气部分的操作面板构成。另外,JXA－840 扫描电镜还配有能谱仪和波谱仪两个附件。

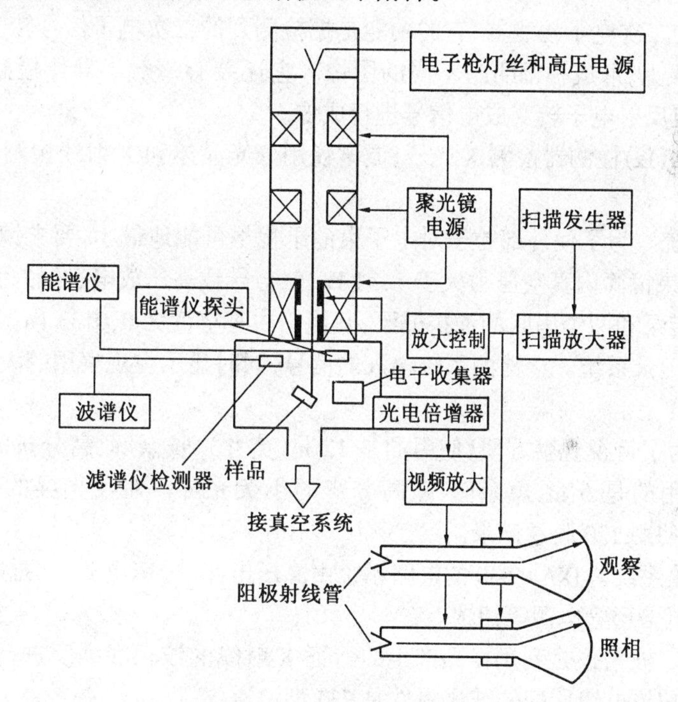

实图 8.8　JXA－840 扫描电镜构造示意图

① 电子枪。电子枪有热电子发射型和场发射型两种。JXA－840 扫描电镜的电子枪为热电子发射型电子枪(实图 8.9),它由发射热电子的阴极(灯丝)、会聚发射电子的控制栅极(韦氏极)和加速会聚电子的阳极构成。它能产生一个亮度高、交叠点小、电子束流稳定的电子源。

② 电磁透镜。扫描电镜所用的电磁透镜是缩小透镜,其作用是把从电子枪发出的电子源即交叉斑,经二级或三级电子透镜缩小,使达到样品表面的电子束斑最小直径为 2～5 nm,即电子探针。

③ 扫描系统。扫描系统是扫描电镜成像的一个重要组成部分,它的功能是使聚焦后的电子束在样品表面做光栅扫描。

JXA－840 的扫描系统是由两对成直角安装的扫描线圈组成。这两对扫描线圈分别由两个不同周期的 SWG(锯形波发生器)控制。

④ 样品室。JXA－840 有一个容积很大的样品室。它可以安装各种附件,例如,二次电子检测器,背散射电子检测器,光学显微镜,波谱、能谱探头,冷井等,实现了一机多功能。

样品台移动范围大,它能在 x、y、z 方向移动样品。可在 0°～90°之间进行倾斜,0°～360°之间旋转,以获得一个满意的扫描图像。

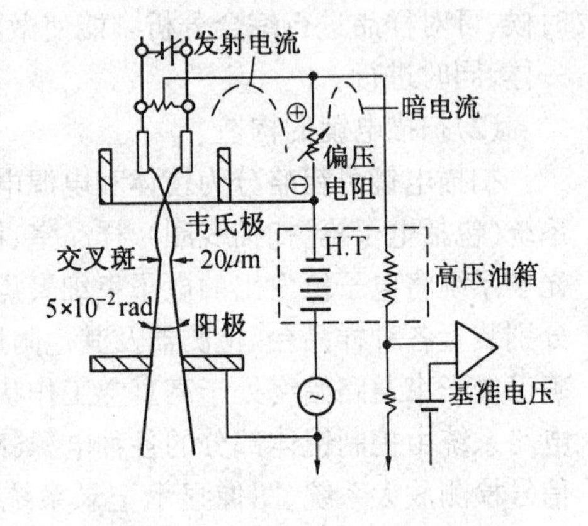

实图 8.9　热电子发射型电子枪

⑤ 检测器。JXA－840 使用的是闪烁体——光电倍增管型的二次电子检测器,它的功能是把检测到的二次电子信号转变成电信号,施加在 CRT 的栅极上,形成一幅明暗不同的图像。它还装有一对半导体检测器,它的作用是把检测到的被反射电子转变成电信号进行成像。

能谱仪用 Si(Li)检测器检测 X 光子;波谱仪用分光晶体和 X 射线检测器对 X 射线进行检测。

⑥ 真空系统。为了使外部粒子对电子束的干扰尽可能地最小,要求镜筒内的真空度尽可能地高,如果镜筒内真空压力大于 1.33 Pa,就会导致高压放电、样品污染。JXA－840 使用一个油旋转泵和两个串联的油扩散泵,其镜筒内真空度为 0.0133 Pa。

⑦ 显示与记录系统。从检测系统输入的信号,同时显示在观察用的大 CRT 上和照相记录用的小 CRT 上。

显示系统为了目视观察方便,使用的是 12 in(英寸)、长余晖、高分辨的大荧光屏,照相记录系统使用的是 5 in、短余晖、超高分辨的小荧光屏。在荧光屏的上面装有一台 MAMIYA 相机,使用 120 胶卷记录。

⑧电源电路系统。JXA－840 的电路系统由高压电路、透镜电源、扫描电源、二次电子加速电源和光电倍增管电源等组成。

⑨ 波谱仪。波谱仪是利用样品产生的特征 X 射线的波长和强度进行成分分析的仪器。JXA－840 扫描电镜所配的波谱附件是 733 型波谱仪。

⑩ 能谱仪。能谱仪是利用样品产生的特征 X 射线的能量和强度进行成分分析的仪器。JXA－840 扫描电镜所配的能谱附件是 EDAXPV9100 型能谱仪。

4.扫描电镜的基本原理

由电子枪发射出来的电子束经过两级汇聚镜和一级物镜聚焦后,直径可缩小到4 nm,当电子束在样品表面扫描时,与样品发生作用,激发出各种信号,如二次电子、背散射电子、吸收电子、俄歇电子、特征 X 射线等,在较大的样品室内装有各种探测器,以检测各种信号,例如,二次电子探测器用以检测二次电子,背散射电子探测器用以检测背散射电子,X 射线探测器用以检测特征 X 射线等。使反映样品形貌、成分及其他物化性能的各种信号都能得到检测,然后经放大和信号处理,并以此信号来调制同步扫描的显像管亮度,在显像管的荧光屏上就可得到各种信息的样品图像。同时利用特征 X 射线还能得到样品的成分。实图8.10为扫描的成像过程示意图。

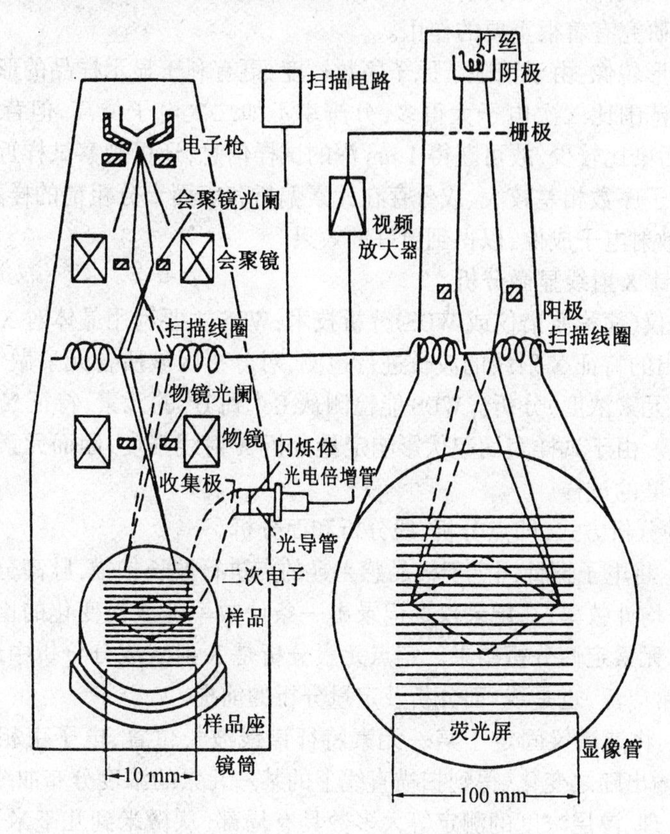

实图8.10　扫描的成像过程示意图

5.扫描电镜的功能

(1) 形成二次电子像

二次电子是样品原子被入射电子轰击出来的核外电子。它主要来源于表层5~10 nm的深度范围,分辨率较高,其强度与原子序数无明确关系,但对微区刻面相对于入射电子束的位向却十分敏感,适于显示形貌衬度。由于扫描电镜景深大,倍率范围大且连续,故可清晰地显示样品表面的三维立体形态,并可在10~100 000倍内任意放大观察和记录。同时利用荧光屏上的标尺可对各种图像的细节尺寸进行测量。

(2) 形成背散射电子像

背散射电子是被固体样品原子反射回来的一部分入射电子,又叫反射电子或初级背散射电子,它对样品微区原子序数或化学成分的变化敏感,可显示原子序数或化学成分衬度,形成背散射电子像。原子序数大则背散射电子信号强度大,在背散射电子像上显示较亮的衬度。据背散射电子像明暗衬度可判断相应区域原子序数的相对高低,对金属及其合金进行显微组织的分析。

背散射电子成像时,没有边缘强光和充电效应,不会形成假象,这是背散射电子成像的一大优点,可用来检验导电率低又不宜表面镀层的产品。

背散射电子成分像:成分像能明显地反映原子序数衬度,特别是在样品平整而组成相原子序数差别较大或样品存在偏析时,能使不同的化学成分或不同的相明确地区别开来,对不同成分分布研究有着很重要的作用。

背散射电子形貌像:由于消除了原子序数衬度,更有利于显示样品的形貌,但是,由于背散射电子发生范围比二次电子大得多,分辨率不如二次电子像高,但背射电子因能量高、试样带电和污染比较少,故可获得 1 μm 深的试样信息,还可观察试样近表层的内部结构。对于一些原子序数相差较大、成分存在元素偏析和表面十分粗糙的样品,要观察其形貌,就需应用背散射电子成像,以得到更好的效果。

(3) 电子探针 X 射线显微分析

波长分散谱仪(简称波谱仪或 WDS)分析技术:WDS 主要利用晶体对 X 射线的布拉格衍射,对试样发出的特征 X 射线的波长进行检测,对分析区域所含元素做定性(含哪些元素)和定量(每一元素浓度)分析。WDS 能检测从 Be^4 到 U^{92}的元素,特征 X 射线波长范围从几埃到几十埃。由于试样表面起伏影响定量分析 X 射线强度,因而元素分析时最好用表面经过仔细研磨的试样。

WDS 有三种分析方式,即点分析、线分析和面分析。

① 点分析。将电子探针固定于样品感兴趣的点进行波长扫描,脉高分析器的输出经数率计转换成平均计数率,在记录仪上记录出一条计数率随波长变化的谱带。经过简单的译谱即可得知元素定性分析结果。定点元素分析是 X 射线成分分析中最主要、最基本的工作,应用非常广泛,也是线、面分析及定量分析的前提。

② 线分析。将波谱仪固定于某一元素特征谱线波长位置,电子束相对样品作线扫描,则数率计的输出随之变化,得到扫描直线上的某一元素的浓度分布曲线。线分析适合于表面化学热处理、渗层浓度的测定等大多数具有局部(从微米到几毫米)浓度梯度的半定量测定工作。

③ 面分析。将单道脉冲高度分析器的输出脉冲直接调制阴极射线管的亮度,电子束作二维扫描,于是在荧光屏上得到由一系列光点组成的图像。光点的密度分布是选定波长代表的元素在样品扫描区域内的浓度分布。这种 X 射线图像显示的浓度分布很直观,与电子图像的对应性又很好,适合于各种元素不均匀分布的定性分析,使形貌与成分统一。

(4) X 射线能量分散谱仪(EDS)分析技术

① 应用于微区成分分析。能谱仪用作元素的定性分析是快速的,因为它能接收和检测所有的不同能量的 X 射线光子信号,而且元素与能谱峰有简单的对应关系,不存在分光谱仪中的高级反射线条,许多仪器还将峰值直接显示为元素,给分析工作带来很大方便。能谱仪能在几分钟内对原子序数大于 11 的所有元素进行快速定性分析。探头可置于离放射源很近的地方,也不需要经过晶体衍射,信号强度几乎无损失,近 100%,故灵敏度较高。能谱仪无聚焦要求,适于较粗糙表面的分析工作,并且经过计算机处理可进行定量分析,同时,根据需要还可打出质量分数或原子分数的直方图。

② 应用于点分析、线分析、面分析。能谱仪与波谱仪类似,也有三种分析方式,即点分析、线分析和面分析,作用与波谱相同,可对单元素进行面分析、线分析或检测全谱做定性、定量分析。

三、实验内容

(1)观察两种典型马氏体的透射电镜形貌图象特征；

(2)观察如何利用透射电镜对试样进行微区物相分析；

(3)观察 Q345(16Mn)钢螺纹断口——观察 Q345(16Mn)钢螺纹断口从低倍到高倍的形貌,观察 16Mn 钢螺纹断口的裂纹源形貌,并用能谱仪测试断口夹杂物的成分；

(4)对滑动轴承合金 ZChSnSb11-6 中的不同相进行微区分析,了解其元素的偏析情况。

四、实验报告要求

(1)简要说明利用透射电镜的主要功用及对薄膜试样进行微观形貌图象观察的步骤；

(2)简述利用扫描电镜观察和分析失效零件(如 Q345 钢)的大体步骤,并概括说明所观察试样的各种电子形貌图象的特征。

五、思考题

(1)利用透射电镜观察试样时,对试样样品的基本要求是什么？它同光学金相试样有什么不同？

(2)比较扫描电子图像与光学金相图像照片的区别,并简要说明扫描电镜的主要功能。

4.4　综合开放实验

几点说明

(1)教学实践证明,综合开放实验是培养学生工程实践能力的一种最好形式,希望在教学学时允许条件下优先选用此种实验模式。

(2)综合开放实验学时:综合实验 1 为 4~6 h,综合实验 2 为 6~8 h。

(3)每一综合开放实验由两部分组成。第 1 部分为基本技能训练,如金相显微镜的正确使用,或钢的热处理工艺操作等;第 2 部分为综合知识与技能训练,如综合实验 1 中的碳钢热处理后的硬度测定与显微组织观察等。

(4)综合开放实验是以工业上常用的碳钢,或各类机械零件、工模具并且兼顾不同专业所需零件等引子,要求学生从选材入手,依次到制定该零件用材的大体加工工艺路线(重点是预先热处理与最终热处理工艺的制定),在此基础上,开始切割原材料试样→进行热处理工艺操作并制备金相试样→放到金相显微镜下观察其组织特征并进行硬度测定等。学生人手一块试样,自己制定工艺并实施,独立观察所制备试样的显微组织特征并与标准样品对照,分析原因,找出差距。

实验9 常用碳钢的热处理工艺操作与组织、性能测定

一、实验目的

(1)掌握金相显微镜的使用方法与金相样品的制备方法(详见实验1)。

(2)熟悉常用碳钢的热处理工艺操作,并能熟练观察和分析碳钢的平衡和不平衡组织特征,深刻体会各种热处理工艺参数对碳钢组织的影响(详见实验4和实验5)。

(3)进一步熟悉硬度计的使用方法。

二、实验设备及试样材料

(1)金相显微镜;

(2)常用碳钢(20、45、T8、T12钢)试样一批;

(3)洛氏硬度计和布氏硬度计;

(4)中温箱式热处理炉及辅助设备。

三、实验内容

1.热处理工艺操作

将20、45、T8、T12钢试样毛坯,分别进行热处理(包括退火,正火,淬火及回火等)。每人选择一种材料、一种热处理工艺。具体热处理工艺参数由自己制定,用中温箱式电炉或管式电炉进行热处理操作。

2.硬度测定

对热处理工艺操作后的试样进行硬度测试。自己选择硬度计的类型,自己动手测试所处理试样的硬度值,并将硬度值填入实表9.1中。

3.金相试样的制备

自己动手,按照金相试样的制备方法,把经热处理试样磨制成金相试样,再经抛光,侵蚀,吹干。

4.金相试样的显微组织观察

①首先在金相显微镜下观察自己制备的金相试样的显微组织特征,自主选择放大倍数,并且同标准试样对比其特征;

②同组交换试样,观察同种材料不同热处理条件下试样的显微组织特征;

③不同组之间互换,观察不同材料各种热处理条件下试样的显微组织特征。

四、实验报告要求

(1)写出实验目的;

(2)画出自己所制备样品的显微组织示意图(用箭头和代表符号标明各组织组分,注明材料、放大倍数和侵蚀剂等),并将组织特征描述填入实表9.1中;

(3)分析比较同种材料不同热处理条件下试样在显微组织及性能上的差异;

(4)分析比较 T12 钢和 45 钢经不同热处理条件下所获得的组织及性能的差别；

(5)检查自己所制备试样的显微组织和性能变化的原因。

实表 9.1　不同热处理条件下碳钢的显微组织

样号	钢号	热处理条件	侵蚀剂	放大倍数	硬度	显微组织
1	纯铁	退火	3%硝酸酒精溶液			
2	45	退火	3%硝酸酒精溶液			
3	45	正火	3%硝酸酒精溶液			
4	45	油淬	3%硝酸酒精溶液			
5	45	正常淬火	3%硝酸酒精溶液			
6	45	760℃淬火	3%硝酸酒精溶液			
7	45	水淬、200℃回火	3%硝酸酒精溶液			
8	45	水淬、400℃回火	3%硝酸酒精溶液			
9	45	水淬、600℃回火	3%硝酸酒精溶液			
10	T8	普通退火	3%硝酸酒精溶液			
11	T8	球化退火 3%	硝酸酒精溶液			
12	T8	等温淬火 3%	硝酸酒精溶液			
13	T8	正常淬火	3%硝酸酒精溶液			
14	T12	1 000℃加热、水淬	3%硝酸酒精溶液			
15	T12	正常淬火	3%硝酸酒精溶液			
16	T12	等温淬火	3%硝酸酒精溶液			
17	T12	油淬	3%硝酸酒精溶液			
18	T12	球化退火	3%硝酸酒精溶液			
19	T12	一般退火	3%硝酸酒精溶液			
20	T12	正火	3%硝酸酒精溶液			
21	20	正常淬火	3%硝酸酒精溶液			
22	20	1 000℃加热、水淬	3%硝酸酒精溶液			

注：20 钢的 Ac_1 为 735℃，Ac_3 为 855℃；45、T12 钢的临界温度见实验 3。

实验 10　常用机械零件的选材、热处理工艺操作与组织观察

一、实验目的

(1) 熟悉常用工业用钢的分类方法，能根据零件的用途、工作条件和力学性能等要求正确选用材料。

(2) 根据材料的成分－组织－性能之间的关系，制定正确的热处理工艺，掌握热处理工艺的操作。

(3) 观察工业用钢典型材料的显微组织特征。

二、实验说明

1.工业用钢材料的选择

工业用钢按化学成分分为碳钢和合金钢两大类，按用途分为结构钢、工具钢和特殊性能钢。

工业用钢所涉及的材料种类很多，而相同用途的钢号也很多。如何在保证工程构件及机械零件力学性能的前提下，合理选择和正确使用材料，并配以合适的热处理工艺，就能最大限度地发挥材料的性能潜力、降低成本、延长寿命。一般从以下三方面考虑：

(1) 对零件进行分析

根据零件的用途、工作条件、受力情况及失效形式，确定零件的基本性能要求，找出零件材料需要达到的主要力学性能指标，进行初步选材。

(2) 材料的工艺性

钢材一般均需经锻造、切削加工以及热处理工艺才能制成零件。
有的构件可能还需要经过铸造和焊接而制成。因此在选择时必须注意钢材的有关工艺性。

(3) 材料的经济性

在满足使用性能要求的前提下，选材时还应注重降低零件的成本，优先选用价格低的铸铁、碳素钢和我国富产的合金钢等，要做到优质、低成本。

2.热处理工艺

钢的性能主要决定于钢的成分和组织，碳及合金元素的加入可改变钢的化学成分，而组织的改变则要通过热处理工艺。热处理工艺包括退火、正火、淬火及回火，其基本过程为加热、保温及冷却三个基本工艺因素，正确选择这三者的规范是热处理成功的基本保证。

(1) 加热温度的选择

①退火加热温度。一般亚共析钢加热至 $Ac_3+(30\sim50)$℃(完全退火)；共析钢和过共析钢加热至 $Ac_1+(10\sim20)$℃(球化退火)，目的是得到球状渗碳体、降低硬度、改善高碳钢的切削性能。

②正火加热温度：一般亚共析钢加热至 $Ac_3+(30\sim50)$℃；过共析钢加热至 $Ac_m+(30\sim50)$℃，即加热到奥氏体单相区。退火和正火的加热温度范围选择如实图 10.1 所示。

③淬火加热温度。一般亚共析钢加热至 $Ac_3+(30\sim50)$℃；共析钢和过共析钢加热至 $Ac_1+(30\sim50)$℃，如实图 10.2 所示。

钢的成分、原始组织及加热速度等皆影响临界点 Ac_1、Ac_3 及 Ac_m 的位置。在各种热处理手册或材料手册中，都可以查到各种钢的热处理温度。热处理时不能任意提高加热温度，因为加热温度过高时，晶粒容易长大，氧化、脱碳和变形等会变得比较严重。

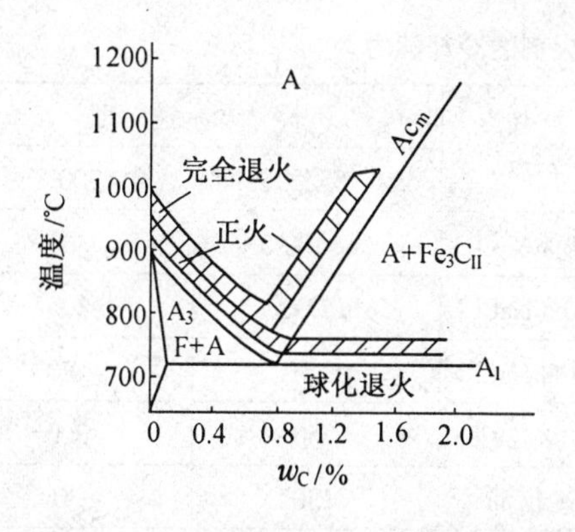

实图 10.1　退火和正火的加热温度范围

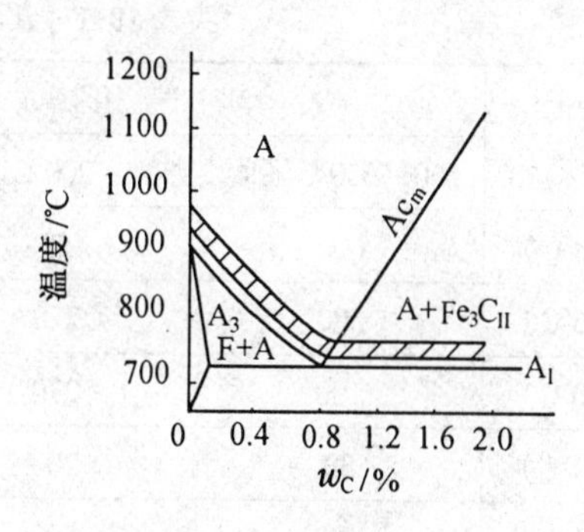

实图 10.2　淬火的加热温度范围

④回火温度的选择。钢淬火后都要回火,回火温度决定于最终所要求的组织和性能(工厂中常常是根据硬度要求)。按加热温度高低,回火可分为三类:

(a) 低温回火。在150～250℃的回火称为低温回火,所得组织为回火马氏体,硬度约为60 HRC。其目的是降低淬火应力,减少钢的脆性并保持钢的高硬度。低温回火常用于高碳钢的切削刀具、量具和滚动轴承件。

(b) 中温回火。在350～500℃的回火称为中温回火,所得组织为回火托氏体,硬度约为40～48 HRC。其目的是获得高的弹性极限,同时有高的韧性。主要用于 w_C = 0.5%～0.8%的弹簧钢热处理。

(c) 高温回火。在500～650℃的回火称为高温回火,所得组织为回火索氏体,硬度约为25～35 HRC。其目的是获得既有一定强度、硬度,又有良好冲击韧性的综合力学性能。所以把淬火后经高温回火的处理称为调质处理,用于中碳结构钢。

(2) 保温时间的确定

为了使工件内外各部分温度均达到指定温度,并完成组织转变,使碳化物溶解和奥氏体成分均匀化,必须在淬火加热温度下保温一定的时间。通常将工件升温和保温所需时间算在一起,统称为加热时间。

热处理加热时间必须考虑许多因素,例如工件的尺寸和形状,使用的加热设备及装炉量,装炉时炉子温度、钢的成分和原始组织,热处理的要求和目的等。具体时间可参考热处理手册中的有关数据。

实际工作中多根据经验大致估算加热时间。一般规定,在空气介质中,升到规定温度后的保温时间:对碳钢来说,按工件厚度每毫米需1～1.5 min估算;对合金钢来说,按每毫米2 min估算。在盐浴炉中,保温时间则可缩短1～2倍。

(3) 冷却方法

热处理时的冷却方式适当,才能获得所要求的组织和性能。退火一般采用随炉冷却。正火(常化)采用空气冷却,大件可采用吹风冷却。淬火冷却方法非常重要,一方面冷却速度要大于临界冷却速度,以保证全部得到马氏体组织;另一方面冷却应尽量缓慢,以减少内应力,避免变形和开裂。为了解决上述矛盾,可以采用不同的冷却介质和方法,常用淬火方法有单液淬火、双液淬火(先水冷后油冷)、分级淬火、等温淬火等。实表10.1中列出了几种常用淬火介质的冷却能力。

实表 10.1 几种常用淬火剂的冷却能力

冷却介质	冷却速度		冷却介质	冷却速度	
	650~550℃区间	300~200℃区间		650~550℃区间	300~200℃区间
水(18℃)	600	270	10%NaCl	1 100	300
水(26℃)	500	270	10%NaCl	1 200	300
水(50℃)	100	270	10%NaCl	800	270
水(74℃)	30	200	10%NaCl	750	300
肥皂水	30	200	矿物油	150	30
10%油水	70	200	变压器油	120	25

注:表中“%”为质量分数。

3.常用工业用钢的显微组织特征

(1) 一般合金结构钢、低合金工具钢

一般合金结构钢、低合金工具钢都是低合金钢,由于加入合金元素,铁碳相图发生一些变动,但其平衡状态的显微组织与碳钢的显微组织并无本质区别;低合金钢热处理后的显微组织与碳钢的显微组织也无根本不同。差别仅在于合金元素均使 C(CCT)曲线右移(除 Co 外),即以较低的冷却速度便可获得马氏体组织。例如,40Cr 系常用调质钢,所含合金元素 Cr 能较强烈地提高钢的淬透性,故经调质处理后的显微组织为回火索氏体,如实图 10.3 所示。

GCr15 系滚动轴承钢,其预先热处理为球化退火,经球化退火后显微组织为均匀分布着的细粒状珠光体组织,如实图 10.4 所示;再经淬火(840℃油淬)、低温回火后的组织为隐针或细针状回火马氏体黑色基体上,均匀分布着细小、白亮的颗粒状碳化物以及少量残余奥氏体,即回火马氏体 + 未溶碳化物 + 残余奥氏体,如实图 10.5 示。

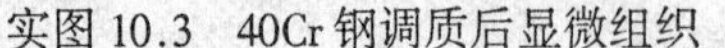

实图 10.3 40Cr 钢调质后显微组织

实图 10.4 GCr15 钢球化退火组织

9SiCr 系低合金刃具钢。由于合金元素 Si、Cr 的加入,因而具有较高的淬透性和回火稳定性,其碳化物较弥散分布,因而热处理变形小;但 Si 元素的加入,亦使该钢在热加工和热处理时脱碳倾向较大。9SiCr 钢经球化退火后的组织为粒状珠光体(实图 10.6);为了获得刃具钢高硬度、高耐磨性,需进行淬火、低温回火,经最终热处理后的显微组织为黑色细针状回火马氏体基体,弥散分布着白色粒状碳化物以及少量残余奥氏体,即回火马氏体 + 未溶碳化物 + 残余奥氏体,如实图 10.7 所示。

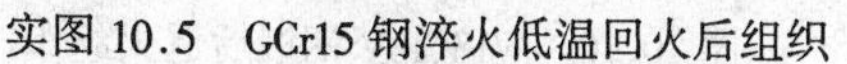

实图 10.5　GCr15 钢淬火低温回火后组织

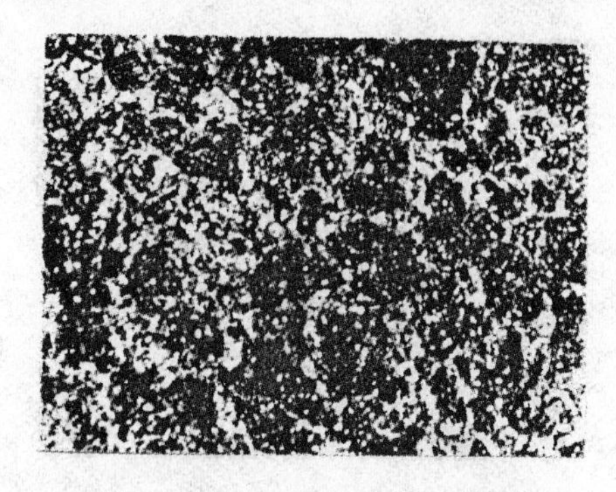

实图 10.6　9SiCr 钢球化退火组织

16Mn 系普通低合金结构钢(简称普低钢,亦称低合金高强度钢),是一种含有少量合金元素(Mn 等)、具有较高强度 σ_s(可达 350 MPa)的工程构件用钢,其中合金元素 Mn 的作用是使铁素体固溶强化,过冷奥氏体的稳定性增强,晶粒细化。由于它具有良好的综合力学性能、焊接性能、耐蚀性及冷变形性能,故广泛应用于船舶、桥梁、车辆、大型容器、火电厂的锅炉汽包、各种管子等。比使用普碳钢可节约钢材 20% ~ 30%。其使用态为热轧空冷状态,相应组织为铁素体 + 索氏体,即 F + S,如实图 10.8 所示。

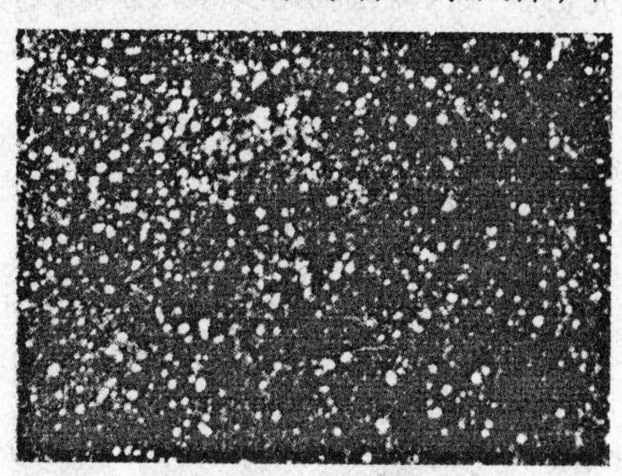

实图 10.7　9SiCr 钢淬火低温回火后组织

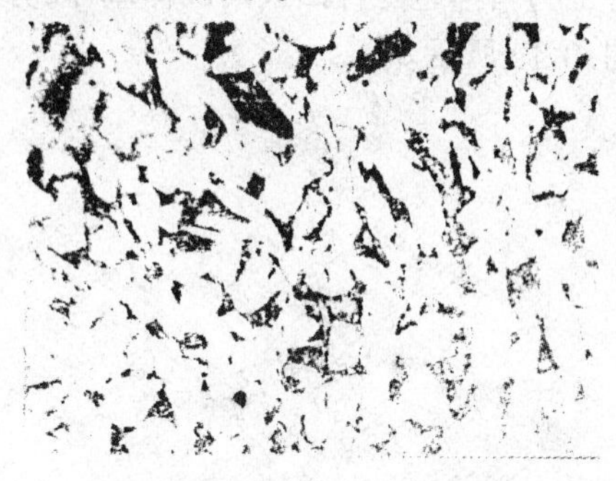

实图 10.8　16Mn 钢热轧空冷态组织

(2) 高速钢

高速钢是一种常用的高合金刃具钢(例如,W18Cr4V),由于此类钢含有大量合金元素,使铁碳相图中的 E 点大大左移,致使 W18Cr4V 钢碳的质量分数为 0.7% ~ 0.8%,但也含有莱氏体组织,故称为莱氏体钢。

①铸态组织。与亚共晶白口铸铁相似,其显微组织共分为三部分,共晶莱氏体 + 马氏体与残余奥氏体(白色组织) + 托氏体(黑色组织)。其中共晶莱氏体呈粗大鱼骨状共晶莱氏体网,严重割裂基体,使其受载时极易脆断,必须进行充分锻造打碎碳化物,使之成为细小颗粒均匀分布;晶内系 δ 共析体,为极细层片状共析组织,易侵蚀呈黑色,通常称为“黑色组织”;黑色组织的外面为奥氏体分解产物——马氏体与残余奥氏体,因其不易被侵蚀而呈白亮色,故称为“白色组织”,如实图 10.9 所示。

②退火组织。高速钢锻造退火后的显微组织为稍粗大共晶碳化物颗粒及稍细小二次碳化物颗粒,均匀分布在索氏体基体上,如实图 10.10 所示。

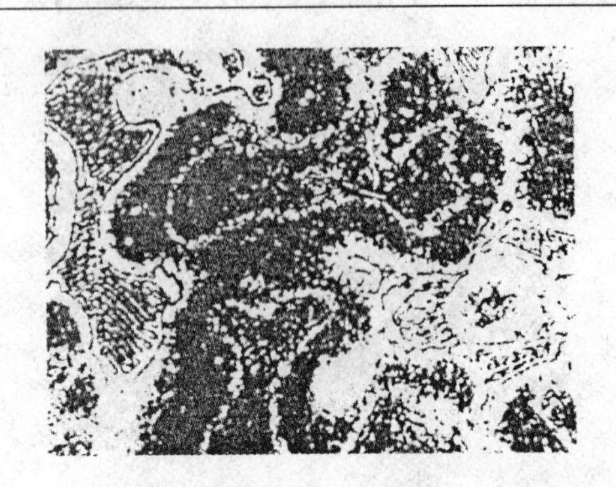

实图 10.9 W18Cr4 钢铸态组织

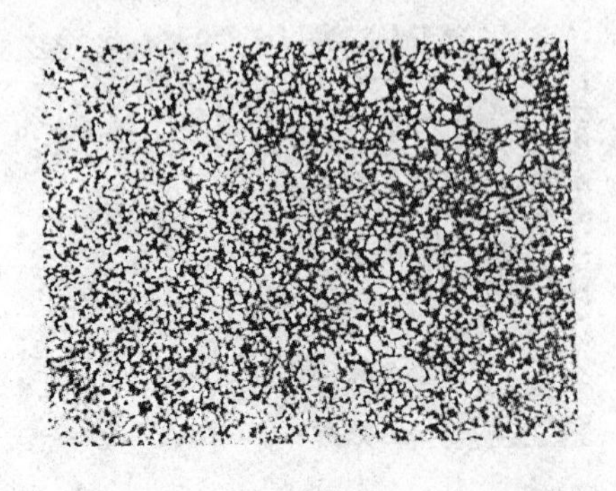

图 10.10 W18Cr4V 钢锻后退火组织

③淬火及回火组织。为保证高速钢有高的红硬性与耐磨性，必须进行高温淬火(1 260～1 280℃)，使合金元素尽可能溶入奥氏体，淬火后的组织为淬火马氏体＋颗粒状碳化物＋大量残余奥氏体(25%左右)。经 $w_{HNO_3}=30\%$ 酒精溶液侵蚀后，由于淬火马氏体中含合金元素多、难腐蚀，而残余奥氏体一般均为白色，但仍可显示出奥氏体晶界(黑色)和白亮色颗粒状碳化物，如实图 10.11 所示。高速钢淬火组织经 560℃三次回火后，其组织特征为暗黑色隐针回火马氏体基体，分布着白亮色颗粒状碳化物与少量残余奥氏体，如实图10.12 所示。

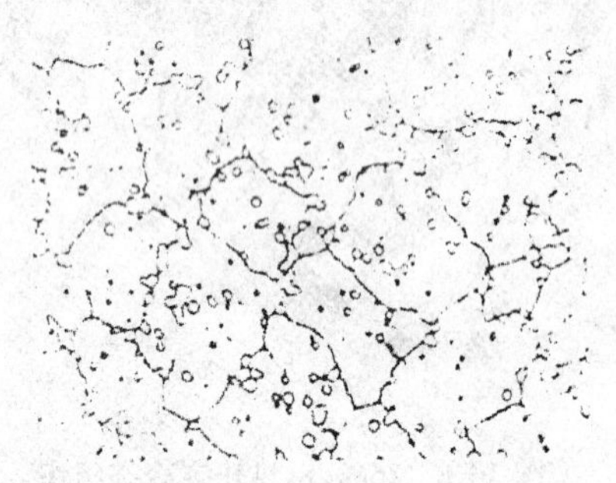

实图 10.11 W18Cr4V 钢淬火组织

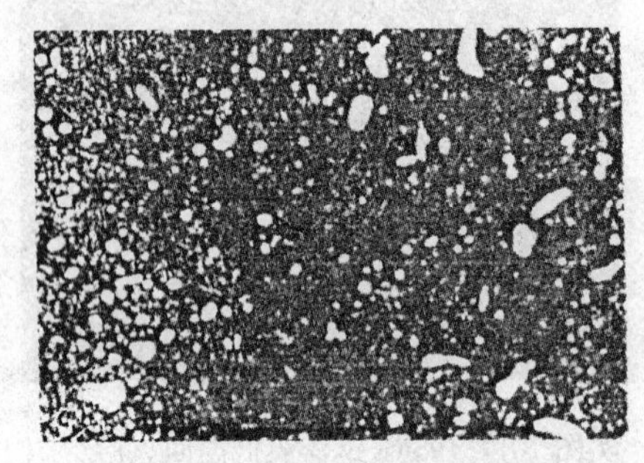

实图 10.12 W18Cr4V 钢淬、回火组织

(3) 不锈钢

不锈钢是在大气、海水及其他侵蚀性介质中能稳定工作的钢种，大多属于高合金钢，例如应用很广的 1Cr18Ni9Ti 不锈钢。1Cr18Ni9Ti 钢经固溶处理(1 050～1 100℃，水冷)后的组织系单相奥氏体晶粒中可看到呈平行线的孪晶组织特征，如实图10.13 所示。

(4) 耐热钢

耐热钢是在高温、高压和腐蚀介质中长期工作的钢种，亦多属于高合金钢，如热力设备中的锅炉管道、汽车和飞机发动机的排气阀等零件，大型柴油机排气门杆使用的就是 4Cr14Ni14W2Mo 耐热钢。为了获得更高的热强性和组织稳定性，4Cr14Ni14W2Mo 耐热钢须经固溶处理(1 180℃奥氏体化后水冷)＋时效处理(750℃空冷)。常用于 650℃以下超高参数锅炉、汽轮机的过热器管、主蒸汽管及其他重要零件，其使用态组织为等轴奥氏体晶粒＋沿晶分布着的极细碳化物粒子，如实图 10.14 所示。

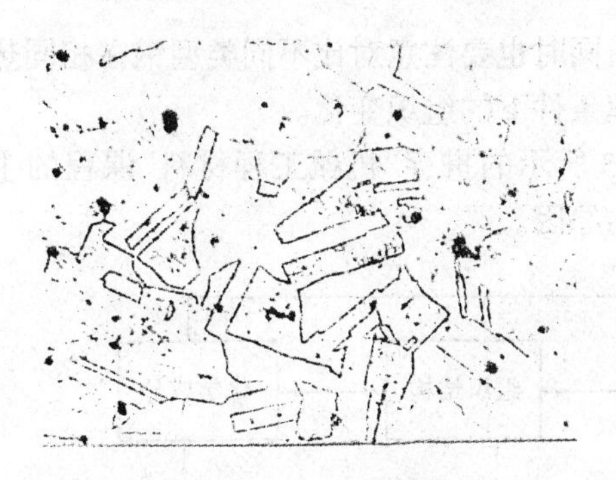

实图 10.13　1Cr18Ni9Ti 钢使用态组织

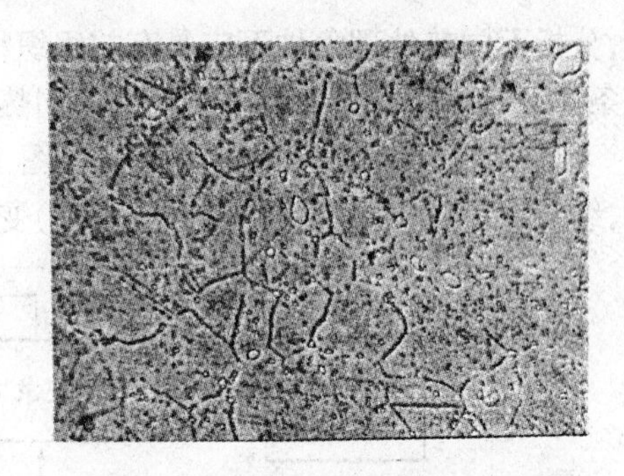

实图 10.14　4Cr14Ni14W2Mo 钢使用态组织

三、实验内容

1.实验设备

① 箱式电阻加热炉、管式电阻加热炉及控温仪表；② 布、洛氏硬度试验机；③ 砂轮机、试样切割机、试样镶嵌机、抛光机；④ 金相显微镜。

2.实验材料

工厂常用钢棒材、失效零件等。

3.实验内容与步骤

(1) 选材

每班分为若干小组，每组从所给出的试样中，任选一类工件；根据此类工件用途具体分析其工作条件，提出主要性能要求，从所给定的材料中选取合适材料；制定相应的加工工艺路线。

(2) 热处理工艺参数的确定与实施热处理工艺操作

针对所选定材料，确定具体的预先热处理，特别是最终热处理工艺参数(加热温度范围、保温时间、冷却方式与冷却介质等)。在此基础上，领取实验材料，自己动手，独立进行实验操作(包括试样截取、热处理工艺操作等)。

(3) 性能(硬度)测定

测定试样热处理前后的硬度。

(4) 制备金相试样

人手一块试样，独立进行制备金相试样，完成从粗磨→精磨→抛光→腐蚀的全过程(详见实验 1)。

(5) 组织观察

在金相显微镜下观察所选择并处理试样的显微组织特征；同时观察其他同学制备的金相试样的显微组织特征。

四、实验方法指导

(1) 人手一块试样、一种工作条件，独立选材、制定其加工工艺路线，独立进行热处理工艺实验操作，以期培养学生独立动脑、动手及分析与解决实际问题的能力。

(2) 在观察试样的显微组织特征时，要注意密切联系铁碳相图及相应的 CCT 或 C 曲线,分析不同热处理条件下应具有的组织特征;同时也要注意对比不同类型钢在相同热处理条件下的组织差异以及同种钢在不同热处理条件下的组织变化。

(3) 在观察试样过程中,要牢记实图 10.15 所示的贯穿“机械工程材料”课程的主线索,结合组织变化,分析材料性能(硬度)变化的原因。

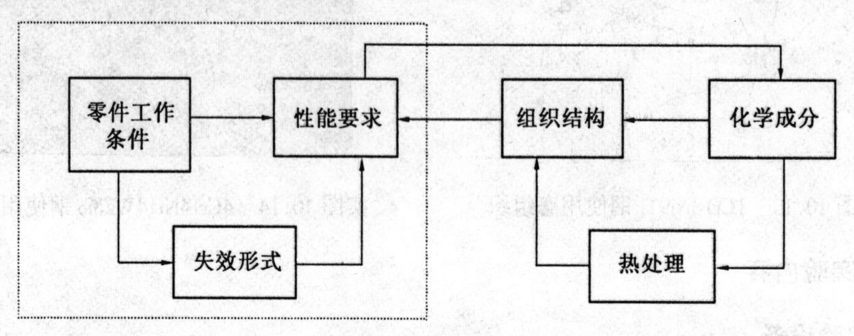

实图 10.15　贯穿“机械工程材料”课程的主线索

五、实验报告要求

(1) 实验目的,使用设备、材料及操作过程。

(2) 正确填写所列各实验材料的类别,需确定的工艺参数、使用态组织特征及硬度值等(实表 10.2)。

(3) 结合所学理论知识,对自己所做的试样进行分析,说明选材的依据、热处理规范选取的原因,并分析实验结果。

实表10.2 《机械工程材料》综合开放实验一览表

实验材料			原始处理条件	实验要求达到的处理状态				HRC
主要用途	钢号	类别		加工工艺路线	热处理	参数	使用态组织	
拉丝模								
大型锻模								
压铸模								
手工锉刀								
不重要的活塞销								
桥梁、压力容器								
小尺寸弹簧								
机车板簧								
板牙、丝锥								
高精度冲模								
高速切削车刀								
大型柴油机排气门杆								
重要连杆主轴								
普通车床主轴								
汽车变速齿轮								
滚动轴承套圈								
锅炉耐热管								

实验材料：20钢(正火态)、16Mn(热轧态)、GCr15(球化退火态)、20CrMnTi(正火态)、45钢(正火态)、40Cr(正火态)、4Cr14Ni14W2Mo(固溶+时效+氮化)、1Cr18Ni9Ti(固溶处理)、60Si2Mn(退火态)、65Mn(退火态)、W18Cr4V(退火态)、T12(退火态)、9SiCr(退火态)、5CrNiMo(退火态)、3Cr2W8V(退火态)、Cr12(退火态)等。

第 5 篇　中外名人学习方法启迪

5.1　爱迪生读书
——有目标有志向

伟大的科学家爱迪生,童年时被视为“低能儿”,只上过 3 个月学便离开了学校。12 岁那年,他当上了火车上的报童。火车每天在底特律停留几小时,他就抓紧时间到市里最大的图书馆去读书。不管刮风下雨从不间断。当时,他随着兴致所至,任意在书海里漫游,碰到一本读一本,既没有方向,也没有目标。有一天,爱迪生正在埋头读书,一位先生走过来问:“你已读了多少书啦?”爱迪生回答:“我读了十五英尺书了”。先生听后笑道:“哪有这样计算读书的? 你刚才读的那本书和现在读的这本完全不同,你是根据什么原则选择书籍的呢?”爱迪生老老实实地回答:“我是按书架上图书的次序读的。我想把这图书馆里所有的书,一本接着一本都读完。”先生认真地说:“你的志向很远大,不过如果没有具体的目标,学习效果是不会好的。”这席话对爱迪生触动很大,并成为他确立学习方向的一个转机。他根据自己的爱好、兴趣和专业目标,把读书的范围逐步归拢到自然科学方面,特别注重电学和机械学。有方向的读书,终于使他掌握了系统而扎实的知识,成为伟大的科学发明家。

学习要有志向,目标要明确。作为 21 世纪的大学生,学习目标应更加明确和远大。在学习目标确立过程中必须坚持三点:

一是树立科学的发展观,树立先进的思想理念,掌握辩证唯物主义和历史唯物主义,用马列主义、邓小平理论辨别真伪,开拓新的知识领域。

二是有崇高的学习目的,树立追赶国际先进水平的远大志向,树立为国家为人民学习的远大目标。

三是扬长避短,科学地选择主攻目标,在选择专业时应进行全面系统的了解,培养对所学专业的兴趣。在具有兴趣的基础上,坚定学习目标,刻苦攻读,学有所为。

实践证明:学习成功的关键在于方向正确,目标明确,朝着一个确定的目标,锲而不舍地追求。而朝三暮四,见异思迁,是很难做成学问的。

5.2　陶渊明指点迷津
——学习没有捷径

有位书生一心想具有渊博的知识,却又不愿下苦功夫读书,于是他就去向当时著名的诗人陶渊明请教学习的捷径,说明来意后,陶渊明把这位书生领到自己耕种的稻田边,指着稻子说:“你仔细看看稻子是不是在长高?”书生看了半天,眼睛都瞅酸了也没有看出稻子的变化。陶渊明说："那为什么春天的稻苗会变成现在尺把高的稻子呢？"

陶渊明又把这位书生领到河边的一块磨刀石旁问："磨刀石为什么中间出现像马鞍形状的凹面呢？"书生说："磨下去的。"陶渊明接着又问："它可是哪一天磨成的吗？"

陶渊明说："你是否从这两件事情上明白了学习的道理呢？**勤学如春起之苗，不见其增，日有所长；辍学如磨刀石，不见其损，日有所亏啊！**"书生听了陶渊明的一席话，茅塞顿开，羞愧地说："多谢先生指教，你使我懂得了学习是没有捷径的，只有勤奋好学才能成功啊！"

的确，学习是没有捷径可走的。正如我国伟大的文学家、思想家、革命家**鲁迅先生所说："伟大的成绩和辛勤的劳动是成正比的，有一分劳动就有一分收获，日积月累，从少到多，奇迹就会创造出来。"**

我们的祖先有许多名言警句也说明了这一点：**"书山有路勤为径，学海无涯苦作舟"、"学如逆水行舟，不进则退。"**

如果说学习有捷径的话，那只能说学习要有科学的学习方法。爱因斯坦在回答他是怎样取得伟大的科学成就时，**总结出了一个"成功方程式"，即** $W = X + Y + Z$。W 代表成功，X 代表刻苦努力，Y 代表方法正确，Z 代表不说空话。

我们有些大学生，一说起自己的理想就会滔滔不绝，梦寐成为科学家、工程师、艺术家。但一具体接触书本就会掂轻怕重，毛病百出。如果是这样，对未来再好的憧憬也只会成为不切实际的空中楼阁。

5.3　富兰克林的成才之路——坚定毅力和信心

在大学生生活中，时常听到这样或那样的抱怨：怨生不逢时，怨没有个好家庭，怨过去学习基础没有打好，等等。这样的想法对吗？让我们看看伟大的物理学家富兰克林的成才经过吧。

富兰克林出生于一个手工业者的家庭，父亲做肥皂和蜡烛，母亲生了17个子女，他是最小的一个。家庭人口众多，经济负担沉重，富兰克林上到小学三年级就被父亲拖回来做工了，剪灯芯，做蜡烛，干着苦活儿。后来，父亲看到他喜爱看书，就把他送到富兰克林的哥哥办的一家印刷所当了一名印刷工。在这样的厄运面前，他并没有屈服，而是"在不利与艰难的遭遇里百折不挠"（贝多芬语）。

例如，他为了有书看，他和离印刷所不远的一个小书店的伙计交上了朋友，同他商妥，在书店关门前把书悄悄借走，第二天开门前把书还来，为的是不让老板知道。就这样，富兰克林白天上工，每天夜晚读书到深夜。

富兰克林的成才经过告诉我们：生活中给我们的启示是很多的，其中最重要的一点是：**"请记住，环境越艰难困苦，就越需要坚定毅力和信心，而且懈怠的害处也就越大"**（托尔斯泰语）。

无须慨叹，更不应颓唐，而应像遭受种种打击的贝多芬那样：**"我要扼住命运的咽喉，用积极的精神向前奋斗。"**

5.4　列宁的照片
——专心致志

伟大的无产阶级革命导师列宁在学习时对外来干扰的排除有着惊人的本领。有一次,一位摄影师走进列宁的办公室,列宁正在聚精会神地看报纸。这位摄影师不慌不忙地安装好很笨重的摄影机,又咔嚓咔嚓拍了好几张照片,然后拆掉机器出门。列宁却一点也不知道。后来看到报纸上的照片,列宁惊奇地说:“他们是从哪儿弄来的这些照片?”

列宁日理万机的,但他善于摒弃一切来自外界或内心的干扰,从而可以专心致志地学习与工作。

专心致志,学有所成。成功者的奥秘正在于对学习的痴迷和专心致志的攻读。专心致志,是收到良好学习效果的最重要的内在因素。古人云:“**读书有三到:心到、眼到、口到。**”大学生必须培养起抗衡干扰、专心读书的本领。

怎样具备这种本领呢? 关键是要用高度的责任心来约束注意力。一个人对学习的意义越清楚,求知的愿望越强烈,意志越坚定,他的注意力就越集中和稳定。

5.5　孔夫子学弹琴
——一定要精益求精

一次,孔子向师襄子学弹琴。

师襄子教了一首乐曲,孔子便认真练习。10天过去,师襄子说:“你学得差不多了,另学一曲吧!”孔子说:“我只学会了乐曲,但弹奏的技巧还没有掌握。”

过了一段时间,师襄子说;“你已经掌握弹奏技巧啦,可以另学乐曲了。”孔子却说:“这首乐曲所表现的思想感情还没有体会出来!”

又过了些时候,师襄子说:“这首乐曲所表现的思想感情你已经弹奏出来了,该学新的乐曲了。”孔子又说;“我还没有弄清这首乐曲表现的是怎样一个人呢?”

师襄子在孔子旁边坐下,仔细地听了一会高兴地说:“我从你弹奏的琴声中,仿佛看见一个人严肃地思考,他胸怀宽大,安然地遥望着北方。”孔子兴奋地说:“我想除了文王,别无他人。”师襄子惊喜道:“我的老师讲过,这首乐曲叫做《文王操》。”

这则故事生动地表现了孔子勤于思考、肯于动脑的学习态度和严谨求精的治学精神。文中一问一答,层层递进,深入浅出,言简意赅。我们不得不感叹:孔子真不愧为一代圣人! 现今大力推行的素质教育,正是从“开发潜能”切入,提高学生的全面素质、孔子学琴的故事为我们提供了一个生动典型的正面素材。**我们若能像孔子那样,对待学业认认真真、兢兢业业、精益求精,怎会不熟能生巧、举一反三、融会贯通呢?**

5.6　李政道的从画地图说起
—— 重点是培养能力

著名美籍华人物理学家李政道教授曾于1984年5月2日访问了中国科技大学，在与少年班同学座谈时说过：**“考试，只是考一个人的记忆力，考的是运算技巧。这不是学习的重点，学习的重点是培养能力。”**

当时李教授问：“你们谁是上海来的学生？”

“我是。”一个少年大学生答。

“你对上海的马路熟悉吗？”

“差不多都熟悉。”

“那好。我再找一个从来没去过上海的同学。”李教授一边说，一边指着另外一个少年大学生；‘“好.比如你，没去过上海。现在我给你一张上海地图，告诉你，明天考试的内容是画上海地图，要求标出全部主要街道的名称。”然后，李教授又回头对那位上海同学说；“不过，并不告诉你。第二天，叫你们俩来画地图。你们大家说，他们俩，哪一个地图画得好一些？”

同学们不约而同地指着那位没去过上海的同学，齐声说；“当然是他画得好一些。”

“大家说得对！”李教授很兴奋。接着说；“他虽然没去过上海，但是他可以连街道名称都标得准确无误。不过，再过一天，如果把他们俩都带到上海市中心，并且假定上海市所有的路牌都拿掉了。你们说，他们俩哪一个能从上海市中心走出来？”

同学们都笑了，答案是显然的。

李教授说：“我们搞科学研究，就是在没有路牌的地方走路。只有多走，才能熟悉。你地图虽然画得好，考试可得100分.但是你走不出去啊。所以，真正的学习是培养自己在没有‘路牌’的地方也可以走路的能力，最后能走出来。这才是学习的最本质的东西。”

“真正的学习是培养自己在没有路牌的地方也能走路的能力。”

这句话说得是多么精辟而又深刻啊！李教授是一位著名的物理学家，获得过诺贝尔物理学奖。他的话告诉我们，考试成绩并不是衡量学习好坏的标志，而学习好坏的根本区别在于有没有能力。

因此，**我们应把学习的重点放到培养学习的各种能力上来，以适应“知识经济、信息时代”对创新能力型人才的需求。**

5.7　爱因斯坦的独立思考

著名的德国物理学家爱因斯坦，在物理学的许多领域中都有重大贡献，其中最重要的是建立了相对论学说，揭示了空间、时间的辩证关系，加深了人们对物质和运动的认识。无论在科学上，还是在哲学上，都具有重要的意义。

这位被人们称为有“超级”智慧的科学家，是如何思考问题的呢？

1922年，爱因斯坦到美国时，有许多好奇的美国人，向他提出了许多问题：

你可记得声音的速度是多少?

你如何记才能记下许多东西?

你把所有的东西都记在笔记本上,并且把它随身携带吗?

爱因斯坦回答说:“我从来不带笔记本,我常常使自己的头脑轻松,把全部精力集中到我所要研究的问题上。至于你们问我,声音的速度是多少?现在我很难确切地回答你们,必须查一下辞典才能回答。因为我从来不记在辞典上已经印有的东西,我的记忆力是用来记忆书本上还没有的东西。”

爱因斯坦的回答使那些美国人感到很惊奇,今天读来也使我们受到很大启发。爱因斯坦成功的一个重要原因,就是他不但有非凡的独立思考能力,并且非常重视这种能力的培养。他在《论教育》一文中写道:**“学校的教育目标应当是培养独立行动和独立思考的人”,“发展独立思考和独立判断的一般能力,应当始终放在首位。”**

当代大学生的学习应侧重培养独立思考的能力。独立思考也应是大学生学习的重要方法。大学生要养成思考的习惯,要探索“书本上还没有的东西”。当然不是要我们丢开书本知识不学,相反,只有首先掌握书本上已有的东西,才有思考和探索的基础,才能在前人的基础上有所发现、有所前进。

培养独立思考能力,需要我们经常自觉地进行锻炼。碰到问题要想一想,当时可能没有什么大用,但有助于我们养成思考问题的良好习惯。科学上的发现都是日积月累的结果。对一个平常注意思考问题的人来说,由于有些问题早已想过,这样他学习起来,搞起研究来,就可以比别人少用时间,而且也有可能比别人看得更远,想得更深更透,更容易出成果。

5.8 伽利略的吊灯
——善于思考与探究

古人云:“不深思则不能造(成就)其学”。爱因斯坦也说过:“学习知识要善于思考,思考,再思考。我就是靠这个学习方法成为科学家的。”在学习过程中,在教材、参考书里,常有许许多多东西值得我们去思考、去探究、去发现问题,它不仅可以提高我们分析与解决问题的能力,而且也会给自己的学习、生活带来无穷的乐趣。伟大的科学家伽利略发现摆的等时性原理就是一例。

有一天,伽利略去比萨教堂作礼拜。在教堂祈祷时,伽利略却被教堂顶部垂吊的油灯深深地吸引住了,原来吊灯可能由于有风而在来回不停地摆动。他注视良久,发现灯的摆动很有节奏,尽管摆动的幅度不同,可往返的时间却大致一样。这个现象激发了他的思考,从而探究下去。

如何证明他的观察是正确的呢?他想到人的脉搏跳动是均匀的,于是他一面摸脉,一面注视灯的摆动,果然他测试到吊灯的每次摆动的时间完全相同。回到家里。他又继续作试验。

他找来两根一样长的绳子,各坠上一块同样重的铅块,并请来教父帮助作实验。测试结果,虽然两条绳子摆动的起点不同,但每次摆动的时间却完全一样,并在同一时间内各自回到垂直线上。就这样伽利略从一个偶然的生活现象中,经过思考与探索,揭示了自然界的节奏规律。

这个故事告诉我们,在自然界和社会生活中,有很多现象是值得我们去探索其奥秘的。如果我们缺少对周围事物的好奇,如果我们对所观察到的周围事物现象不去深入思考和探究,就像我们也看过类似吊灯摆动的现象而无动于衷,那么创造成功的幸福也许就会从我们身边一次又一次地溜走。

5.9　郑板桥的疑和问
——敢于疑肯于问

我国清代扬州八怪之一的郑板桥,有一个有趣的故事。

据说,郑板桥10岁在扬州兴化镇私塾读书时,聪明敏捷,善于思考,勤学好问,老师很喜欢他。一年暮春时节,随老师到野外游玩,不久来到一个石桥上面。郑板桥眼尖,突然发现桥下有一具小女尸体,随喊:"老师,你看,桥下有一个死人"。老师俯身一看,果然有一具青春少女的尸体在水中漂浮,恰被一块大石挡拦,未被冲走。再一详看,那女子上穿粉红衣,下系绿色裙,头上青丝随波动,面容未变,像刚落水不久。看到此,老师痛惜万分,随赋诗一首。诗句是:"二八女多娇,风吹落小桥。三魂随浪转,七魄泛波涛"。板桥听老师吟完,十分恭敬地说道:"老师的诗不对吧?"老师不由一惊,根据平时对板桥的了解,这个学生说话总是有一定道理的,便和颜问道:"哪点不对?"板桥问了老师三个问题:"你如何知道这个少女是十六岁? 又怎知她是被风吹落小桥的? 你怎么看见她三魂七魄随波逐浪翻转的?" 问得老师无法回答,老师停了半晌才说:"依你看,该诗如何改呀?"郑板桥想了一下,便改了几个字,诗成了这样:"谁家女多娇,何故落小桥? 青丝随浪转,粉面泛波涛。" 这时老师和同学们都称赞诗改得好。他敢于疑又肯于问,这确是求学者良好的品质。所以**郑板桥**自己也说:**"有学而无问,虽读书万卷,只是一条纯汉尔"。**

古人云:"为学患无疑,疑则有进"。现代大学生应该像郑板桥那样,敢于疑肯于问,培养自己善于敏锐地提出问题的能力,常常多问几个为什么,这是因为"学起于思,思源于疑"。

5.10　苏步青巧用零头布

我国著名数学家、原复旦大学名誉校长、北师大名誉教授苏步青先生已过八旬时仍身兼数职,并抽出时间搞科研与著书立说。他是如何做的呢?

苏教授常在"零头布"上动脑筋,他说:"别看它零零碎碎的,积沙成塔,时间也可以积少成多嘛!"四人帮"横行时,苏老受到政治迫害,但他并没有丢弃事业。当时,外国同行寄来国外新出版的微分几何新书,他爱不释手,反复诵读,吸取有益的养料,写下了读书笔记。粉碎"四人帮"后,他利用点滴时间,在过去研究成果的基础上,又吸收国外的新成果,编写出讲稿。1978年夏天,苏教授冒着摄氏41°高温,到杭州讲学7天,用的就是这个讲稿。回校后,他一边继续整理,一边给研究生上了50个小时的课。《微分几何五讲》就是这样,一章一章地写成并且定稿的。这样,“零头布”在苏教授的手中就变为“整匹布”了。

在苏教授担任复旦大学校长期间,出差、开会占去了他很多时间。苏老觉得这当中还是有“零头布”可以挖掘和利用的.如果到外地开会,他每天早晚可以挤出 3 个钟头的“零头布”,用来搞重点项目;在家时,星期天被作为“星期七”,找他的人络绎不绝,一天加起来,能有两个钟头的“零头布”他就感到心满意足了。如果是在市里开会,他也总是尽量捕抓时间。有一次,苏教授到市里开会,上午 10 时休会,下午 3 时再换地方开会。他屈指一数:“这当中有 5 个钟头,坐等吃饭、休息太可惜了。”饭票已买好,苏老还是决定不在外面吃饭,回家去干他 2 个钟头。他的《仿射微分几何》有 20 万字,大部分篇幅就是利用“零头布”做成的。在该书自译成英文稿的过程中,苏老更是争分夺秒。他运用数学方法,计算出完稿前的一段时间,每天必须完成几页的译稿任务,然后就坚持不懈地如数去完成。要是今天被会议冲掉,明天一定想办法补上。以至于每个阶段都超额完成任务,使该书的翻译任务,比原规定的时间提前了二十多天。

巧用“零头布”就得把零碎时间抢来用。怎么用法呢? 苏教授说:“如果你到我办公室来,你就会看到我的办公桌上,右边放着公文,左边放着书籍杂志。我批阅完了右边的公文后,就拿起左边的科学书籍看起来。尽管室中的电话声、谈话声很嘈杂,我却不在乎,好像没听见似的。”

苏老善于巧用时间,更善于提高时间的利用率。每天清晨,他起床后做健身操,阅读古诗词,然后收听中央人民广播电台的新闻联播节目。如果上午开会,早饭后的时间就用来阅读文件。晚上睡觉前,他还要记上几笔日记。散步、聊天的时间,有时用来构思诗作。在每周日程排满之后,苏老还能见缝插针,接受记者的来访、朋友的座谈。在他那里,时间得到了最有效的利用。

苏步青教授惜时如金、严谨治学,对立志成才的大学生是很有启迪的。

5.11 爱因斯坦补课和华罗庚的夹生饭

学习一定要循序渐进。爱因斯坦“补课”和华罗庚的“夹生饭”就是两个典型的例子。

爱因斯坦在研究广义相对论时,连续搞了几年却进展不大,成果甚微。仔细查找原因发现自己在大学读书时,忽视了对数学的学习和钻研,因此这门基础知识的底子较差。为了研究成功广义相对论,只得搁置正在研究的工作,重返学校再次补习了 3 年的数学课程。

我国著名的数学家华罗庚也有类似的教训。他在自学高中课程时,时常犯急躁病,一个劲地加速,结果所学的知识成了“夹生饭”。这个教训使他领悟到:片面求快不符合读书的辩证法,必须循序渐进。后来,他就宁肯比在学校里学得慢些,练习做得多些,用五、六年时间才学完了高中课程。看起来高中课程学得慢了一些,但因为学得扎实,所以给后来学习大学课程打下了基础。到清华大学没多久,就听起了研究生的课程。

古人云:“**学者观书,病在只要向前,不肯退步,看愈向前,愈看得不分晓,不若退步,却看得审。**”这是很有道理的,学习、读书不仅要扎扎实实,还要频频回顾,以暂时的退步求得学问更加的扎实。学习正如上台阶和吃板一样,一步跨十个台阶和一口吃成胖子都是做不到的。我们只有根据知识的内在逻辑，由浅入深、循序渐进地学习，才能真正学到。

5.12　鲁迅的随便翻翻
——学习要博览群书

鲁迅先生是非常强调博览群书的，他在博览群书时有一个习惯叫作“随便翻翻”。也就是轻松地浏览一般的报刊杂志，有时从一本书里选一篇或几篇文章读读，有时甚至只看看目录。书海漫漫，如果每一本书都一丝不苟地读一遍，一则时间不允许，二则有些书报也无认真研究的必要。所以对一般性的参考书籍、资料性书籍和消遣性书报，只需要随便翻翻，即省时间效果又高。鲁迅运用此法，仅在1912到1913年两年时间，就翻阅了诗话、杂著、画谱、杂记、丛书、尺牍、史书、记刊、墓志、碑帖等各种书籍杂志。以后几年间还有诗稿、作家文集、丛书、小说、佛书、拓本、金石文字、瓦当文、壁画、造像、画集，以及世界名人法布尔、托尔斯泰、陀思妥耶夫斯基等的作品。1925年以后，他读的书就更多了。

随便翻翻的学习方法，给人以最大的益处是满足学习的猎奇心理，对学习始终有一种兴趣，恰如游公园，随随便便地漫游。因为随随便便，所以不觉得吃力，因为不觉得吃力，所以会觉得有趣。随随便便地学习还可以开阔眼界，视野开阔，才能好中选优，从而调整学习方向。

俗话说得好：一块石头砌不成金字塔，一根木头造不了洛阳桥。时值科学飞速发展的今天，那种“两耳不闻窗外事，一心只读专业书”的学习方法，已不适应现代人才的培养了。博览群书不仅应是大学生崇尚的学习方法，而且也是时代对青年人的要求。

5.13　华罗庚的设想阅读学习法

我国著名数学家华罗庚的学习经验之一，就是“设想阅读学习法”。他勉励青年们在寻求真理的长征中，要不断地学习，勤奋地学习，创造性地学习。

华罗庚是从自学开始，而后走上成才之路的。他说，应当怎样学会学习呢？我觉得，在学习书本上的每一个问题、每一章节的时候，首先应该不只看到书面上，而且应当看到书背后的东西。究竟要看到背后的什么呢？华罗庚进一步解释道：对书本的某些原理、定律、公式，我们在学习的时候，不仅应记住它的结论，懂得它的原理，而且还应该设想一下人家怎样想出来的，经过多少曲折，攻破多少关键，才得出这个结论的。同时还不妨进一步设想一下，如果书本上没有做出结论，我自己设身处地，应该怎样去得出这个结论。这就是说，读书不仅要知其然，而且还要知其所以然；不仅要懂得结论，而且还要了解结论是怎样得出来的。

一般人学习容易犯急躁的毛病，拿起一本书，几下子就看完了，实际上并没有读懂，应用的时候才发现吃了夹生饭，不能运用自如。应该向华罗庚所说的那样，多做几个设想，深入探究，找出书“背后”的东西。这样学习虽然慢些，但却能收到良好的实效。

华罗庚还提倡学习要有两个过程：一个是“由薄到厚”的过程，别一个就是“由厚到薄”的过程。前者指的是学习要积少成多，循序渐进，这仅仅是学习过程的第一步；如果仅停留在这个阶段,学习就不会有大的进步。重要的是第二步,即在“由薄到厚”的基础上,必须再返过来“由厚到薄”。

那么,如何将“厚”书读“薄”呢? **华罗庚的体会是:“在对书中每一个问题都经过细嚼慢咽真正懂得之后,就需要进一步把全书各部分内容连串起来理解,加以融会贯通,从而弄清楚什么是书中的主要问题以及各个问题之间的关系。这样就能抓住统帅全书的基本线索,贯穿全书的精神实质。”**这就是说,必须站得高一点,对所读的书的内容进行分析、比较、归纳、综合,把原来很厚的一本书提炼成几组公式、几个原则、几种方法,等等。这样一来,既高度概括总结了全书的精典内容,又便于熟记书中的重点。

5.14 居里夫人的奖章

优秀的学生常有令人羡慕的成绩乃至种种荣誉。荣誉容易使人陶醉而自满自足起来,以致阻碍自己的进步。这是大学生应该引以警惕的。别林斯基说过:“一切真正的和伟大的东西,都是纯朴而谦逊的”。贝弗里奇也说过:“大多数科学家,对于最高级的形容词和手法夸张都是深恶痛绝的,伟大的人物一般都是谦虚谨慎的”。居里夫人就是这样的典范。**爱因斯坦是这样评价她的:“在所有著名人物中,居里夫人是唯一不为荣誉所颠倒的人。”**

居里夫人一生获得 17 枚奖章,名誉头衔 107 个。而她并没有沉醉在这已取得的成绩之中。一天,一位女友到居里夫人家作客,她惊异地发现居里夫人的小女儿在房间里玩一枚奖章,仔细一看,竟是英国皇家学会刚刚颁发的金质奖章。不由大吃一惊,忙问:“现在能得到一枚英国皇家学院的奖章,这是极高的荣誉,你怎么能给孩子玩呢?”居里夫人笑笑说:“我是让孩子们从小就知道,荣誉就像玩具;只能玩玩而已,绝不能永远守着它。否则将一事无成……。”

据调查,获诺贝尔奖金的科学家,得奖后发表论文的数量,大多是明显下降的,表现出科学研究走下坡路的苗头。而居里夫人则不为荣誉所惑,不因战绩而止步,不断地进取,成为全世界一生获得两次诺贝尔奖的两个人中的一个。

因此,我们也应像居里夫人那样,正确地对待成绩和荣誉,谦虚谨慎,永不满足。“不满足是向上的车轮”(鲁迅语),也是大学生在学习中的追求。

5.15 蒲松龄的对联

在失意、挫折乃至失败的面前,用什么态度去对待,是能否改变现状、获取成功的关键。《聊斋志异》的作者,清代著名文学家蒲松龄的经历是最好的说明!

蒲松龄年轻时尽管才智聪慧,学识过人,但每次参加科考都名落孙山,空手而归。进仕的路途走不通了,他并未灰心,而以项羽破釜沉舟,大破秦朝和越王勾践卧薪尝胆、灭吴雪耻的历史典故鼓励鞭策自己,在压纸用的铜条上刻了一幅对联:

“有志者,事竟成,破釜沉舟,百二秦关终属楚;

苦心人,天不负,卧薪尝胆,三千越甲可吞吴。”

考场上的失意,激励了他在文学创作上奋斗不懈的决心。从此,他刻苦地学习,跋山涉水,广采民间传说,勤奋地写作,终于完成了《聊斋志异》一书。

“灰心生失望,失望生动摇,动摇生失败”(**培根**语),这道出了一些人在挫折和失败面前灰心动摇而自暴自弃的心情。我们要像蒲松龄那样发奋坚持,终究会“苦心人,天不负”而获得成功。

事实上,无数成功者都是在无数挫折和失败中锻炼了勇气和胆识,吸取了经验和教训,努力于“再坚持一下”的奋斗中获得成功的。

让我们以蒲松龄的对联自勉吧!

5.16　杨振宁与钱伟长谈学习

1.杨振宁教授谈创新式学习

第一,读书是手段

杨振宁教授说,中国的小学、中学、大学和研究生院的教育一直都在把学生变成念死书的人,“以分数论学生”,对特殊天才的压抑就更可怕。像爱因斯坦、爱迪生这些伟人,如果在中国,他们根本就不可能通过中学一级的考试。如果在中国,这样的学生就不能被当作优秀生送去接受高等教育。因此,这种体制就失去了我们的爱因斯坦、爱迪生等。

第二,论中求真知

美国的教育鼓励学生提问,鼓励学生向最了不起的权威提出质疑。美国的学生在学习中热衷于吸收各学科的成就,热衷于辩论,从而获得迅速的进步。而中国的学生在学习中往往是全盘接受,他们的老师就不喜欢学生的想法与自己有稍稍相悖之处,学生们习惯于接受而不习惯于怀疑和考证,他们以拥有丰富的知识而自豪。

因此,杨振宁教授主张,美国的学生应该学一点中国的传统,中国的学生应该学习美国学生那种敢于怀疑、敢于创新,以兼收并蓄为主的学习方式,应该勤于辩论,把辩论放在与学习同等地位上。

2.钱伟长教授的学习原则

人的一生需要学习的东西很多,如何利用最少的学习时间把新知识学到手呢?

我国著名的学者钱伟长教授谈了他长期坚持的两条学习原则:

第一,对所有知识不要死记硬背,除了学习外语之外,什么也不要背。下课后只想一想今天讲了什么题目,一个题目分哪几个内容,每个问题的中心思想是什么,它的结论又是什么。考试前从头到尾回想一下,把次要的东西删掉,留下你认为主要的东西。

第二,在学习中学会抓全局、抓重点。学习中要懂得跨越困难,大踏步地前进,从全面来了解局部的困难是很容易解决的。

钱伟长教授说,他一辈子采用的就是这样的方法,坚持下来,收到了他自己满意的效果。

附　　录

附录 1　洛氏硬度、布氏硬度、维氏硬度与强度换算对照表

洛氏硬度		布氏硬度	维氏硬度 HV	强度(近似值)	洛氏硬度		布氏硬度	维氏硬度 HV	强度(近似值)
HRC	HRA	$HB_{10\ 1000}$		σ_b/MPa	HRC	HRA	$HB_{10\ 1000}$		σ_b/MPa
65	83.3	—	798	—	36	68.5	331	339	1140
64	83.1	—	774	—	35	68.0	322	329	1115
63	82.6	—	751	—	34	67.5	314	321	1085
62	82.1	—	730	—	33	67.0	306	312	1060
61	81.5	—	708	—	32	66.4	298	304	1030
60	81.0	—	687	2675	31	65.9	291	296	1005
59	80.5	—	666	2555	30	65.4	284	289	985
58	80.0	—	645	2435	29	64.9	277	281	960
57	79.5	—	625	2315	28	64.4	270	274	935
56	78.9	—	605	2210	27	63.8	263	267	915
55	78.4	538	587	2115	26	63.3	257	260	895
54	77.9	526	559	2030	25	62.8	251	254	578
53	77.4	515	551	1945	24	62.3	246	247	845
52	76.9	503	535	1875	23	61.7	240	241	825
51	76.3	492	520	1805	22	61.2	235	235	805
50	75.8	480	504	1745	21	60.7	230	229	790
49	75.3	469	489	1685	20	60.2	225	224	770
48	74.8	457	475	1635	19	59.7	221	218	755
47	74.2	445	461	1580	18	59.1	216	213	740
46	73.7	433	448	1530	17	58.6	212	208	725
45	73.2	422	435	1480	16	58.1	208	203	710
44	72.7	411	423	1440	15	57.6	204	198	690
43	72.7	400	411	1390	14	57.1	200	193	675
42	71.7	390	400	1350	13	56.5	196	188	660
41	71.1	379	389	1310	12	56.0	192	184	645

40	70.6	369	378	1275	11	55.5	188	180	625
39	70.1	359	368	1235	10	55.0	185	176	615
38	69.6	349	358	1200	9	54.5	181	172	600
37	69.0	340	348	1170	8	53.9	177	168	590

洛氏硬度		布氏硬度	维氏硬度	强度(近似值)	洛氏硬度		布氏硬度	维氏硬度	强度(近似值)
HRB	HRA	$HB_{10\ 1000}$	度 HV	σ_b/MPa	HRB	HRA	$HB_{10\ 1000}$	度 HV	σ_b/MPa
100	61.3	(225)	237	805	79	(48.3)	132	144	500
99	60.7	(216)	230	785	78	(47.8)	130	141	490
98	60.0	(207)	222	765	77	(47.2)	128	139	480
97	59.3	(199)	216	745	76	(46.7)	126	137	475
96	58.7	(193)	209	725	75	(46.1)	124	134	465
95	58.1	(187)	203	710	74	(45.6)	122	132	460
94	57.4	(181)	198	690	73	(45.1)	120	130	450
93	56.8	(176)	193	675	72	(44.5)	118	128	445
92	56.1	(172)	188	660	71	(44.0)	117	126	435
91	55.5	(168)	184	645	70	(43.5)	115	123	430
90	54.9	(164)	179	630	69	(43.0)	113	121	425
89	54.2	(160)	176	615	68	(42.5)	111	121	420
88	53.6	(157)	172	600	67	(42.0)	110	118	410
87	53.0	(154)	168	590	66	(41.5)	108	116	405
86	52.4	(151)	165	575	65	(41.1)	107	114	400
85	51.8	(148)	161	565	64	(40.6)	105	112	400
84	51.2	(145)	158	550	63	(40.1)	104	110	395
83	50.6	(142)	155	540	62	(39.6)	102	108	390
82	50.0	(140)	152	530	61	(39.2)	100	107	385
81	49.4	(137)	149	520	60	(38.7)	99	105	380
80	48.9	(135)	147	510					

注:1.括号内数值仅供参考,在实际测试不宜使用;

2.表中所列数值系根据试验数据统计所得的近似换算值,特别是强度值。

附录2 常用钢号的临界温度表

钢 号	临界温度(近似值)/℃				
	Ac_1	Ac_3	Ar_3	Ar_1	Ms
优质碳素结构钢					
08F,08	732	874	854	680	
10	724	876	850	682	
15	735	863	840	685	
20	735	855	835	680	
25	735	840	824	680	
30	732	813	796	677	380
35	724	802	774	680	
40	724	790	760	680	
45	724	780	751	682	
50	725	760	721	690	
60	727	766	743	690	
70	730	743	727	693	
85	725	737	695	—	220
15Mn	735	863	840	685	
20Mn	735	854	835	682	
30Mn	734	812	796	675	
40Mn	726	790	768	689	
50Mn	720	760	—	660	
普通低合金结构钢					
16Mn	736	849 ~ 867	—	—	
09Mn2V	736	849 ~ 867	—	—	
15MnTi	734	865	779	615	
15MnV	700 ~ 720	830 ~ 850	780	635	
18MnMoNb	736	850	756	646	
合金结构钢					
20Mn2	725	840	740	610	400
30Mn2	718	804	727	627	
40Mn2	713	766	704	627	
45Mn2	715	770	720	640	320
25Mn2V	—	840	—	—	
42Mn2V	725	770	—	—	330
35SiMn	750	830	—	—	330
50SiMn	710	797	703	636	305
20Cr	766	838	799	702	
30Cr	740	815	—	670	
40Cr	743	782	730	693	355
45Cr	721	771	693	660	
50Cr	721	771	693	660	250
20CrV	768	840	704	782	

40CrV	755	790	745	700	218
38CrSi	763	810	755	680	
20CrMn	765	838	798	700	
30CrMnSi	760	830	705	670	
18CrMnTi	740	825	730	650	
30CrMnTi	765	790	740	660	
35CrMo	755	800	750	695	271
40CrMnMo	735	780	—	680	
38CrMoAl	800	940	—	730	
20CrNi	733	804	790	666	
40CrNi	731	769	702	660	
12CrNi3	715	830	—	670	
12Cr2Ni4	720	780	660	575	
20Cr2Ni4	720	780	660	575	
40CrNiMo	732	774	—	—	
20Mn2B	730	853	736	613	
20MnTiB	720	843	795	625	
20MnVB	720	840	770	635	
45B	725	770	720	690	
40MnB	735	780	700	650	
40MnVB	730	774	681	639	
弹簧钢					
65	727	752	730	696	
70	730	743	727	693	
85	723	737	695	—	220
65Mn	726	765	741	689	270
60Si2Mn	755	810	770	700	305
50CrMn	750	775	—	—	250
50CrVA	752	788	746	688	270
55SiMnMoVNb	744	775	656	550	
滚动轴承钢					
GCr19	730	887	721	690	
GCr15	745	—	—	800	
Gcr15SiMn	770	872	—	708	
碳素工具钢					
T7	730	770	—	700	
T8	730	—	—	700	
T10	730	800	—	700	
T11	730	810	—	700	
T12	730	820	—	700	
合金工具钢					
6SiMnV	743	768	—	—	
5SiMnMoV	764	788	—	—	

9CrSi	770	870	—	730	
3Cr2W8V	820 ~ 830	1100	—	790	
CrWMn	750	940	—	710	
5CrNiMo	710	770	—	710	
MnSi	760	865	—	708	
W2	740	820	—	710	
高速工具钢					
W18Cr4V	820	1330	—		
W9Cr4V2	810	—	—		
W6Mo5Cr4V2A1	835	885	770	820	177
W6Mo5Cr4V2	835	885	770	820	177
W9Cr4V2Mo	81	—	—	760	
不锈、耐酸、耐热钢					
1Cr13	730	850	820	700	
2Cr13	820	950	—	780	
3Cr13	820	—	—	780	
4Cr13	820	1100	—	—	
Cr17	860	—	—	810	
9Cr18	830	—	—	810	145
Cr17Ni2	810	—	—	780	357
Cr6SiMo	850	890	790	765	

附录 3　常用表面强化处理的性能与效果

表面处理种类	表面层的状态				性能特点				变形开裂倾向	适用钢材及工作条件
	层深/mm	处理后表层变化	表层组织	表层应力情况	硬度 HV	耐磨性	接触疲劳强度	弯曲疲劳强度		
渗碳淬火	中等 0.1 ~ 1.5	表面硬化，表层高残余压应力	M + K + A_R	(一) （提高 55%）	650 ~ 850	高	好	好（提高 40% ~ 120%）	较大变形不易开裂	低碳钢 低碳合金钢 铁基粉末合金 重载荷零件
气体碳氮共渗	较浅 0.1 ~ 1.0	表面硬化，表层高残余压应力	$w_N = 0.15\%$ ~ 0.5% M + K + A_R （$w_C = 0.7\%$ ~ 1.0%）	(一)	700 ~ 850	高	很好	很好	变形较小不易开裂	低碳钢 中碳钢 低中碳合金钢 铁基粉末合金
渗氮	薄层 0.1 ~ 0.5	表面硬化，表层高残余压应力	e(e + γ′) → α + γ′	(一)	800 ~ 1200	很高	好	好（提高 15% ~ 180%）	变形甚小不易开裂	合金氮化钢、球墨铸铁

低温气体氮碳共渗		扩散层 0.3~0.4 碳氮化物层 5~20 μm	表面硬化,表层高残余压应力	表面碳氮化物层、内面氮扩散层	(一)(提高22%~32%)	500~800	较好	较好	较好	变形甚小不易开裂	碳钢、铸铁、耐热钢等,轻载荷高速滑动零件及冷作模具钢
感应加热表面淬火		0.8~50	表面硬化,表层高残余压应力	M + A_R	(一)提高68%	660~850	高	好	好	较小	中碳钢或中碳合金钢、低淬透性钢、球墨铸铁
火焰淬火		1~12	表面硬化,表层高残余压应力	M + A_R	(一)	600~800	高	好	好	较小	中碳钢或中碳合金钢
表面冷变形	表面滚压强化	0~0.5	表层加工硬化粗糙度值变小,高残余压应力	位错密度增加	(一)	提高 0~150	—	改善	较大提高	—	碳钢、合金钢零件
	喷丸强化	0~0.5	表层加工硬化,高残余压应力,有凹痕	位错密度增加	(一)	>300 时不升高	—	改善	较大提高	—	碳钢、合金钢、球墨铸铁零件
气相沉积	化学气相沉积(CVD)	10 μm 以下	表面硬化、光结	TiC	—	2980~3800	极高	—	—	较小	碳钢,高速钢、冷作模具钢,硬质合金
	物理气相沉积(PVD)	10 μm 以下	表面硬化、光洁	TiN	—	2400	极高	—	—	小	各种金属,非金属材料(装饰仿金镀层)

注:(一)为残余压应力,M 马氏体、K 碳化物、A_R 残余奥氏体。

附录 4 各国常用钢号对照表

钢类	中国	前苏联	美国	英国	日本	法国	德国
	GB	ГОСТ	ASTM	BS	JIS	NF	DIN
优质碳素结构钢	08F	08КП	1006	040A04	S09CK		C10
	08	08	1008	045M10	S9CK		C10
	10F		1010	040A10		XC10	
	10	10	1010,1012	045M10	S10C	XC10	C10,CK10
	15	15	1015	095M15	S15C	XC12	C15,CK15
	20	20	1020	050A20	S20C	XC18	C22,CK22
	25	25	1025		S25C		CK25
	30	30	1030	060A30	S30C	XC32	
	35	35	1035	060A35	S35C	XC38TS	C35,CK35
	40	40	1040	080A40	S40C	XC38H1	
	45	45	1045	080M46	S45C	XC45	C45,CK45
	50	50	1050	060A52	S50C	XC48TS	CK53
	55	55	1055	070M55	S55	XC55	
	60	60	1060	080A62	S58C	XC55	C60,CK60
	15Mn	15Г	1016,1115	080A17	SB46	XC12	14Mn4
	20Mn	20Г	1021,1022	080A20		XC18	
	30Mn	30Г	1030,1033	080A32	S30C	XC32	
	40Mn	40Г	1036,1040	080A40	S40C	40M5	40Mn4
	45Mn	45Г	1043,1045	080A47	S45C		
	50Mn	50Г	1050,1052	030A52 080M50	S53C	XC48	
合金结构钢	20Mn2	20Г2	1320,1321	150M19	SMn420		20Mn5
	30Mn2	30Г2	1330	150M28	SMn433H	32M5	30MN5
	35Mn2	35Г2	1335	150M36	SMn438(H)	35M5	36Mn5
	40Mn2	40Г2	1340		SMn443	40M5	
	45Mn2	45Г2	1345		SMn443		46Mn7
	50Mn2	50Г2				-55M5	
	20MnV						20MnV6
	35SiMn	35СГ		En46			37MnSi5
	42SiMn	35СГ		En46			46MnSi4

续

钢类	中国 GB	前苏联 ГОСТ	美国 ASTM	英国 BS	日本 JIS	法国 NF	德国 DIN
合金结构钢	40B		TS14R35				
	45B		50B46H				
	40MnB		50B40				
	45MnB		50B44				
	15Cr	15X	5115	523M15	SCr415(H)	12C3	15Cr3
	20Cr	20X	5120	527A19	SCr420H	18C3	20Cr4
	30Cr	30X	5130	530A30	SCr430		28Cr4
	35Cr	35X	5132	530A36	SCr430(H)	32C4	34Cr4
	40Cr	40X	5140	520M40	SCr440	42C4	41Cr4
	45Cr	45X	5145,5147	534A99	SCr445	45C4	
	38CrSi	38XC					
	12CrMO	12XM		620C_R·B		12CD4	13CrMo44
	15CrMo	15XM	A－387Cr·B	1653	STC42 STT42 STB42	12CD4	16CrMo44
	20CrMo	20XM	4119,4118	CDS12 CDS110	SCT42 STT42 STB42	18CD4	20CrMo44
	25CrMo		4125	En20A		25CD4	25CrMo4
	30CrMo	30XM	4130	1717COS110	SCM420	30CD4	
	42CrMo		4140	708A42 708M40		42CD4	42CrMo4
	35CrMO	35XM	4135	708A37	SCM3	35CD4	34CrMo4
	12CrMoV	12XMΦ					
	12Cr1MoV	12X1MΦ					13CrMoV42
	25Cr2Mo1VA	25X2M1ΦA					
	20CrV	20XΦ	6120				22CrV4
	40CrV	40XΦA	6140				42CrV6
	50CrVA	50XΦA	6150	735A30	SUP10	50CV4	50CrV4
	15CrMn	15XΓ,18XT					
	20CrMn	20XΓCA	5152	527A60	SUP9		

续

钢类	中国 GB	前苏联 ГОСТ	美国 ASTM	英国 BS	日本 JIS	法国 NF	德国 DIN
合金结构钢	30CrMnSiA	30ХГСА					
	40CrNi	40ХН	3140H	640M40	SNC236		40NiCr6
	20CrNi3A	20ХН3А	3316			20NC11	20NiCr14
	30CrNi3A	30ХН3А	3325	653M31	SNC631H		28NiCr10
	20MnMoB		80B20				
	38CrMoAlA	38ХМЮА		905M39	SACM645	40CAD6.12	41CrAlMo07
	40CrNiMoA	40ХНМА	4340	817M40	SNCM439		40NiCrMo22
弹簧钢	60	60	1060	080A62	S58C	XC55	C60
	85	85	C1085 1084	080A86	SUP3		
	65Mn	65Г	1566				
	55Si2Mn	55С2Г	9255	250A53	SUP6	55S6	55Si7
	60Si2MnA	60С2ГА	9260 9260H	250A61	SUP7	61S7	65Si7
	50CrVA	50ХФА	6150	735A50	SUP10	50CV4	50CrV4
滚动轴承钢	GCr9	ШХ9	E51100 51100		SUJ1	100C5	105Cr4
	GCr9SiMn				SUJ3		
	GCr15	ШХ15	E52100 52100	534A99	SUJ2	100C6	100Cr6
	GCr15SiMn	ШХ15СГ					100CrMn6
易切削钢	Y12	А12	C1109		SUM12		
	Y15		B1113	220M07	SUM22		10S20
	Y20	А20	C1120		SUM32	20F2	22S20
	Y30	А30	C1130		SUM42		35S20
	Y40Mn	А40Г	C1144	225M36		45MF2	40S20
耐磨钢	ZGMn13	116Г13Ю			SCMnH11	Z120M12	X120Mn12

碳素工具钢	T7	у7	W1-7		SK7,SK6		C70W1
	T8	у8			SK6,SK5		
	T8A	у8A	W1-0.8C			1104$Y_1$75	C80W1
	T8Mn	у8Г			SK5		
	T10	у10	W1-1.0C	D1	SK3		
	T12	у12	W1-1.2C	D1	SK2	Y2 120	C125W
	T12A	у12A	W1-1.2C			XC 120	C125W2
	T13	у13			SK1	Y2 140	C135W
合金工具钢	8MnSi						C75W3
	9SiCr	9XC		BH21			90CrSi5
	Cr2	X	L3				100Cr6
	Cr06	13X	W5		SKS8		140Cr3
	9Cr2	9X	L				100Cr6
	W	B1	F1	BF1	SK21		120W4
	Cr12	X12	D3	BD3	SKD1	Z200C12	X210Cr12
	Cr12MoV	X12M	D2	BD2	SKD11	Z200C12	X165CrMoV46
	9Mn2V	9Г2Ф	02			80M80	90MnV8
	9CrWMn	9XВГ	01		SKS3	80M8	
	CrWMn	XВГ	07		SKS31	105WC13	105WCr6
	3Cr2W8V	5X2B8Ф	H21	BH21	SKD5	X30WCV9	X30WCrV93
	5CrMnMo	5XГM			SKT5		40CrMnMo7
	5CrNiMo	5XHM	L6		SKT4	55NCDV7	55NiCrMoV6
	4Cr5MoSiV	4X5MФC	H11	BH11	SKD61	Z38CDV5	X38CrMoV51
	4CrW2Si	4XB2C			SKS41	40WCDS35-12	35WCrV7
	5CrW2Si	5XB2C	S1	BSi			45WCrV7
高速工具钢	W18Cr_4V	P18	T1	BT1	SKH2	280WCV 18-04-01	S18-0-1
	W6Mo5Cr4V2	P6M3	N2	BM2	SKH9	Z85WDCV 06-05-04-02	S6-5-2
	W18Cr4VCo5	P18K5Ф2	T4	BT4	SKH3	Z80WKCV 18 05 04 01	S18-1-2-5
	W2Mo9 Cr4VCo8		M42	BM42		Z110DKCWV 09-08-04 -02-01	S2-10-1-8

不锈钢	1Cr18Ni9	12X18H9	302 S30200	302S25	SUS302	Z10CN18.09	X12CrNi188
	Y1Cr18Ni9		303 S30300	303S21	SUS303	Z10CNF18.09	X12CrNiS188
	0Cr19Ni9	08X18H10	304 S30400	304S15	SUS304	Z6CN18.09	X5CrNi189
	00Cr19Ni11	03X18H11	304 S30403	304S12	SUS304L	Z2CN18.09	X2CrNi189
	0Cr18Ni11Ti	08X18H10T	321 S32100	321S12 321S20	SUS321	Z6CNT18.10	X10CrNiTi189
	Ocr13A1		405 S40500	405S17	SUS405	Z6CA13	X7CrAlt13
	1Cr17	12X17	430 S43000	430S15	SUS430	Z8C17	X8Cr17
	1Cr13	12X13	410 S41000	410S21	SUS410	Z12C13	X10Cr13
	2Cr13	20X13	420 S42000	420S37	SUS420J1	Z20C13	X20Cr13
	3Cr13	30X13		420S45	SUS420J2		
	7Cr17		440A S44002		SUS440A		
	0Cr17Ni7A1	09X17H7Ю	631 S17700		SUS631	Z8CNA17.7	X7CrNiA1177
耐热钢	2Cr23Ni13	20X23H12	309 S30900	309S24	SUH309	Z15CN24.13	
	ZCr25Ni20	20X25H20C2	310 S3100	310S24	SUH310	Z12CN25.20	CrNi2520
	0Cr25Ni20		310S S31008		SUS310S		
	0Cr17Ni12Mo2	08X17H13M2Γ	316 S31600	316S16	SUS316	Z6CND17.12	X5CrNiMo1810
	0Cr18Ni11Nb	08X18H12E	347 S34700	347S17	SUS347	Z6CNNb18.10	X10CrNiNb189
	1Cr13Mo				SUS410J1		
	1Cr17Ni2	14X17H2	431 S43100	431S29	SUS431	Z15CN16-02	X22CrNi17
	0Cr17Ni7A1	09X17H7Ю	631 S1700		SUS631	Z8CNA17.7	X7CrNiAl177

附录 5　部分常用钢的临界淬透直径表

钢号	$D_{0水}$/mm	$D_{0油}$/mm	钢号	$D_{0水}$/mm	$D_{0油}$/mm
30	7～12	3～7	40Mn	12～18	7～12
40	10～15	5～9	40Cr	30～38	19～28
45	13～17	5.5～9	40MnB	50～55	28～40
60	12～17	6～12	35CrMo	36～42	20～28
T10	10～15	6～8	30CrMnSi	40～45	23～40
20Cr	12～19	6～12	38CrMoAl		23～40
12CrNi3		约 80	40CrNiMo		约 75
18Cr2Ni4W		约 200	GCr15		30～35
18CrMnTi		15～24	Cr12		约 200

附录 6　常用塑料复合材料缩写代号表

塑料、树脂部分

代号	名称	代号	名称
ABS	丙烯腈－丁二稀－苯乙烯共聚物	PI	聚酰亚胺
AS	丙烯腈－苯乙烯树脂	PMMA	聚甲基丙烯酸甲酯(制作光盘等的主要材料,也用于光导纤维)
ASA	丙烯腈－苯乙烯－丙烯酸酯共聚物		
CA	醋酸纤维素		
CPE	氯化聚醚、氯化聚乙烯	POM	聚甲醛
EP	环氧树脂	PP	聚丙烯
EVA	乙烯－醋酸乙烯共聚物	PPO	聚苯醚
F－46	全氟乙－丙共聚物	PPS	聚苯硫醚
HDPE	高密度聚乙烯	PS	聚苯乙烯
HIPS	高抗冲聚苯乙烯	PSF	聚砜
LDPE	低密度聚乙烯	PTFE(F-4)	聚四氟乙烯
MDPE	中密度聚乙烯	PVAC	聚醋酸乙烯酯
PA	聚酰胺	PVAL	聚乙烯醇
PAN	聚丙烯腈	PVC	聚氯乙烯
PASF	聚芳砜	UF	脲甲醛树脂
PBT	聚对苯二甲酸丁二酯	UP	不饱和聚脂
PC	聚碳酸脂	UR	聚氨酯橡胶
PCTFEF-3	聚三氟氯乙烯	CR	氯丁橡胶
PET	聚对苯二甲酸二酯	NBR	丁腈橡胶
PE	聚乙烯	SBR	丁苯橡胶
PF	酚醛树脂		

复合材料部分

B	硼纤维	FRTP	纤维增强热塑性
BMC	块状模塑料	GRP	玻璃纤维增强塑料
C	碳纤维	GRPT	玻璃纤维增强热塑性塑料
CAAI	碳纤维增强铝	K	凯芙拉纤维
CRTP	碳纤维增强热塑性	PRCM	粒子增强复合材料
CM	复合材料	SMC	片状模塑材料
FRP	纤维增强塑料		

附录7　图样中热处理工艺符号含义表

热处理工艺	符号表示	表示方法举例	含　义
退火	Th	Th179～229	退火至179～229 HBW
正火	Z	Z170～217	正火至170～217 HBW
调质处理	T	T235	调质至220～250 HBW
淬火	C	C48	淬火后回火至48～53
感应淬火	G	G52	感应淬火后回火至52～57 HRC
调质－感应淬火	T－G	T－G52	调质后感应淬火回火至52～57 HRC
火焰淬火	H	H42	火焰加热淬火后回火至42～47 HRC
渗碳淬火	S－C	S0.5－C58	渗碳层深度为0.40～0.70 mm,淬火后回火至58～63 HRC
渗碳－感应淬火	S－G	S0.9－G58	渗碳层深度为0.70～1.10 mm,感应淬火后回火至≥58 HRC
碳氮共渗	T－C	T0.5－C58	碳氮共渗层深度为0.40～0.70 mm,淬火后回火至58～63 HRC
渗氮	D	D0.4－900	渗氮层深度为0.35～0.50 mm,成品表面硬度≥900 HV
氮碳共渗	Dt	Dt0.012－480	化合物层深度≥0.012 mm,硬度HV0.1≥480
回火	Hh	Hh	弹簧钢丝冷卷回火
发蓝			用文字标注

附录 8 普通碳素结构钢新旧标准牌号对照表

牌号	GB 700—1988	GB 700—1999
Q195	不分等级，化学成分和力学性能(抗拉强度、伸长率和冷弯)均须保证，但轧制薄板和盘条之类产品，力学性能的保证项目根据产品特点和使用要求，可在有关标准中另行规定	1 号钢 Q195 的化学成分与本标准 1 号钢的乙类钢 B1 同，力学性能(抗拉强度、伸长率和冷弯)与甲类钢 A1 同(A1 的冷弯试验是附加保证条件)，1 号钢没有特类钢
Q215	A 级 B 级(做常温冲击试验，V 型缺口)	A2 C2
Q235	A 级(不做冲击试验) B 级(做常温冲击试验，V 型缺口) C 级(作为重要焊接结构用) D 级(作为重要焊接结构用)	A3(附加保证常温冲击试验，U 型缺口) C3(附加保证常温或 - 20℃冲击试验，U 型缺口)
Q255	A 级 B 级(做常温冲击试验，V 型缺口)	A4 C4(附加保证冲击试验，U 型缺口)
Q275	不分等级，化学成分和力学性能均须保证	C5

参考文献

[1] 朱张校.工程材料习题与辅导[M].第3版. 北京:清华大学出版社,2002.
[2] 崔占全,等. 工程材料学习指导[M]. 北京:机械工业出版社,2003.
[3] 徐善国,于永泗. 机械工程材料辅导·习题·实验[M].第3版. 大连:大连理工大学出版社,2006.
[4] 姜江,等. 机械工程材料实验教程[M]. 哈尔滨:哈尔滨工业大学出版社,2003.
[5] 齐宝森,等. 机械工程材料学习指导[M]. 北京:地震出版社,2000.
[6] 齐宝森,等. 大学生学习方法指南[M]. 北京:地震出版社,2000.
[7] 钟道隆. 记忆的窍门——普通人提高记忆力的方法[M].北京:清华大学出版社,1997.
[8] 侯玉山,等.金属材料及热处理学习指导书[M].北京:机械工业出版社,1988.
[9] 张建,等. 工程材料学习辅导[M].北京:中央广播电视大学出版社,1986.
[10] 李鸿珠,等. 工程材料学习指导书[M].北京:中央广播电视大学出版社,1990.
[11] 史美堂,等.金属材料及热处理习题集与实验指导书[M].上海:上海科学技术出版社,1983.
[12] 左演声,等.材料现代分析方法[M].北京:北京工业大学出版社,2000.
[13] 北京农业机械化学院主编.机械工程材料学辅助教材[M].北京:农业出版社,1985.
[14] 齐宝森,等. 机械工程材料[M].第3版. 哈尔滨:哈尔滨工业大学出版社,2009.
[15] 边洁,齐宝森.机械工程材料学习方法指导[M].第2版.哈尔滨:哈尔滨工业大学出版社,2006.
[16] 陆根书,等. 学习风格与大学生自主学习[M]. 西安:西安交通大学出版社,2003.
[17] 魏书生,等. 学生学习600法[M].桂林:漓江出版社,2000.
[18] 邓彤. 学会学习[M]. 北京:中国物资出版社,2000.
[19] 尹鸿藻,等. 学习能力学[M]. 青岛:青岛海洋大学出版社,2000.
[20] 李如密. 教学艺术论[M]. 济南:山东教育出版社,1995.